IoHを指向する
感情・思考センシング技術

Emotion and Thinking Sensing Technology in the Internet of Humans

監修：石井克典

Supervisor : Katsunori Ishii

シーエムシー出版

刊行にあたって

最近ではIoT（Internet of Things）という言葉は珍しくなくなり，いつの間にか身の回りにIoTデバイスがあふれている。2020年までに約530億のデバイスがインターネットに接続され，世界的な市場は200兆円規模にまで成長すると予想されている。これらのデバイスを直接あるいは間接的に利用する多くは人である。人をIoTを介して結ぶようになると，人のインターネット「IoH（Internet of Humans）」に展開していくことは必然と考えられる。これと呼応してスマホや携帯電話に搭載されたGPSや加速度センサなどの各種デバイス，腕時計などに埋め込まれた活動量計や心拍計など人が用いるセンサの開発も急成長しており，ヘルスケアや医療IoT（Internet of Medical Things：IoMT）市場は世界45兆円超と予想されている。IoHはウェアラブルセンサや健康アプリケーション，さらにはソーシャルメディアなどに由来するビッグデータから構成される広大なサイバースペースである。IoHの中で人の行動や感情・思考を分析することは，「こころの健康増進」や疾病予防だけにとどまらず，無意識の消費行動・心理を活用したニューロ・マーケティングやさまざまな生活支援・働き方改革・生産性の向上などにも役立ち，新たな人の流れや産業を創造する可能性がある。

人の感情や思考を反映して表出される表情・音声・行動や心拍・呼吸・脳波などのバイタルデータを手がかりとして，日常的かつ非侵襲に「こころの状態」をリアルタイム測定して自己マネジメントや他者支援に役立てられる時代になってきている。

本書では，題名にあるように，感情や思考を推定するために人の環境（身体的あるいは生理的）変化を物理計測するセンシング要素技術や研究開発動向と諸課題を紹介する。

第Ⅰ編の総論では，感情・思考センシング技術の基本技術や開発利用動向と応用展望について紹介している。まず，利用者がAI（人工知能）を容易に活用するためのサービスである最先端の深層学習（ディープラーニング）のアルゴリズムをAPIとして提供しているMicrosoft Cognitive Servicesの構築利用例や応用展望，プライバシー保護などの諸課題について紹介している。次に，感情や情動を主観ではなく外部から客観的に観察・評価する技術について紹介している。感情は好悪（快・不快）の価値判断や喜怒哀楽の心的状態を表し，情動は一過性の感情であり生理的活動を含めた感情の下位概念である。感情に伴う身体的変化として表出する表情や音声の解析原理と，情動に伴う自律神経系の活動変化や眼球運動のメカニズムについて概説している。さらに，将来を展望して脳の非侵襲観察に関する基礎研究事例についても紹介している。

第Ⅱ編の計測・解析では，大学，研究所，企業などで進められている研究開発例について紹介している。まず，ユニモーダルな計測解析例として，「身体的変化に基づく感情・思考センシング」では，表情，音声，行動・視線などの身体的変化について，「自律神経系活動変化に基づく感情・思考センシング」では，瞳孔，発汗，心拍・脈拍，血流，脳波などの生理的指標を順次紹介している。次に，「マルチモーダル・センシング」では，いくつかの指標を組み合わせたマルチモーダル解析例を紹介している。

以上のように，本書では大学，研究所，企業でご活躍される第一線の研究者の皆様に執筆をいただいた。本書が当該分野の研究開発あるいは利用される方々に対して有用な情報を提供できれば幸いである。

2019 年 8 月

石井克典

執筆者一覧（執筆順）

石井克典	公立鳥取環境大学　環境学部・大学院環境経営研究科　教授／ 感情医工学研究所　主宰
大森彩子	日本マイクロソフト㈱　Intelligent Cloud Team Unit Technology Solutions Professional
中村　真	宇都宮大学　国際学部　教授
菊池英明	早稲田大学　人間科学学術院　教授
伊丸岡俊秀	金沢工業大学　情報フロンティア学部　心理科学科　教授
鈴木はる江	人間総合科学大学　大学院人間総合科学研究科　教授
鍵谷方子	人間総合科学大学　大学院人間総合科学研究科　教授
岩城達也	駒澤大学　文学部　心理学科　教授
木下航一	オムロン㈱　技術・知財本部　センシング研究開発センタ　技術専門職
山下径彦	㈱シーエーシー　デジタルソリューションビジネスユニット デジタルITプロダクト部　部長
光吉俊二	東京大学　大学院工学系研究科　バイオエンジニアリング専攻 道徳感情数理工学社会連携講座　特任准教授
塩見格一	福井医療大学　保健医療学部　リハビリテーション学科 言語聴覚学専攻　講師
廣瀬尚三	㈱アイヴィス　取締役常務執行役員／応用技術開発本部長
柴田滝也	東京電機大学　情報環境学部　情報環境学科／ システムデザイン工学部　デザイン工学科　教授

蜂巣健一　トビー・テクノロジー㈱　代表取締役社長
中澤篤志　京都大学　大学院情報学研究科　知能情報学専攻　准教授
大橋俊夫　信州大学　医学部　メディカル・ヘルスイノベーション講座　特任教授
津村徳道　千葉大学　大学院工学研究院　融合理工学府　創成工学専攻
イメージング科学コース　准教授
吉澤　誠　東北大学　サイバーサイエンスセンター　先端情報技術研究部　教授
杉田典大　東北大学　大学院工学研究科　准教授
林　直亨　東京工業大学　リベラルアーツ研究教育院　教授
中川匡弘　長岡技術科学大学　技術科学イノベーション専攻　教授
青木駿介　㈱電通サイエンスジャム　生体情報研究グループ　主席研究員
荻野幹人　㈱電通サイエンスジャム　先行技術開発グループ
グループリーダー／主席研究員
満倉靖恵　慶應義塾大学　理工学部　教授
任　福継　徳島大学　大学院社会産業理工学研究部　教授
松本和幸　徳島大学　大学院社会産業理工学研究部　助教
橋本芳昭　㈱LASSIC　IT 事業部／感情医工学研究所　マネージャー
佐久間高広　㈱LASSIC　IT 事業部／感情医工学研究所　シニアマネジャー
米澤朋子　関西大学　総合情報学部　教授

目　　次

【第Ⅰ編　総論】

第1章　感情，思考分析とAI技術　大森彩子

第2章　感情の表情表出　中村　真

第3章　感情の音声表出　菊池英明

第4章　情動と眼球運動　伊丸岡俊秀

第5章　情動と自律神経系反応　鈴木はる江，鍵谷方子

第6章　感情状態と脳波　岩城達也

【第Ⅱ編　計測・解析】

＜身体的変化に基づく感情・思考センシング＞

第1章　人の状態を認識する画像センシング技術「OKAO® Vision」　木下航一

第2章　感情認識AIによる動画分析サービス「心 sensor」　山下径彦

第3章　音声分析による感情推定と音声感情認識ST (Sensibility Technology)　光吉俊二

第4章　発話者の覚醒度評価のための音声信号分析技術　塩見格一，廣瀬尚三

第5章　人の姿勢による感情判断　柴田滝也

第６章　視線計測技術　蜂巣健一

第７章　角膜表面反射光および瞳孔径の計測・解析技術　中澤篤志

<自律神経系活動変化に基づく感情・思考センシング>

第８章　精神性発汗のメカニズムと換気カプセル型発汗計の開発　大橋俊夫

第９章　動画像による非接触心拍計測とストレス・情動の推定　津村徳道

第 10 章　ビデオカメラによる遠隔非接触的自律神経・血圧情報モニタリング　吉澤　誠，杉田典大

第 11 章　顔面皮膚血流による情動センシング —味覚に伴う情動を中心に—　林　直亨

第 12 章　近赤外分光法による光感性計測　中川匡弘

第13章　脳波のフラクタル性を用いた嗅覚・味覚の感性評価　中川匡弘

第14章　リアルタイム感性評価と実応用 〜感性アナライザを用いた取り組み　青木駿介，荻野幹人，満倉靖恵

<マルチモーダル・センシング>

第15章　言語・音声・顔表情・脳波を総合利用した感情測定システム　任　福継，松本和幸

第16章 マルチモーダル感情分析システムとその応用

橋本芳昭，佐久間高広，石井克典

第17章 ロボットの生理現象表現を用いた内部状態の伝達とコミュニケーションへの応用

米澤朋子

第Ⅰ編

総　論

第 1 章　感情，思考分析と AI 技術

大森彩子*

大量のデータを統計学的な分析手法に則って未知のデータを与えられたときに推測を行うアルゴリズムが AI であり，今日では主に機械学習（Machine Learning：ML）を用いた分析モデルがその核となる。

感情・思考センシングという分野において，本書を執筆されている諸先生方がご研究されている，身体的変化や自立神経系の活動の変化を各種センサーによって数値化し，ある感情や思考のパターンを導き出すというプロセスは，AI として今後利用するための分析モデルの構築にあたる。

現在，一般的に AI として認識されているのは，画像，音声の解析や自然言語処理といった分野に加えて，全文検索やレコメンデーション（Recommendation）など，深層学習（Deep Learning：DL）や強化学習（Reinforcement Learning：RL）を含めたアルゴリズムの構築と，それを利用した推測サービスである。アルゴリズム自体の開発や分析モデルの効率的な構築手法は日々研究開発され，またそれらを使った推測サービスも提供・利用ともに爆発的に伸びている。

本章では，AI を構成するアルゴリズムが構築された後の利用シーンとその展望を考察すべく，マイクロソフトが“AI パーツ”（＝構築済みのアルゴリズムを用いた推測サービス）として提供している Microsoft Azure Cognitive Services とその採用事例，さらに Cognitive Services 自体のサービス内容の発展について紹介し，「AI の民主化」が引き起こしたビジネスモデルへの影響と，さらにその先のサービス提供側が求められる要件について述べる。

1　Microsoft Azure Cognitive Services が提供する“既成 ML モデル”による分析

マイクロソフトが提供するクラウドサービスの一つである Microsoft Azure の一カテゴリーとして，AI，コグニティブ（認知機能）を ML ベースの分析モデルによって提供するのが Cognitive Services である。Cognitive Services には Vision（視覚），Voice（音声），Language（言語），Decision（決定），Search（検索）の 5 つのカテゴリー，計約 30 種類のサービスがラ

---

*　Ayako Omori　日本マイクロソフト㈱　Intelligent Cloud Team Unit
Technology Solutions Professional

インアップされている。また，サービスの形態として，既製のアルゴリズム（MLによる分析モデル）をWeb APIとしてすぐに利用できるものと，分析モデルをカスタマイズする形で利用できるものが用意されている。

その中から感情・思考センシング機能を提供するもの，および関連するものを中心に，以下代表的なサービスをいくつか紹介する。

1. 1 Face API（Face Detection, Emotion）

人間の顔分析に特化した分析モデルをWeb APIとして提供。画像から人間の顔の特徴点（パーツ位置）21箇所の抽出を行い，年齢や性別の推測や，属性（髭，メガネ，メイクの有無など）の検出を行う。顔の特徴量をベクトルデータとして保持し，同一人物判定やタグ付けを行う機能も持つ。

また，Emotion Facial Action Coding System（EMFACS）理論に基づいて，その表情のパターンから喜び，悲しみ，怒り，軽蔑，嫌悪，恐れ，驚きの7種類＋無表情の8つに分類（classify）する。

1. 2 Computer Vision API（Classification, Color Analysis, OCR）

一般的なオブジェクトを含む画像の分析モデルをWeb APIとして提供。84種類のドメイン，約2000のオブジェクトを検出，タグ付けすることができる。カラー画像からはメインカラー（dominant color），アクセントカラーなどを検出することもでき，文字情報が含まれている場合には文字認識（OCR）を行う。

1. 3 Custom Vision Service（Classification, Object Detection）

利用者が用意する画像を用いて（数十枚程度），プリセットMLモデルをカスタマイズして利用できる画像分析サービス。Classification（画像の分類）とObject Detection（物体検出）を行うことができ，汎用およびドメイン特化したプリセットモデルも用意されている。

1. 4 Speech Service（Speech-to-Text, Text-to-Speech, Translation）

音声のテキスト化，テキストの読み上げ，音声翻訳機能をWeb APIとして提供。RNNをベースとしたMLモデルで提供されており，それぞれ独自の辞書やAcousticモデルを追加して，専門用語や難読地名，アクセントなどのカスタマイズが可能。

1. 5 Text Analytics API（Key Phrase, Sentiment, Named Entity Recognition）

自然言語処理（NLP）を行う分析MLモデルをWeb APIとして提供。テキスト化された文章から，主旨となる単語の抽出（Key Phrase），文章全体のSentiment（ネガポジ分析）のスコア化，文中に現れる曖昧なエンティティの確定（Named Entity Recognition）といった機能を備えている。

2　Cognitive Services採用事例における利用シーン，活用の実態

Cognitive Servicesが提供しているのは，研究者のみに限定しない，あらゆる人々がデータ分析，AIを活用できるようになる「AIの民主化」という価値である。

感情・思考センシングという本題からやや外れるものも含まれるが，以下Cognitive Services採用事例をいくつか紹介し，AIの民主化によって引き起こされるビジネスモデルの変化について考察する。

2.1　コカ・コーラ：生誕100年キャンペーン（2016年）

2016年に発明から100年を迎えたコカ・コーラの米国におけるキャンペーンとして，コカ・コーラのボトルと一緒に撮影した写真を送信すると，コカ・コーラのボトルの認識（Object Detection）を行うとともに，顔写真から年齢を推定して表示する，というプロモーションWebサイトが展開された。この年齢推定に現在のCognitive Services Face APIの前身となるプレビュー版“Project Oxford”Face APIが採用された。

当時，写真から年齢を推定するという仕組みは，（理論やアルゴリズム自体は確率されていたものの）マーケティングキャンペーンで利用できるほど一般的ではなく，手持ちのPCのカメラやスマートフォンで撮影した写真を送るだけの手軽さや年齢の推測精度，インタラクティブ性が人々の関心を呼び，日本を含むキャンペーン対象外の国々でも話題になった。

2.2　UBER：スマートフォンアプリによる顔認証システム（2017年）[1,2]

米国を中心として，今や世界でライドシェアを可能にしているUBERのドライバー認証システムでCognitive Services Face APIが採用されている。

UBERは，ある地点からある地点まで移動したい利用者と，車を所有してその移動手段の提供が可能な提供者，需要と供給を結びつけるサービスで，個人の資産やサービスを融通しあう“シェアリングエコノミー”の代表例となっている。シェアリングエコノミーの拡大に伴い，これまで全く接点のなかった人間同士に融通が発生することが多くなり，利用者と提供者の両方に信頼性が求められるようになった。UBERは車を使ったサービスという特性上，特にサービス提供者側に求められる信頼性を担保するため，登録（提供者本人および車両の情報登録）に加えて，登録された人間が本人かどうか認証するための仕組みが求められるようになった。そこでUBERがその認証システムの信頼性を高めるために追加したのが，Face APIを活用した顔認証システムである。

スマートフォンのアプリがあればサービス提供者になることができ，アプリを経由して顧客の取得から目的地までの道案内（ナビゲーション），対価の受取が完了するという仕組みの中で，

アプリ経由であらかじめ登録した顔写真とスマートフォンのカメラで撮影した写真を照合し，本人以外が提供者になる“なりすまし”を防いでいる。この顔認証システムはスマートフォンのカメラを利用することで，追加コストを必要とせず，また，スマートフォンという所有物認証に顔認証という生体認証を追加することで，多段階かつ多段階認証を実現した例と言える[※1]。また，今後は表情の変化といったより複雑な生体認証などの発展が考えられる。

2. 3 Sund & Bælt：ドローンによるコンクリート橋劣化検出システム[3,4]

ニュージーランドのGreat Belt Bridgeの管理を行うSund & Bælt社が導入した，ドローンを活用したコンクリートの劣化を検出するシステムにCognitive Services Custom Visionが採用されている。

自動車事故は，人間の誤動作や判断ミス，天候を起因とするものが多いが，道路の状況やコンディションも大きく関わるため，保守において劣化点検は必須業務である。また，コンクリートの亀裂や摩耗は早めに修復することでコストを削減でき，通行止めを伴う大規模工事を余儀なくされる事態を未然に防ぐことも重要である。

Sund & Bælt社のコンクリート劣化検出システムは，ドローンに搭載したカメラの画像を分析することで劣化箇所を検出する。ドローンを利用することで，人間が赴くには危険を伴う場所や目の届きにくい位置を含めて橋全体をくまなく点検することが可能になり，また，画像分析においては人間の目視よりも高い精度でコンクリートの劣化箇所を検出することが可能になった。

2. 4 株式会社アロバ：ネットワークカメラ画像解析システム（東京サマーランド，AVEX）(2017～2018年)[5～8]

監視カメラ録画システムを提供するアロバでは，カメラ画像を用いて場所・時間経過における人々の属性（年齢，性別）を判別し，感情とその変化をトラックするソリューション「アロバビューコーロ」を開発，その分析にはCognitive Services Face APIが採用されている[※2]。すでに数多くのメーカーの監視カメラに対応しているアロバでは，Cognitive Servicesを利用することで，この画像分析機能を短時間で構築，安価に提供することが可能になった。

アロバビューコーロを導入した東京サマーランドでは，入園チケットの販売経路が多様化することで購入者と来場者の紐づけ・関連性が把握しにくくなっており，また主要顧客と位置付けるファミリー層が求める・評価するイベントや施設拡張の分析が課題となっていた。アロバビューコーロの導入により，来場者属性に対する現場の係員による感覚と実態のズレを把握することが

※1　UBERの事例ではFace APIの同一人物推定の機能を追加してセキュリティ精度を向上させている。Face APIによる生体認証単体のセキュリティ精度ではないことに留意いただきたい。

※2　当時はCognitive Services Face APIおよびEmotion APIを利用。その後Emotion APIがFace APIに統合された。

可能となり，新たなマーケティング活動への視点となっている。

また，アロバビューコーロのAVEX所属アーティストのコンサートにおける実証実験では，実際の来場者の属性を取得できるようになったほか，ライブ内容と来場者の感情分析をも行い，“ヒートマップ”による分析も可能となった。

このようなソリューションにより，入場券購入時に限られていた入場者・利用者の情報が（大人・子供，または学生，カップル，シニアなど区分けされている場合もあるが），年齢・性別・感情の推定という手段によって，より精密に（客観的に）・より多角的に，かつ時系列で取得できるようになったのである。

2．5　株式会社博報堂，株式会社博報堂アイ・スタジオ：ターゲティング広告配信システム（2017年）[9]

博報堂と博報堂アイ・スタジオはターゲティング広告配信システム「Face Targeting AD」のプロトタイプ開発を行った。Face Targeting ADは，駅や街中に設置されるアウトドアメディア（広告）の機能として，その前に立った人の年齢や性別，眼鏡の有無などの顔の特徴や表情に応じて，広告をインタラクティブに変化させる仕組みであり，その顔分析技術としてCognitive Services Face APIが活用されている。

従来のアウトドアメディアはあらかじめ用意されたコンテンツを表示するに留まっていたが，対象者に合わせて年齢や性別ごとの広告を表示することが可能になり，また，表情から推測される感情に合致する広告や，鏡型の形状を生かした顔画像の加工表示など，対象者の動作や感情とリアルタイムにリンクした共感型のコンテンツを表示できる。

2．6　オムロン株式会社：コーチングスキル可視化システム（2019年）[10]

オムロンは，社内の1on1ミーティングと呼ばれるコーチング制度を社員の育成の場として有効活用するため，コーチを行う側とコーチを受ける側（対象者）の発話と表情を分析することで，コーチングの基本とされている“傾聴”と“共感”の度合いを推定するシステム「Coaching AI」のプロトタイプ開発を行った。その表情分析技術としてCognitive Services Face API，発話（音声）認識技術としてCognitive Services Speech Serviceが利用されている。

コーチと対象者，それぞれの表情や発話量，その内容を客観的に計測することが可能になったことで，傾聴や共感を推定するアルゴリズムの開発に注力できた。

2．7　富士フイルム株式会社：スポーツ選手画像の自動タグ付け（2019年）

富士フイルムは，日本プロ野球連盟が所有する試合などで撮影された選手の写真のタグ付けを自動で行うシステムを開発，投手や野手といったポジションによる分類を行う最初の画像データ処理プロセスにCognitive Services Custom Visionを採用している。このシステムの最終的な画像分析にはMicrosoft Cognitive Toolkitと呼ばれる独自ML分析モデルを開発できるサービスを用いているが，多層化するデータ処理プロセスの一部に Cognitive Services を利用することで，汎用的な処理を短時間で実装し，より専門性の高い分野に注力することが可能となった。

3 “ML モデル分析”＋実装要件を内包する Cognitive Services の進化，展開

Cognitive Services は，前節で紹介した基本的な ML モデルによる分析サービスに加えて，データの前処理を行ったり，カスタム ML の再学習プロセスを自動化したりするなど，Cognitive Services 自体が ML 分析をサービス実装するために必要な機能を内包したサービスとして展開を始めている。以下，その実装要件を内包したサービスをいくつかを紹介する。

3. 1 Anomaly Detector

時系列データ（単変量）の異常検知を行うサービス。投入されたデータのトレンドの検出やノイズ調整を自動で行い，予測値を算出して異常値判定を行うことができる，というのはまさに実装における要件を内包したものと言える。Anomaly Detector 自体は直接の感情・思考センシング技術ではないが，センサーをはじめとする IoT データの異常検知は欠かせない。一般的にも関心の高い異常検知システム構築において，このサービスを適時利用することで，異常検知を行う ML 分析モデルの知識が不十分でも簡単に始めることができる。

3. 2 Personalizer

強化学習モデルを用いて，ユーザーの過去履歴や嗜好，さらに外部要因を加味した上で，ユーザーの現在の選択肢を推測し，レコメンデーション（Recommendation）を行うサービス。このサービスは学習データの投入やレコメンデーションの取得を Web API で行えるだけでなく，レコメンデーションに対するユーザー評価を蓄積して，継続的に分析モデルを最適化できる仕組みを備えている。

Cognitive Services Personalizer は，実際にマイクロソフトが提供する XBOX オンラインゲームにおけるユーザーアクションのレコメンデーションに利用されており，実際のユーザーが取ったアクションをその評価として投入，継続的に分析モデルのブラッシュアップを行っている。

3. 3 エッジコンピューティング，コンテナ対応

クラウドコンピューティングで処理を行うことでより強力なアルゴリズムを利用することが可能であるが，ネットワーク接続なしでも，エッジコンピューティングと呼ばれるセンサーやデバイス本体のみで認知機能を利用する需要が高まっている。Web API としてサービスを提供し始めた Cognitive Services もそれに対応し，約 15 種類のサービスが Docker コンテナまたは代表的な ML モデル（CoreML, TensorFlow, ONNX）としてエクスポートして，利用できるように

なっている。

4 「AIの民主化」がもたらしたビジネスモデルへの影響

上記のCognitive Services採用事例やCognitive Services自体のサービス展開を鑑みると，誰もがAIを利用できる世の中になるという「AIの民主化」により，この数年でAIの自社内利用やAI関連事業開発が大きく進展した。

4. 1 人間の認知機能の即時データ化による恩恵

Cognitive Servicesを代表とするAI，認知機能サービスにより，感情や思考といった，これまでは把握が難しいと考えられていた領域をデータとして，容易かつ即時に取得できるようになった。また，年齢の推定などこれまで人間の認知機能に頼っていたデータ化において，主観を排除し，かつ，より精度を高めて収集できるようになった。それにより，事例からも読み取れるように，①顧客分析を行う客観的なデータの収集，②記憶認証や生体認証としての利用，③即時性を生かしたマーケティングキャンペーン，といった領域での採用が顕著になってきている。

認知機能サービスが提供する内容は汎用的で特定用途には特化していないが，即時に安価で利用できることにより，それを逆手に取ってさまざまなシーンでの利活用の試行錯誤が行われるケースを目にする。

小売業で店舗のAI化を進めるトライアルの例では，売場の映像から残棚管理を行う場合，Object Detectionによって残数をカウントするのではなく，商品がなくなって露出する棚台の面積を算出して残数を推測している[※3]。このように，AI事業開発を行う際はアルゴリズム開発で陥りがちな“精度”に拘り過ぎず，効率よく利用できる方法の模索を念頭に置いておく必要がある。

4. 2 AIアルゴリズム開発と事業開発の分離

これまでは研究者のみが開発，利用できたAIが，クラウドというビッグデータの所在とコンピューティングパワーを得て発展を遂げ，誰でも即時に安価で利用できるようになったことで，アルゴリズム開発の機能を持たない組織でもAI関連の事業開発を行うことが可能になった。

また，アルゴリズム開発の機能を持つ組織であっても，実際に事業として成立するかの実証実験において，認知機能サービスを代替的に利用して，システム全体または一部を実装して検証や効果測定を行い，多大な費用をかけてアルゴリズムを自社開発するかどうかを判断できる。

※３　https://www.itmedia.co.jp/business/articles/1904/24/news020_2.html

4. 3 さらなる「AIの民主化」への発展

一方で認知機能サービスを提供する側であるCognitive Servicesの発展から推察するに，データの前処理やビジネス要件を内包することで，AI関連事業・AI事業開発担当に限らない，一般の事業部門での利活用を目指した，機能拡張や進展が期待されている。また，データの投入からダッシュボードまでの一気通貫，ならびに自動化が期待されている。

5 個人情報としてのセンシング情報利用における考慮点

感情・思考センシングで取得，分析されるデータは多岐にわたるが，顔写真など個人を特定できる情報（＝個人情報）が一部含まれている。アルゴリズム構築に利用する学習データやAIによる分析を行う投入データのアップロードや保管先，また，アルゴリズムの構築やそれを利用したサービスのプラットフォームにおいては，個人情報を保持するためのデータの扱いとプライバシーに留意する必要がある。

それらにMicrosoft Azureを利用する場合には，マイクロソフトにおけるクラウド内のデータとプライバシーの保護ポリシーが適用される。Microsoft Azureのサービス群の一つである，Cognitive Servicesのサービスを利用するためのデータ送信を行う場合，コンプライアンスとプライバシーはAzureに準拠しているが，オンラインサービスとしての特性上，特記事項が存在する。

以下ではマイクロソフトクラウドのデータとプライバシー保護ポリシー，およびCognitive Servicesを利用する際の制限事項を解説する。

5. 1 マイクロソフトにおけるクラウド内のデータとプライバシーの保護

マイクロソフトでは，Microsoft Azureを含むクラウドサービス全体にプライバシーおよびデータ保護対策を，①データを保護するためのサービスの構築，②サービスの運用におけるデータの保護，③お客様のデータ保護のサポート，の3つの視点から行っている。その証明としてGDPR，ISO 27001，ISO 27018，EU Model Clauses，HIPAA，HITRUST，FERPA，日本のマイナンバー法など第三者認証を取得[※4]するとともに，プライバシー，コンプライアンスに関する情報をMicrosoft Trust Centerにて開示している。

また，マイクロソフトは「オンライン サービスの使用を通してお客様またはお客様の代理がマイクロソフトに提供する，すべてのテキスト，サウンド，ソフトウェア，またはイメージ ファイルを含むすべてのデータ」を「顧客データ」と定義し，「データの所有権と管理権はお客様にある」というポリシーの元，マイクロソフトのクラウドに保管されている顧客データはサービスの提供目的（サービスの提供に適合する目的を含む）にのみ使用される。

※4 https://azure.microsoft.com/ja-jp/overview/trusted-cloud/privacy/

5. 2　Cognitive Services における制限事項

Cognitive Services の一部サービスでは，サービス提供のために，サービス上にデータを保持する必要がある。例えば，Face API の人物同定機能を利用するには，あらかじめ顔写真をアップロードして特徴量を抽出する必要がある。ただし，保持されるのはその特徴量をベクトル化したデータのみであり，そのデータから個人を特定するのは極めて困難である。また，特徴量を抽出するのに使われた顔写真は 24 時間以内に削除される。

なお，Cognitive Services として提供される一部のサービスには，オンラインサービスとしての特性上，下記のような特記条項が存在する[※5]。

(1)　Search（検索）カテゴリーのサービス群

これらのサービスは特定のロケーションを定めない形（independent data controller と呼ばれる Worldwide ホスティング）で提供されており，また，検索サービスの機能や精度向上のために，検索に使われたデータを利用することがある旨が記載されている。

(2)　プレビュー提供中のサービス

AI アルゴリズムの構築には要件に沿った学習データが不可欠であり，プレビュー提供中のサービスを利用するために送信したデータは，実際に利用されるデータとして精度向上のために利用されることがある。

6　［付録］Microsoft Azure Cognitive Services 以外のマイクロソフトのセンシング技術

Cognitive Services 以外にもマイクロソフトが提供する感情・思考センシングの計測やサービスとしての展開プラットフォームとなる技術を紹介する。

6. 1　Windows Hello

Windows 10 より導入されている生体認証技術で，指紋および顔認証を利用した Windows 10 へのサインイン機能を提供する。Cognitive Services Face API とは異なり，立体視による顔の特徴抽出を行っている。

6. 2　Microsoft Hololens, Hololens2

仮想現実（Mix Reality）を投影するハードウエアとして提供されている Hololens には，入力として眼球の動きやゼスチャー，音声がサポートされており，感情・思考センシングの計測ツー

※5　https://azure.microsoft.com/en-us/support/legal/cognitive-services-compliance-and-privacy/ またはマイクロソフトオンラインサービス条件（日本語）の最新版（https://www.microsoftvolumelicensing.com/DocumentSearch.aspx?Mode=3&DocumentTypeId=31 から検索可能）を参照されたい。

ルとして利用が考えられる。また，Hololens2では五指を含む手全体のセンシングが可能となるなど，より複雑な動作を計測可能である。

文　献

1) https://customers.microsoft.com/en-us/story/731196-uber
2) https://azure.microsoft.com/en-us/resources/videos/how-uber-is-using-driver-selfies-to-enhance-security-powered-by-microsoft-cognitive-services/
3) https://news.microsoft.com/europe/features/how-ai-drones-and-cameras-are-keeping-our-roads-and-bridges-safe/
4) https://www.microsoft.com/en-us/ai/ai-lab-experiments?activetab=pivot1:primaryr6
5) https://blogs.msdn.microsoft.com/startupstoriesjp/aroba/
6) https://blogs.partner.microsoft.com/mpn-japan/2018/12/17/aroba-view-coro-case-study/
7) https://customers.microsoft.com/ja-jp/story/726604-summerland
8) https://news.microsoft.com/ja-jp/2017/09/01/170901-avex-microsoft-faceapi/
9) https://news.microsoft.com/ja-jp/2017/03/09/170309-face-targeting-ad/
10) https://customers.microsoft.com/ja-jp/story/725382-omron-manufacturing-azure-ai-jp-japan

第2章　感情の表情表出

中村　真*

顔は，さまざまな情報が表示される情報掲示板と呼ばれる。身心の状態に関する情報は，顔に表されることによって他者に伝達されるとともに，顔を通して，われわれは他者に働きかけ，人間関係を調整している。このような情報の中でもっとも代表的なものの一つは感情であり，顔を構成する眉，目，鼻，口などの主要部位や皮膚の動作パターンとしての表情によって，最も効果的に伝達される。実際にこれまでの表情研究の大きな流れは，感情表出としての表情に焦点を当ててきた。

ところで，この説明は，ある刺激によって感情と呼ばれる内的状態が喚起され，それが表情として外に表れるという因果関係を前提としている。この因果関係は直感的にわかりやすく，当然のことと考えられるかもしれないが，実際には感情に関わる現象を説明するためのさまざまな理論的立場の一つである基本感情（basic emotions）説に基づく説明である。基本感情説は精緻化と修正を経つつ，現在も発展の途上にあるが[1~5]，伝統的基本感情説によると，人間には，生物学的に備わった6種類程度の基本感情があり，これらの感情が刺激によって喚起されると特定の顔面動作である表情として表出される[6,7]。近年では，このような伝統的基本感情説に対する批判や対案としてのさまざまな理論がその勢いを増してきているが，今日に至るまで，研究者自身が自覚的であるか否かに関わらず，表情研究の多くは伝統的基本感情説の立場で行われてきている[8,9]。

本章では，筆者がこれまでに報告してきた表情と感情に関する先行研究の展望を踏まえ[10~12]，まず，この伝統的基本感情説に基づく研究の流れを概観し，次いで感情の表情表出に関わる2つの新しい理論的立場であるコア・アフェクト（core-affect）説とコンポーネント・プロセス（component process）モデルを紹介する。さらに，今後の研究課題を述べてまとめとする。

1　感情の定義

感情表出としての表情について論じるにあたり，まず，感情という概念について検討しておきたい。感情は，その定義を試みるまでは誰にでもよくわかっている自明の概念であると言われる。しかし，まさにその定義を試みると誰もが合意できるような説明は難しい。そのため，感情

*　Makoto Nakamura　宇都宮大学　国際学部　教授

とは何かという問題は，感情研究の分野では継続して議論が繰り返されている最も根本的な課題の一つである[13]。とはいえ，ここでは，比較的コンセンサスが得られている考え方として，感情を，生物としての生き残りの可能性を高めるために進化の過程で獲得された，素早い情報処理と反応のためのしくみと定義しておく。

なお，感情に関連する用語として，短時間の強い反応を指す情動や，持続時間が長く強度の低い反応を指す気分のほか，情動や感情とほぼ同義で用いられてきた情緒などがあるが，ここでは，これらの概念の総称的な用語として感情を用いることとする[14]。

また，英語との対応づけについては，感情は emotion または affect，情動，情緒については emotion，気分は mood の訳語として扱う。英語やその他の外国語における概念の定義や研究分野での取り扱いについては，歴史的な経緯を含めて複雑であるので，他の議論を参照していただきたい[15,16]。

感情は多面的現象であると説明されることが多いが，伝統的基本感情説に基づいて説明すると，感情には，生理的反応，表出行動，主観的体験という 3 つの反応の側面がある。生理的反応とは感情に伴って生じる心拍数や血圧の変化，発汗などの生理的身体的反応を指し，表出行動は表情や身体動作，姿勢の変化，発声など外界に表出される側面である。また，主観的体験は，腹が立った，うれしい，などと言うときのように自分で自らの感情状態を自覚している意識的体験を指す。これら 3 つの側面は，個人の現実の感情経験においては一体として生じるものであり個別に切り離すことはできないが，感情研究においてはそれぞれの研究者の立場から，表出行動と感情の関係，表出行動，主観的体験と感情の関係など，いずれか 1 つ，もしくは 2 つの側面に個別に焦点を当てた研究が行われることが多い。表情研究は，表出行動の一つである表情と感情の関係を検討している。

2　表情の定義と表出の仕組み

2. 1　顔と表情

顔は頭部の前面に位置し，食物摂取のための口を中心に，さまざまな感覚器官が集中している身体部位である。解剖学的には，頭部は，脳を収納している脳頭蓋と咀嚼器官や感覚器官の容器となっている顔面頭蓋に分けられる。このうち，顔面頭蓋にあたる部分が顔と見なされ，形態学的顔面とも呼ばれるが，この区分では，額は脳頭蓋に含まれることになり顔の一部ではなくなる。しかし，実際には，額には表情を特徴づける皺ができるなど，顔を構成する重要な部位と考えられるため，頭髪部を除いた額から下顎底にいたる左右の耳介の間が顔と定義される（相貌的顔面，人類学的顔面と呼ばれる）。なお，頭髪部は年齢や個人による変動が大きい部分であるため，より厳密には，筋の動きに伴い皺が現れる部分を額とすることが想定されている[17,18]。

表情とは，感情や意図などの心的状態が，先に定義した顔という身体部位に表れる動きのパターンである。広義には身体動作や音声などを含む表出行動全般をさすこともあるが，一般的には，顔を構成する部位や皮膚の形状が表情筋の動きによって短時間に変化する動きのパターンを指す。また，顔そのものの向きや角度を変える頸の動きも含まれる[19]。

2. 2　表出の仕組み

2. 2. 1　表情筋の解剖学

表情筋は，魚類のエラのもとになる鰓弓の内臓筋である呼吸筋に由来し，咀嚼筋を覆うように拡大して表情を作るようになったと考えられている。その種類は研究者によって変動するが，主要なもので 20 種類程度の表情筋があると考えられている。感情に関する状態はこれらの多数の筋群の活動の組み合わせとして表情に表れる[17, 18]。

2. 2. 2　神経支配

人間の表情筋の運動は，橋尾側にある顔面神経核から発する顔面神経の支配を受けている。顔面神経は脳から出るとすぐに側頭骨の内耳孔に入り，側頭骨の中で分岐して顔面神経管を通り，さらに分岐を重ねて茎乳突孔を経て頭蓋底に出る。さらに，外耳孔の下方で耳下腺神経叢という網目状の集まりとなり，側頭枝，頬骨枝，頬筋枝，下顎縁枝，頸枝と別れて表情筋に分布する[18]。

四肢や体幹の骨格筋の多くが大きな筋群を塊として作動させ強力な運動を作り出しているのに対して，表情筋は相対的に少数の筋肉による繊細な動きをするため，１つの神経細胞が支配する筋の量が少ない。すなわち，表情筋はより多くの神経細胞によってコントロールされており，微細な動きが可能となっている。また，中枢から顔面神経核への命令伝達には随意的な性質をもつ皮質運動野からの錐体路系と辺縁系などからの不随意の錐体外路系の２種類の経路があり，人間の表情には，随意的な側面と不随意の側面が備わっていることになる[20]。

なお，顔面の感覚については，三叉神経によって皮膚から中枢に伝達されている。

3　伝統的基本感情理論に基づく表情研究

3. 1　基本感情と基本表情

現在の表情研究は進化論を唱えたチャールズ・ダーウィンの研究に由来する[21]。ダーウィンは，感情表出としての表情が，他の動物の表出行動と同様に，ヒトという生物種に備わり，進化の過程において獲得された行動様式であると論じた。その後，20 世紀後半を中心に，エクマンとフリーセン，イザードらによる，感情の顔面表出の普遍性に関する表情研究が展開された[7, 22]。その結果，他文化と接した経験のないニューギニアの部族を対象にした研究を含めて，世界のさまざまな地域で行われた研究の結果から，多様な人種，文化において，幸福，嫌悪，驚き，悲しみ，怒り，恐れという６種類の感情がそれを表す表情とほぼ対応していると考えられた。その後，エクマンを中心とする研究グループは，上記の６種類に軽蔑を加えた７種類が人間に共通した普遍的表情と主張した。

これらの普遍的表情は，人に備わった基本感情の顔面への表出，すなわち基本表情とされた。たとえば，ヘビを見て怖がるような場面では，ヘビという特定の喚起刺激によって，恐怖のような生物学的に備わった個別の感情プログラムが喚起され，それが恐怖の表情として表出されると説明された。このように，生存の可能性を高めるいくつかの重要な感情がわれわれ人類に生物学的に備わっており，その反応の一つとして固有の表情が備わっているという考え方が，伝統的な基本感情説である[6, 23]。

最近ではより少数[24]，もしくはより多数の表情の普遍性を主張する研究もあるが[19]，6ないし7種類程度の基本感情と普遍的基本表情があるという考え方は，心理学における感情研究にとどまらず，表情認知や記憶をテーマにした知覚・認知研究や脳神経科学研究，表情やその認知プロセスに関わるコンピュータ・サイエンスなどの工学的研究，治療や整形における審美面などに関する歯科，医科学研究など，幅広い分野における表情研究の前提となっており，各分野の研究の発展を支えてきた。

ところで，日本では，人前で失敗するなどして恥ずかしい場面で笑うことがあるが，そうだとすると，笑顔が喜びや幸福という基本感情の表出であると説明する基本感情説とは相いれない現象ということになる。エクマンらは，このような特定の社会文化集団に特異的に備わった表出行動や表情の文化差を説明するために，表示規則（display rules）と呼ばれる社会文化的因習，習慣といった集団固有のルールの影響を想定している。この考え方は，表情の神経文化説と呼ばれ，実際に表出される表情には，生物学的な感情表出とともに，その場面にふさわしいふるまいについての社会文化的ルール，すなわち表示規則の影響が反映されていると説明される[25]。

3. 2　表情の測定法：FACS

エクマンらの最も重要な研究成果の一つとして，表情を客観的に分析し記録するための符号化システムであるFACS（Facial Action Coding System）の開発をあげることができる[26]。FACSは基本表情の分析にとどまらず，より一般的な表情の分析を想定したものであり，表情筋の動きを踏まえた観察可能な33の動作単位（Action Unit = AU）に基づいて表情を分析することができる。たとえば，眉の内側をあげる（AU12），口角を引く（AU6），というような顔面に表れるさまざまな動作をコード化し，記録する。

なお，FACSはもともと成人を研究対象として開発されたシステムであるが，成人とは表情筋の発達状態などが異なる幼児の一部の表情を同定することが困難であるため，とくに幼児を対象にしたBabyFACSも開発されている[27]。

これらのシステムはもともと手作業でビデオや写真の分析を行うことを前提としていたが，近年ではコンピュータによる自動化が進められている。表情の計測と解析については本書第Ⅱ編で検討されるが，近年のAIの急速な展開の例にもれず，IT大手のアマゾン，マイクロソフト，グーグルをはじめ，さまざまな企業や研究機関が開発している顔認識AIが，一定の高いレベルで表情写真や動画から感情を読み取ることが報告されている。

4　感情と表情の新しい理論

前節で紹介したエクマンやイザードらの研究によって，常識のように捉えられてきた基本表情であったが，1990 年代以降批判的に取り上げられることも多くなった。批判的立場の中心的位置を占めるラッセルは，感情を表す表情に関して普遍的要素が 0％でも 100％でもないという合意はほとんどの研究者の間で成立しているが，その程度の見積もりに高低があるとしている[28)]。ラッセルらは，現在までのところ最小の普遍性を示すデータしか得られていないと主張し，伝統的基本感情説に対する批判的立場から精力的に研究を進めている[29~31)]。

この節では，伝統的基本感情説の対案となりうる２つの感情理論を紹介し，これらの新しい理論が感情とその表情表出をどのように説明しようとしているかを概観する。

4. 1　コア・アフェクト説

心理的構成主義とも呼ばれるコア・アフェクト説を提唱したラッセルらは，感情を，原因としてではなく，さまざまな内外の情報に関する心理的処理プロセスの結果として生じる概念的なものと捉えている[32, 33)]。ラッセルらは，感情研究の進展を妨げていた理由の一つが，感情（emotion）という用語があまりにもあいまいに使われてきたためであるとし，一般に感情と呼ばれている喜びや怒りのような主観的体験は，感情を科学的に説明する際の基本要素ではないと論じている。これは，喜びや怒りといった基本感情が感情の基本要素であるとする伝統的基本感情説に異を唱えるものでもある。

ラッセルらは感情の基本要素をコア・アフェクトとした。コア・アフェクトとは，「今の気分は」と尋ねられて，「なんとなく良い感じがする」「少し嫌な感じがする」と返答するときに感じているような主観的状態のことであり，快・不快と覚醒度で規定される原初的な感情状態である。この状態は，無自覚的に生じるが，意識化することも可能な神経生理学的状態であるとされている。

自らの快・不快と覚醒度，すなわちコア・アフェクトが顕在化し，その原因を帰属しようとすることによって，その感情状態を引き起こした人物，状態，もの，出来事に関する対象の心的表象が処理される。ここで取り上げた対象とは心的な対象（心的表象）であるため，その場に実在している必要はなく，記憶の中の人物であったり，想像した出来事であったりしてもよい。対象には，刺激としてコア・アフェクトの状態を変化させる属性があり，その属性をアフェクティブ・クオリティと呼ぶ。

また，上記のコア・アフェクトとアフェクティブ・クオリティに並ぶ重要な基本的な概念として，帰属されたアフェクトがある。帰属されたアフェクトは，①コア・アフェクトの変化，②対象，③コア・アフェクトの変化をもたらした対象への原因帰属という３つの条件により定義することができる。つまり，快・不快と覚醒度が変化し，その変化をもたらしたと考えられる対象が特定され，その対象のある属性（アフェクティブ・クオリティ）によってそのような変化が生じたものと帰属すると考える。この帰属の過程は，通常は素早く，潜在意識下で自動的に行われるが，意識的に行われる場合もある。ただし，原因をどうとらえ，帰属するかはあくまでも主観的なプロセスであるため必ずしも正確ではなく，さまざまな個人差や文化差の原因になると考える。

ラッセルらは，さらに，感情エピソードという概念を導入し，伝統的基本感情説が基本要素と見なしている喜び，怒りといった基本感情は，実際には感情に直接的に関連していない諸要素とコア・アフェクトとの組み合わせによって，心理的に構成される概念であるとした。

感情エピソードは，具体的には，先行事象（何が起こったか），アフェクティブ・クオリティ（感情に関わる属性），コア・アフェクト（快・不快と覚醒度），対象への帰属（何がコア・アフェクトを変化させたか），評価（先行事象の良し悪しなど），道具的行動（どんな行動をしたか），生理的・表出的変化（どんな身体的表出的反応が生じたか），主観的体験（自覚的心理状態），感情的メタ体験（感情のカテゴリー化），感情調整（どのような制御をしたか）という各要素によって構成される。ここでいう感情的メタ体験とは，自分が怖がっていることや怒っていることを自覚したといったような，自らの感情体験を第三者的に意識することを指す。いわば，自己知覚であり，自らの感情状態のカテゴリー化である。その際に用いられる概念が，恐れ，怒り，嫉妬といった日常的な感情語あるいは感情のカテゴリーということになる。

伝統的基本感情説では，まず喜びや怒りといった感情（プログラム）が喚起され，それに続いて感情反応が出現すると考える（図１参照)。一方，コア・アフェクト説では，基本感情説では感情反応として生じるとされる身体的変化や表出行動などの要素がまず生じ，これらの要素と感情プロトタイプとの類似性（共通性）に基づいて，喜び，怒りといった感情エピソード（感情概

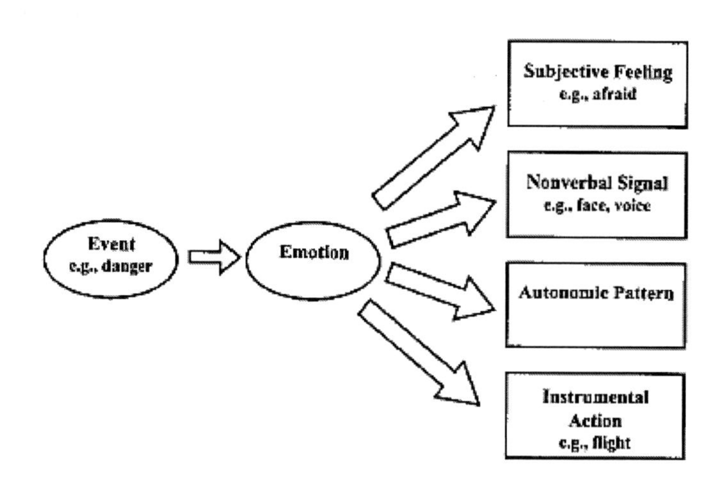

図１　基本感情説などの伝統的感情モデルの考え方

左から：出来事（たとえば，危険），感情

右上から：主観的情感（体験）（たとえば，怖い），非言語的信号（たとえば，顔，声），自律的活動パターン，道具的行動（たとえば，逃げる）

（Russell, 2003, Figure 2より引用）

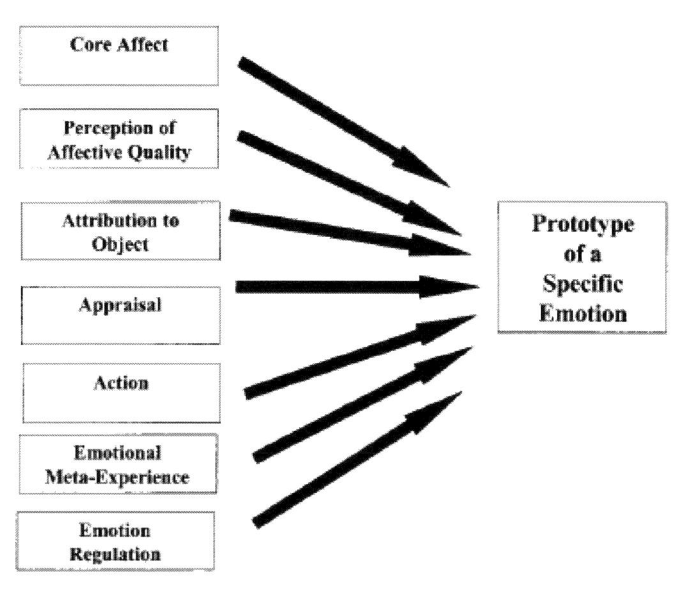

図２　コア・アフェクト説に基づく感情モデルによる説明

左上から：コア・アフェクト，アフェクティブ・クオリティの知覚，対象への帰属，評価，行動，感情的メタ体験，感情調整

右：特定の感情のプロトタイプ（元型）

（Russell, 2003, Figure 3 より引用）

念）が生成されると考える（図２参照）。なお，感情プロトタイプとは，喜び，怒りのような感情が生成される前段階のものであり，それらは感情エピソードとしての喜びや怒りのカテゴリーを生成するための認知的材料となる。

なお，コア・アフェクト説では，表出行動のパターンが他の特定の要素や条件とあらかじめ連動していることは想定していない。そのため，ある状況においてなぜその個別の表出行動が生じるかを説明することはできず，表情研究を進める上では理論的な背景とはなりにくい。しかし，コア・アフェクト説は，感情と呼ばれる現象にはさまざまな段階，側面があることを示しており，感情にかかわる個々の研究が，それぞれどの段階のどの側面について検討し，説明しようとしているのかを明らかにしていく必要があることを主張している。

表情にのみ焦点を当て，その形状の変化やその変化の認知について明らかにすることが目的であれば，感情がどのように定義されてもよいといえるかもしれない。しかし，表情が感情の表れであるという基本感情説の前提に立つのであれば，そもそも感情とは何かというコア・アフェクト説からの問題提起に対して，一定の回答を用意する必要があるだろう。

4. 2　コンポーネント・プロセスモデル

コンポーネント・プロセスモデルでは，基本感情説と同様に，感情を系統発生の過程で進化した生き残りのためのメカニズムと定義し，人間は，刺激状況を継時的に評価していく刺激評価照合（stimulus evaluation check）を行っていると考える。感情は，その評価結果として，生理的，身体的反応を含む，包括的な適応反応の総体として生じる現象とみなされる[34~36]。

このモデルでは，個体は，ある刺激状況から得られる生き残りのために重要な性質を，緊急度の高いものから順に評価する。その性質は，大まかには以下の５項目，すなわち，①新奇性と非予期性，②快－不快（本質的快），③目標との関連性，④対処の可能性と因果関係の帰属，⑤刺激状況の社会的規範や自己概念との比較である。個別の感情はこれら一連の評価が行われた結果として生じると考えられる。なお，すべての感情に全項目の評価が不可欠というわけではなく，たとえば，驚きは，新奇性・非予期性の評価のみで生じ，単純な嫌悪は不快の評価までで生じると考えられる。

より複雑な例としては，街角を歩いていて，大音量でマイノリティに対するヘイトスピーチを行う集団に遭遇し，驚くと同時に不快感や怒りのような感情を経験した場合を考えてみよう。その時の感情は，予期せぬ出来事で（新奇性・非予期性の評価），不快で（快・不快の評価），公正な世の中が望ましいとする自分の目標を妨げ（目標との関連性の評価），自分で対応することは難しいが（対処の可能性の評価），非常識で反道徳的なこと（社会的規範との対応についての評価）という一連の評価を行った結果として，驚き，不快，怒りが生じたと説明することができる。

表１に，刺激状況の評価結果がさまざまな生体機能，社会的機能とどのように関係し，生体の支援システム，動作システムにどのような反応を引き起こすかがまとめられている。表の左端に，「新奇性」「本質的快」といった上記の評価項目（⑤を除く）と，新奇・旧知，快・不快といった項目ごとの評価結果を並べている。表情との関係については，動作システムの顔面の項目に示されており，評価結果に対応した顔のパーツの動作が説明されている。

このモデルの特徴は，これらの評価項目の評価という認知的側面にとどまらず，感情システムが有する生体や社会における機能，生理的反応や観察可能な行動をも説明の対象にしていることである。また，特定の感情が特定の表情と結びついていることを，個別の刺激評価照合の結果と顔面の特定部分における適応的反応とを結びつけることで説明しようとしている点で，伝統的基本感情説における感情の定義のあいまいさを補完していると考えられる[37~39]。

このように，コンポーネント・プロセスモデルの考え方に従えば，顔面の一部の反応と評価項目の評価結果によって生じるとされる特定の感情との対応を一つの具体的な仮説として検討していくことが可能となる。つまり，この対応づけ（組み合わせ）は，必ずしも，怒り，悲しみといった感情カテゴリーと表情との組み合わせに限らず，感情反応の下位カテゴリー（たとえば，「腐った食べ物を見た時の嫌悪」「不正に対する怒り」など）と表情の組み合わせの検討を可能にするといった生産的な仮説を産出することができる。これは新しい基本感情説にも通じる考え方である。

なお，最近の報告によると，コンポーネント・プロセスモデルでは，評価から感情反応を予測するだけではなく，逆に，反応としての表情からその表出者が行った評価結果を認知する過程に

表1　コンポーネント・プロセスモデルによる評価と生体の反応の関係

評価結果	生体機能	社会的機能	支援システム	動作システム					
				筋の緊張	顔面	声	道具的行動	姿勢	移動
〈新奇性〉									
新奇	方向付け 焦点付け	警戒	方向付け反応	局所的変化	眉，瞼が上がる	中断 吸入	中断	真直ぐ伸びる 頭部を上げる	中断
旧知	平衡	再確認	変化なし	変化なし	目，鼻腔が開く	変化なし	変化なし	変化なし	変化なし
〈本質的快〉									
快	協調	推奨	感覚器の鋭敏化	わずかに低減	目，鼻腔の拡大 「甘い時の顔」	ゆったりした声	求心的な動き	拡大 開く	接近
不快	排除 拒否	警戒 非推奨	防御反応：非推奨化	増大	目，鼻腔の閉塞 「酸っぱい顔」	窮屈な声	遠心的な動き	収縮 閉塞	回避 距離をとる
〈目標（欲求）〉									
一貫的	緩和	安全性の公表	栄養指向性への推移	低減	緩和状態	緩和された声	楽な姿勢	楽な姿勢	休息の姿勢
妨害的	活性化	活性化の公表	作業指向への推移	拡大	皺鼻筋	緊張した声	課題に依存	課題に依存	課題に依存
〈対処の可能性〉									
統制力なし	再調整	引き下がりを意味する	栄養指向が優位	低緊張	瞼が下がる	ゆるんだ声	活動がないか遅くなる	前かがみ	活動がないか遅くなる
強い統制力	目標主張	優位性の主張	作業・栄養均衡 ノルアドレナリン呼吸容量	頭部と首にわずかな低減	歯をむき出す 目を緊張させる	大きい声	敵対的動き	身体をしっかり固定し，前に傾ける	接近
弱い統制力	防御	従属を意味する	作業が優位 アドレナリン末梢血管の収縮 呼吸率上昇	移動関連領域に高緊張	口を開く	か細い声	防御的動き	移動の準備状態	素早い移動か，くぎ付け

規範や自己概念との適合性については省略されている。対処の可能性については，対処能力のみが取り上げられている。
（Scherer（1992, 1997）を改変。中村真，感情現象の諸相，p.43，ナカニシヤ出版（2002）より引用）

ついても説明しようとしている[39]。つまり，特定の表情を構成する個別部位の反応を個別の刺激照合評価の結果と認知することによって，表出者の感情体験を識別しているという仮説を立て，一定の支持を得たことを報告している。特定の感情が特定の表情として表れることを前提として，その表情から表出者の感情を認知するという基本感情説の説明をさらに細分化し，顔面表情の構成要素のレベルでの感情表出とその認知を説明しようとする試みと考えることができる。

5　今後の研究課題

伝統的基本感情説に基づくこれまでの研究成果は今後も引き続き重要な意味をもつものと考えられる。しかし，表情が情報掲示板と呼ばれるそもそもの性質を考えれば，感情に限定されることなくさまざまな心的状態が体現され，さまざまな情報が発信されるという表情の特徴を考慮しつつ研究を進める必要があるだろう。同様に，コア・アフェクト説でも強調されているように，表情は表出者を取り巻く文脈の中で表出され，その文脈の中で読み取られるものでもあることを踏まえた研究が求められている[40, 41]。

国際感情学会（International Society for Research on Emotion：ISRE）のニューズレターにおいて，“THE GREAT EXPRESSIONS DEBATE”と題して，著名な表情研究者らによるディベートが特集された[42]。そこでは，まず，伝統的基本感情説の問題として，そもそも感情という概念が研究者の合意に至るような定義を有していないという根本的な指摘が改めてなされた。さらに，表情を感情の表出ととらえるのではなく，たとえば，笑顔は相手と友好的な関係を示すというように特定の文脈で相手との関係を調整しようとする動機づけの観点から説明する必要があると主張する行動生態説（behavioral ecological view）や，そもそも，感情は原因ではなく表情などの身体的反応を含む特定の文脈の中で生じるさまざまな心的表象によって構築される心理概念としてとらえることを主張するコア・アフェクト説が提起している問題は，今後の表情研究を進めるうえで極めて重要である。関連する議論は編書としても出版されているので，表情研究者には是非一読していただきたい[4, 5, 43〜46]。

なお，近年進展の目覚ましい AI とその活用を見ると，感情の定義や感情表出とは何かといったここで取り上げた理論的議論とは無関係に，ビッグデータによる機械学習に基づく表情の読み取りなどについては一定の成果を出しつつある（先述の，アマゾン，マイクロソフト，グーグル各社の表情認識 AI など）。研究者が表情研究によって何を実現したいかによっては，結果として正確な読み取りができればよいという場合もあるだろう。しかし，繰り返しになるが，感情表出やその読み取りにおいてわれわれ人間が行っている表出や認知を理解するためには，理論化とその厳しい検証を継続していくことが不可欠であり，AI がそのような観点で活用されれば表情研究の一層の進展につながるものと期待される。

文　　献

1）D. Keltner & D. T. Cordaro, “The science of facial expression”, p.57, Oxford University Press（2017）

2）D. Keltner *et al.*, *J. Nonverbal Behav.*, DOI: 10.1007/s10919-019-00293-3（2019）

3) A. Scarantino, *Emotion Rev.*, **3**, 444（2011）
4) A. Scarantino, "The Psychological Construction of Emotion", p.334, Guilford Press（2015）
5) A. Scarantino, *Psychol. Inq.*, **28**（2-3）, 165（2017）
6) P. Ekman, *Cogn. Emot.*, **6**, 169（1992）
7) P. Ekman & W. V. Friesen, "Unmasking the face", Prentice Hall（1975）
8) D. Keltner *et al.*, "Handbook of emotions", p.467, Guilford Press（2016）
9) D. Matsumoto *et al.*, "Handbook of emotions, third ed.", p.211, Guilford Press（2010）
10) 中村真，"最新心理学事典"，p.656，平凡社（2013）
11) 中村真，"顔の百科事典"，p.282，丸善出版（2015）
12) 中村真，"感情心理学"，p.29，培風館（2018）
13) C. E. Izard, *Emotion Rev.*, **2**, 363（2010）
14) 森大毅ほか，"音声は何を伝えているか—感情・パラ言語情報・個人性の音声科学"，コロナ社（2014）
15) 中村真，宇都宮大学国際学部研究論集，**33**, 33（2012）
16) 宇津木成介，感情心理学研究，**22**（2）, 75（2015）
17) 成田令博，"人にとって顔とは"，財団法人口腔保健協会（1995）
18) 日本顔学会（編），"顔の百科事典"，丸善出版（2015）
19) D. Keltner *et al.*, "Understanding emotions, 3rd ed.", Wiley（2014）
20) 濱治世ほか，"感情心理学への招待"，サイエンス社（2001）
21) C. Darwin, "The expression of emotions in man and animals", University of Chicago Press（1872/1965）
22) C. E. Izard, "The face of emotion", Appleton-Century-Crofts（1971）
23) C. E. Izard, *Psychol. Bull.*, **115**, 288（1994）
24) R. E. Jack *et al.*, *J. Exp. Psychol. Gen.*, **145**（6）, 708（2016）
25) P. Ekman & W. V. Friesen, *Semiotica*, **1**, 49（1969）
26) P. Ekman & W. V. Friesen, "The facial action coding system: A technique for the measurement of facial action", Consulting Psychologist Press（1978）
27) H. Oster, *Ann. N. Y. Acad. Sci.*, **1000**, 197（2003）
28) A. J. Russell, *Psychol. Bull.*, **115**, 102（1994）
29) C. Crivelli *et al.*, *Emotion*, **17**, 337（2017）
30) N. Nelson & J. Russell, *J. Exp. Child Psychol.*, **141**, 49（2015）
31) J. A. Russell & J. Fernadez-dols, "The psychology of facial expression", Cambridge University Press（1997）
32) J. A. Russell, *Psychol. Rev.*, **110**（1）, 145（2003）
33) J. A. Russell & L. F. Barrett, *J. Pers. Soc. Psychol.*, **76**, 805（1999）
34) K. R. Scherer, "Approaches to emotion", p.293, Erlbaum（1984）
35) K. R. Scherer, "Appraisal processes in emotion: Theory, methods, research", p.92, Oxford University Press（2001）
36) K. R. Scherer *et al.*, *Emotion Rev.*, **5**, 47（2013）

37） K. R. Scherer & H. Ellgring, *Emotion*, **7**, 113（2007）
38） K. R. Scherer & H. Ellgring, *Emotion Rev.*, **5**, 47（2007）
39） K. R. Scherer *et al.*, *J. Pers. Soc. Psychol.*, **114**, 358（2018）
40） U. Hess *et al.*, *J. Nonverbal Behav.*, **40**, 55（2016）
41） M. Nakamura *et al.*, *J. Pers. Soc. Psychol.*, **59**, 1032（1990）
42） http://emotionresearcher.com/wp-content/uploads/2015/08/Final-PDFs-of-Facial-Expressions-Issue-August-2015.pdf
43） L. F. Barrett & J. A. Russell, "The Psychological Construction of Emotion", Guilford Press（2015）
44） J. Fernandez-dols & J. A. Russell, "The science of facial expression", Oxford University Press（2017）
45） A. Fridlund, "Human facial expression: An evolutionary view", Academic Press（1994）
46） J. A. Russell, "The science of facial expression", p.93, Oxford University Press（2017）

第3章　感情の音声表出

菊池英明*

1　音声が伝える情報

人間の音声は，文字によって表せるメッセージ以外に多くの情報を伝える。Birdwhistellは，会話における社会的意味を言語内容によって表せる割合は30～35%に過ぎないと述べている[1]。とりわけ，感情を表出する手段としての音声の重要性については，Darwin[2]にまで遡るほど以前より指摘されてきている。

さて，ここで「感情」という表現は多義的であり，学術用語としての扱いを慎重にしなければならない。本章では本書の主テーマである「感情や思考を推定するための人の身体的・生理的変化を物理計測するセンシング」を考慮して，人間の内的な状態を広く扱うべく，情動（emotion），気分（mood），態度（attitude）などを含む包括的な感情の定義を採用する。Schererは，感情の音声表出に関して長い期間にわたって貢献してきた研究者であるが，感情状態の定義を整理して表1のように分類した[3]。本章では概ねこの分類に従う。

さて，これらの感情の変化に影響を受けて音声が発せられるプロセスはどのようなものだろうか。森・前川・粕谷は，音声科学・心理学の研究分野における議論を整理したうえで，音声による情報伝達のモデルを提示した[4]。図1に示す。まず，話者の心理状態を出発点としてメッセージが生成される。メッセージには言語メッセージとパラ言語メッセージが含まれている。前者は語彙と統語構造，後者は話し手の態度・意図および意図的に生成された感情である。これらのメッセージと，話者が制御困難な心理状態の影響を統合して発話行動がなされる。

当然ながら言語メッセージにも感情センシングの手がかりはあるが，本章では扱わない。「緊張していませんよ」と緊張をごまかす発話の例からわかるように，言語メッセージはしばしば実際の状態を正しく伝えない。以下では，図1のモデルにおける心理状態とパラ言語メッセージに焦点を当てて，感情の音声表出を論じる。

表1　感情に関する5種類の分類[3]

Emotion:　angry, sad, fearful, ashamed, proud, elated, desperate
Mood:　cheerful, gloomy, irritable, listless, depressed, buoyant
Interpersonal stances:　distant, cold, warm, supportive, contemptuous
Attitude:　liking, loving, hating, valuing, desiring
Personality traits:　nervous, anxious, reckless, morose, hostile, envious, jealous

＊　Hideaki Kikuchi　早稲田大学　人間科学学術院　教授

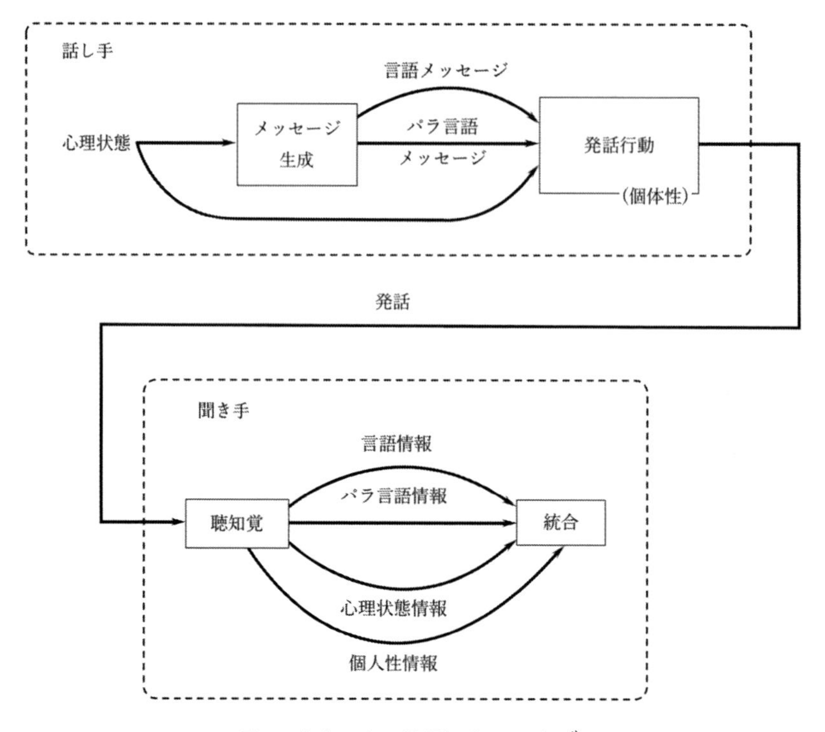

図1　音声による情報伝達のモデル[4)]

2　感情の音声表出の起源

2. 1　感情の音声表出の進化的起源

人間の感情の音声表出の起源をさかのぼることは，ホモ・サピエンスがいかにして言語を獲得したかを探ることにつながる。

動物行動学的観察に基づいて「恐らく動物の発する信号の大部分は，信号を発する側の情動に端を発しているものであり，その情動を表現するためのものであると考えられる」と指摘されている[5)]。チンパンジーなどのヒト以外の霊長類の音声能力の観察に基づけば，人間の感情の音声表出における基盤は，前節の情報伝達モデルにおいて言語メッセージを省いたプロセスに見ることができる。心理状態に基づく発話行動は，霊長類に限らず多くの動物に共通のプロセスであり，現代の人間においては危険に遭遇した際の咄嗟の叫び声のようなケースが挙げられる。パラ言語メッセージを伝達する発話行動は他の霊長類にも見られるプロセスであり，人間においては危険の程度を声の調子を変えて伝える行為などに見られる。人間は他の種と異なり言語能力を獲得して発展させて今に至るが，社会性の発展とともに言語メッセージおよびパラ言語メッセージを伝達する能力を高めてきたといえる。

2. 2　乳幼児の発達過程

種としての感情の音声表出能力は，遺伝的な継承以上に文化的な継承によるところが大きい。発達心理学分野を中心として，乳児の音声表出能力の発達過程が明らかにされている。感情メカニズムつまり脳などの生体メカニズムが遺伝的に親子で類似することは想像できる。また発声器官も生体的な類似が考えられる。感情の音声表出についても，遺伝的な理由によって親子で類似することが考えられるが，遺伝的でない理由，例えば親が後天的に獲得した感情表出方法が子どもに受け継がれるといったことがどの程度起きているのだろうか。パワーズらは，日本とスコットランドの母親と乳児（４か月）が，母音の強さや持続時間を連動させて情動的なコミュニケーションを行っていることを実験により明らかにした[6)]。乳児は，生後まもなく母親の声を知覚できていることが実験によりわかっている[7)]。こうしたことから，声質やイントネーションやリズムのパタンの獲得が早期に行われていて，自身の音声表出に少なからず親や周囲の音声の影響が与えられていることがわかる。音声の情報伝達モデルにおいて言語メッセージ生成能力を十分に獲得する前段階で，心理状態やパラ言語メッセージを発話行動に反映させる能力の発達が進んでいると考えられる。

3　感情の音声表出の種類

ここでは，感情の音声表出にどのような種類があるかを述べる。森・前川・粕谷にならい，音声による感情の表出を，不随意的な側面と随意的な側面に分けて整理する[4)]。

不随意的な側面の例としては，緊張や疲労などの心身の状態変化により生理器官が影響を受けた結果としての表出が挙げられる。快情動や苦痛などによる不随意的な表情変化を伴って発声器官が影響を受けることもある。笑いや泣きなどの情動の一部も同様に不随意的に表出される。これらの音響物理的な特性については５. １項に述べる。

随意的な側面の例としては，社会的スキルによってコントロールされた結果としての音声表出が挙げられる[8)]。音声に限らず，感情表出のルールには文化差があり，国民性，地域性などと表現されるものもある。その他のさまざまな社会的な要因によって，表出がコントロールされる。これらの音響物理的な特性については５. ２項に述べる。

音声は通常，句や文のような言語的な構造を基盤としてまとまった時間的長さの単位を有する。当然ながら，発話開始時の感情状態と発話終了時の感情状態が異なることは十分にあり得る。話者自身が，声の震えにより緊張に気付き途中で冷静を装うように意識して発声する，といった表出のコントロールもあり得る。つまり，不随意的な表出と随意的な表出が，発話プロセスの中で混合するケースもあることに留意されたい。

4 感情の音声表出のセンシング

感情の変化に伴って表出された音声の音響物理的な特性の探求は，古くから行われている。初期の探求方法は，指示された感情カテゴリを演じた音声の高さや強度，速度などを比較したものが多い。その後，音声科学の発展に伴って多様な音響的特徴の計測が可能になり，工学的な応用の現場では音声信号に対して数千種類もの特徴を計測することが一般的になっている。

主要な音響的特徴の種類を以下に示す（図2，図3)。

(1) 基本周波数（fundamental frequency，F0)

声の高さ（vocal pitch）は声帯振動の基本周波数に基づいて表現される。声帯振動は呼気と生体組織との物理的相互作用で生じる[9]ため，心理状態の影響を強く受ける。それに加えて，パラ言語メッセージの表現のために種々のイントネーション構造の表出のために声帯振動が制御される。

平均値，標準偏差，最大値，最小値，レンジ（最大値と最小値の幅)，中央値，最頻値などを音声のまとまった単位や言語的・韻律的単位などごとに算出して用いる。

さらに，基本周波数の軌跡はF0包絡（contour）と呼ばれ，その形状を数量化や分類などして扱う。音声信号より算出された基本周波数の軌跡に対して，意味のある情報を抽出したり記述したりするコーディング手法がさまざまに提案されている[10]。こうしたコーディングによってF0包絡をパラメータ化してセンシングに使用することができる。

(2) フォルマント（formant)

母音は，声帯振動によって生まれた音波を声道で共鳴させることによって生成されるが，声道

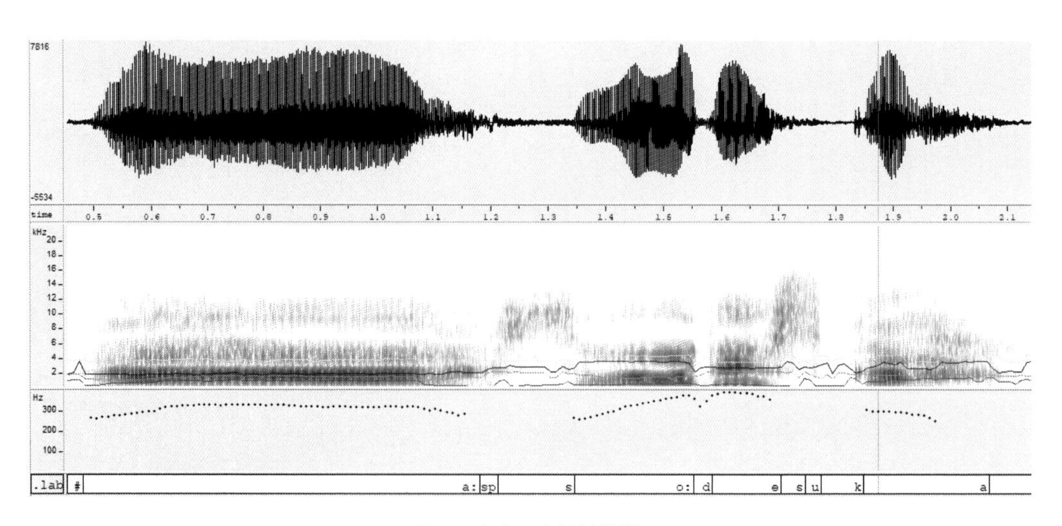

図2 音声の音響的特徴

上から音声波形，基本周波数，スペクトログラム（それぞれ第一・第二・第三・第四フォルマント周波数)，音素表記（「あーそうですか」)。

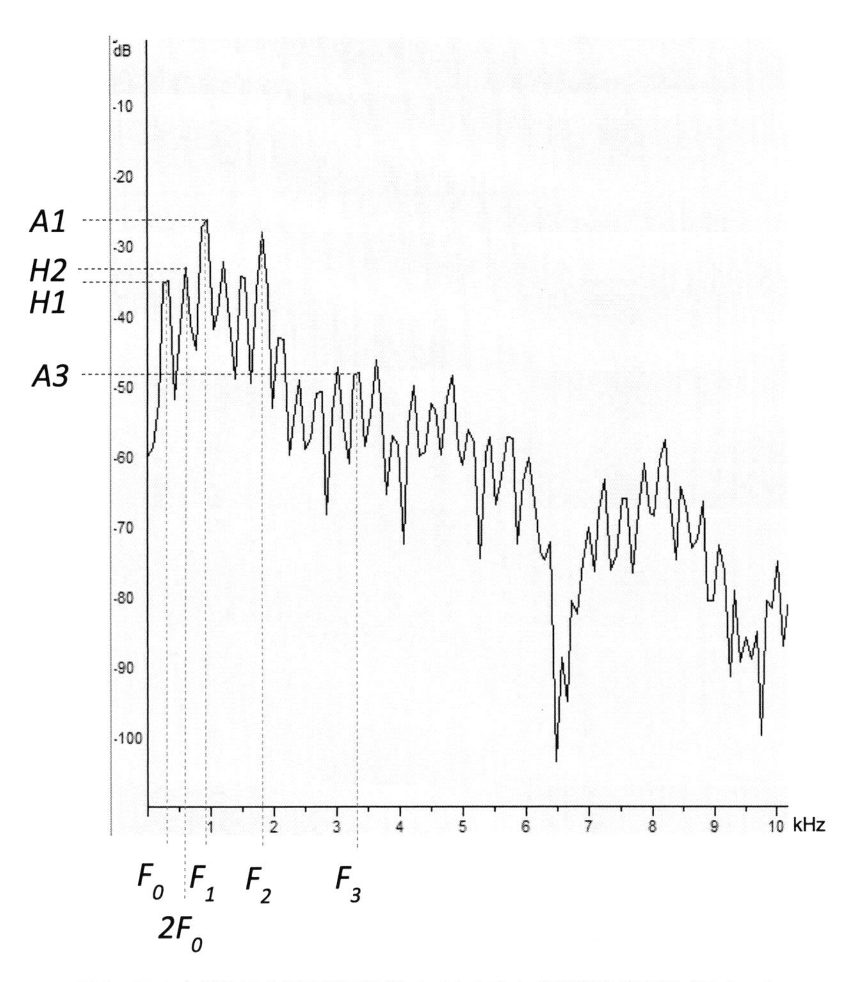

図3　図2点線位置の短時間周波数スペクトルと声質関連の音響パラメータ

の共鳴周波数を音声信号から求めることができる。この周波数をフォルマント周波数と呼び，低い方から第一フォルマント，第二フォルマント，……と呼ぶ。第一フォルマント周波数の値は発声時の開口度，第二フォルマント周波数の値は舌の位置に影響を受ける。心理状態，パラ言語メッセージのいずれにも影響を受ける。

(3)　強度（intensity）

声の強さの知覚に対応する音声波形のエネルギー。音声波の振幅に基づいて算出される。

(4)　揺らぎ

周波数の揺らぎであるジッタ（jitter），振幅の揺らぎであるシマ（shimmer）は，声帯振動の特徴量としてよく用いられる。声帯振動による音声生成のメカニズムについては文献11に詳しいので参照されたい。

(5) 速さ

速度（speech rate）は，一般的に単位時間当たりの分節の数によって表現される。日本語においてはモーラが基本単位として用いられ，単位時間当たりのモーラ数を速度の指標として使用することが多い。発話内容が固定されているときは持続時間を用いることもある。

(6) 声質（voice quality）

声質は，狭義には「発声の仕方の違いに起因する聞こえの違い」と定義される[12)]。その種類には，通常発声（modal），息漏れ声（breathyおよびwhispery），きしみ声（creaky），ざらざら声（harsh）などがあり，声帯振動の様式が異なる。これらの音声の性質を音響的特徴で定量化するために，以下の指標などが用いられる[13)]。

HNR（Harmonic-to-Noise Ratio）：調波成分と雑音成分の比。非周期成分の多さを測れる。

スペクトル傾斜：短時間スペクトルの包絡を全帯域や部分帯域ごとに見て傾斜を数値化する。緊張した声ほど傾斜が緩やかになる。

H1-H2：第一倍音と第二倍音のレベル差であり，声を生成する際の声門の開き方に関与する。声門の開きが大きく息漏れの音ほどこの値が大きい。

H1-A3：第一倍音と第三フォルマントに最も近い倍音のレベル差。声門が閉まる速度に関与している。息漏れの音ほどこの値が大きい。

これらの音響的特徴の計測値を説明変数，感情状態を目的変数として，説明モデルを構築することが，一般的な感情の音声表出センシングのアプローチといえる。感情状態をカテゴリとして扱う際には分類問題，次元として扱う際には回帰問題として，説明モデルを構築する。

音声科学分野において，データを共通化してセンシング手法の精度を競うさまざまなチャレンジが行われてきている。その中でも，音声科学分野最大の国際会議Interspeechでは“Interspeech Computational Paralinguistics ChallengE（ComParE）series”として，2009年よりオープンチャレンジセッションを企画している[14)]。表2にはこれまでの主だったチャレンジをリストアップする。幅広い対象が扱われ，共通評価基盤（フレームワーク）による手法の競争が行われていることがわかる。こうした共通評価フレームワークにおいて好成績につながっているモデル化手法や工夫は大いに参考になる。音声信号の前処理，学習データの選択，特徴の選択，複数分類器の統合など，さまざまな工夫が行われている。

なお，発話内容（言語メッセージ）を用いることが認められたチャレンジも含まれていることに留意されたい。

表 2　国際会議 Interspeech におけるオープンチャレンジ企画

年	企画名／内容	サブチャレンジ	企画内容
2009	Emotion Challenge／感情分類（5 または 2 クラス）	Open Performance	特徴・アルゴリズム自由
		Classifier	アルゴリズム自由
		Feature	特徴自由
2010	Paralinguistic Challenge／話者特性分類	Age	年齢 4 クラス分類
		Gender	性別 3 クラス分類
		Affect	興味度 5 段階
2011	Speaker State Challenge／話者状態分類	Intoxication	アルコール量 2 クラス分類
		Sleepiness	眠気 2 クラス分類
2012	Speaker Trait Challenge／話者特性分類	Personality	性格 5 次元尺度各 2 クラス分類
		Likability	好ましさ 2 クラス分類
		Pathology	発音明瞭性 2 クラス分類
2013	Computational Paralinguistics Challenge	Social Signal	笑い・フィラー検出
		Conflict	議論対立 2 クラス分類
		Emotion	感情 12 クラス分類
		Autism	自閉症種類 2 クラスまたは 4 クラス分類
2014	Computational Paralinguistic Challenge	Cognitive Load	認知的負荷 3 分類
		Physical Load	身体的負荷 2 分類
2015	Computational Paralinguistic Challenge	Degree of Nativeness	発声の母語話者らしさ 5 段階評価推定
		Parkinson's Condition	パーキンソン病診断評価値推定
		Eating Condition	食事状況 7 段階分類
2016	Computational Paralinguistic Challenge	Deception	嘘・真実分類
		Sincerity	誠実さ評価 5 段階推定
		Native Language	英語発声の母語 11 クラス分類
2017	Computational Paralinguistic Challenge	Addressee	対大人／対子ども発声分類
		Cold	病気／健康分類
		Snoring	いびき音 4 クラス分類
2018	Computational Paralinguistic Challenge	Atypical Affect	障碍者の基本 4 感情分類
		Self-Assessed Affect	話者の自己評価感情 3 分類
		Crying	泣き状態 3 分類
		Heart Beats	心拍状態 3 分類

5　感情に関連する音響的特徴

ここでは，感情の種類ごとに関連する音響的特徴を述べる。

5. 1　不随意的な感情表出

無意識に表出される場合は，生理学的に発声器官が感情の影響を受けて結果として音響的特徴に影響が及ぶと考えられる。

(1)　ストレス，緊張

ストレスは，心身の緊張状態を包括的に表す概念として定義される[15)]。ストレス状態のモニタリングに話者の音声を活用する試みは，1960年代以降活発に行われてきた。菊池は30秒間の発話音声におけるF0平均と周波数ジッタが瞳孔の大きさ・心拍数などのストレスに関連深い生理指標と正の関係を有することを明らかにした[16)]。音声のF0，強度，速度，周波数ジッタ，振幅シマなどがストレスに関連する音響的特徴としてよく用いられる。

(2) 疲労，眠気

音声からの疲労や眠気の推定の試みがなされている。多くの研究においては主観的な疲労度や眠気と音響的特徴との関連が調べられる中，生理的な指標との関連を直接考察した研究は限られる[17)]。それらによれば，疲労によって生体器官の運動が全体に低下することに伴って，F0，強度，調音正確性，調音の速度などが低下する傾向が指摘されている。口が開かなくなることにより，F_1，F_2周波数も低下する。塩見による音声信号のゆらぎ解析手法は疲労の推定に有力であることが実験によって示されている（本書第Ⅱ編第4章参照）。

(3) 嘘

初期の研究で，虚実を述べる際の発話では真実を述べる発話に比べて基本周波数が高くなることが明らかにされている[18)]。DePauloらは100以上の先行研究における虚実発話の158種類もの手がかりについて整理した。音声に関わる特徴としては，強度，基本周波数，無音，声の張り，フィラーなどがあるとしている[19)]。なお現状の嘘検出性能は言語メッセージの内容情報を含めても70%程度の正解率に過ぎない[20, 21)]。

(4) 基本感情

Schererは数多くの先行研究の成果と自身のモデルに基づいて，基本感情が音響的特徴に与える影響の予測を表3のようにまとめた[3)]。

さらに，12種類の基本感情については，39もの先行研究による結果と照らして予測の妥当性を検証している。例えば喜び（Joy/Elation）については，F0平均，F0レンジ，F0標準偏差，強度平均，発話速度が増加する。

基本感情の認識問題は，先述の国際会議のチャレンジセッションでもたびたび取り上げられ，2013年の感情分類セッションでは12感情の分類課題において40%強の精度が最大となっている。

Russelはすべての感情は快（pleasure）-不快（displeasure）次元と覚醒（arousal）-眠気（sleepiness）次元で構成される二次元平面上の円環上に配置できるとした[22)]。多くの感情心理学研究で感情価（valence）（快-不快）次元と覚醒（arousal）次元は主要な感情の次元として扱われている。感情価次元の感情状態推定は覚醒に比べて難しいが，一般的な音響的特徴でもモデルを階層化することによって推定精度が向上することが示されている[23)]。覚醒次元の感情状態は強度やF0の寄与によって高い精度で推定できる[24)]。

(5) 表情の影響

感情の音声表出を考える場合，表情の影響を切り離すことはできない。表情は感情の影響を強く受け，発声器官に作用した結果として，音響的特徴に変化を及ぼすことがある。例えば，

表３　基本感情が音響的特徴に与える影響の予測[3]

	ENJ/ HAP	ELA/ JOY	DISP/ DISG	CON/ SCO	SAD/ DEJ	GRI/ DES	ANX/ WOR	FEAR/ TER	IRR/ COA	RAG/ HOA	BOR/ IND	SHA/ GUI
F0												
Perturbation	<=	>			>	>		>		>		
Mean	<*	>*	>	<>	<>*	>*	>	>>*	<>*	<>	<*	>
Range	<=	>			<	>		>>	<	>>		
Variability	<	>			<	>		>>	<	>>*		
Contour	<	>			<	>	>	>>	<	=		>
Shift regularity	=	<						<		<	>	
Formants												
F1Mean	<	<	>	>	>	>	>	>	>	>	>	>
F2Mean			<	<	<	<	<	<	<	<	<	<
F1 Bandwidth	>	<>	<<	<	<>	<<	<	<<	<<	<<	<	<
Formantprecision		>	>	>	<	>	>	>	>	>		>
Intensity												
Mean	<*	>*	>	>>	<<*	>*		>*	>*	>>*	<>	
Range	<=	>			<			>	>	>		
Variability	<	>			<			>		>		
Spectral parameters												
Frequency range	>	>	>	>>	>	>>		>>	>	>	>	
High-frequency energy	<	<>*	>	>	<>	>>*	>	>>	>>	>>*	<>	>
Spectral noise					>							
Duration												
Speech rate	<	>*			<*	>		>>*		>*		
Transition time	>	<			>	<		<		<		

Chong らは嫌悪の表情が音声に与える影響を調べ，全ての母音において F0 が上昇し，F_1 が下降したことを報告した[25]。F_1 の下降は口唇の水平方向の狭め傾向と関係付けて解釈できるとしている。サルの種の中には，下顎の位置や唇の形など顔の表情を変化させることによって音響特性を変化させて，危険や縄張りなどに関わる恐れや安心などの情動を知らせるものもあり[5]，きわめて原始的な表出方法といえる。

5. 2　随意的な感情表出

怒り感情を例にとって説明すれば，我々は感情状態をそのまま音声表出しているわけではないことが明白である。怒り感情をおさえて無理に笑顔を作って発声することもあれば，生起していない怒りをあえて伝えるべく力を込めて発声することもあろう。他者の存在は感情表出を調整させ[8]，他者との関係（例えば親密さ）や状況に影響を与える社会的方略に感情表出は用いられる[26]。

不随意的な表出は，自身の発話をモニタリングすることによって途中で随意的な表出に変わることもある。あるいはニュートラルに近い感情状態で発話を開始し，発話を続けるうちに感情状態が大きく変化することもある。こうした場合，感情状態の変化が音声に影響を与えるまでの時間を考慮しなければならない。

実験に基づく研究においては，話者に何かしらの教示を与えて意識的に感情表出を行った音声を対象とすることが多い。こうした音声は演技音声とされ，自発的な感情表出とは異なる点がたびたび議論になる。ここまで見てきたように，日常場面での感情の音声表出においては，自発的で不随意的な感情表出ばかりでなく，むしろ社会的な場面においては調整をして抑えたり意図的に特定の感情を伝えるべくコントロールしたりすることが多い。表出された感情こそ話者が伝達したい情報であると見れば，むしろ随意的な感情表出こそセンシングする意義がある応用場面もある。

前川は，「感心」「落胆」など 6 種類の意図を演じ分けた音声データを対象として，意図の聞き分けにおける知覚空間について，パラ言語情報の濃淡を表す次元と情報要求の有無の次元で構成されることを明らかにした[27]。さらに，それぞれの次元に，持続時間，末尾音節の F0 レンジが寄与しているとした。

藤江は，第一モーラの F0 の傾きと発話全体の F0 レンジと最終モーラの継続長を用いて 80％を超える精度で肯定的・否定的態度を推定できることを確認した[28]。

簡単な指示だけを与えて得られる演技音声を用いた研究は感情表出のステレオタイプの探究といえる。ステレオタイプは日常の感情表出においても基盤を構成すると考えれば，こうした演技音声を用いた研究は重要だが，一方で日常場面の細やかな感情表出をカバーすることが困難である。この問題に対して筆者らは適度に詳細な場面教示を与えて演技音声を収集する試みを重ねて多様な感情表出を収めた音声言語コーパスを作成している[29]。日常場面における感情表出を収めたコーパス[24]などと併せて活用することで，今後さらに音声の感情表出の研究の進展が期待される。

文　　献

1) R. L. Birdwhistell, Kinesics and context, University of Pennsylvania Press (1970)
2) C. Darwin, The expression of the emotions in man and animals, University of Chicago Press (1965, original published 1872)
3) K. R. Scherer, *Speech Commun.*, **40** (1-2), 227 (2003)
4) 森大毅ほか，音声は何を伝えているか，コロナ社 (2014)
5) ニルス・L・ウォーリンほか，音楽の起源〔上〕，人間と歴史社 (2013)
6) スティーブン・マロックほか，絆の音楽性，音楽之友社 (2018)
7) 正高信男，0 歳児がことばを獲得するとき，中公新書 (1993)

8) H. S. Friedman *et al.*, *J. Pers. Soc. Psychol.*, **61** (5), 766 (1991)
9) 本多清志，音声の生物学的基礎，岩波講座言語の科学2「音声」，岩波書店（1998）
10) 菊池英明，ToBI，多人数インタラクションの分析手法，オーム社（2009）
11) 榊原健一，日本音響学会誌，**71** (2), 73 (2015)
12) 日本音響学会編，新版音響用語辞典，コロナ社 (2003)
13) 石井カルロス寿憲，日本音響学会誌，**71** (9), 476 (2015)
14) INTERSPEECH ComParE, http://www.compare.openaudio.au/, 2019年4月閲覧
15) 中島義明ほか，心理学辞典，有斐閣（1999）
16) 菊池浩人，労働安全衛生研究，**11** (1), 9 (2018)
17) J. Krajewski *et al.*, Computers Helping People with Special Needs, p.54, Springer (2008)
18) L. A. Streeter *et al.*, *J. Pers. Soc. Psychol.*, **35** (5), 345 (1977)
19) B. M. DePaulo *et al.*, *Psychol. Bull.*, **129** (1), 74 (2003)
20) J. B. Hirschberg *et al.*, Proceedings of INTERSPEECH, Lisbon, Portugal, p.1833 (2005)
21) C. Montacié *et al.*, Proceedings of INTERSPEECH, San Francisco, U.S.A., p.2016 (2016)
22) J. A. Russell, *J. Pers. Soc. Psychol.*, **39** (6), 1161 (1980)
23) R. Elbarougy *et al.*, *Acoust. Sci. Technol.*, **35** (2), 86 (2014)
24) H. Mori *at al.*, *Speech Commun.*, **53** (1), 36 (2011)
25) C. S. Chong *et al.*, *Speech Commun.*, **98**, 68 (2018)
26) 伊藤正男ほか，認知科学6　情動，岩波書店（1994）
27) 前川喜久雄ほか，認知科学，**9** (1), 46 (2002)
28) 藤江真也ほか，電子情報通信学会論文誌，**J88-D-II** (3), 489 (2005)
29) 宮島崇浩ほか，音声研究，**17** (3), 10 (2013)

第4章　情動と眼球運動

伊丸岡俊秀*

1　眼球運動の基本的性質

われわれは日常の生活のさまざまな場面で視線を動かすことで必要な視覚情報を取り入れている。視線の動きは身体や頭部を動かすことや向きを変えることによっても実現されるが，それらを動かさず眼球だけを動かすことも多い。本を読むとき，周りのシーンを見るとき，またそこから何かを探すときなど，身体や頭部の動きと連動して，あるいはそれらの動きとは独立に眼球は動かされる。そのような眼球の動きの大部分を占めるのはサッカード眼球運動（saccadic eye movement）と呼ばれる随意的な運動であり，200～300ミリ秒程度の固視（fixation）とその間を結ぶ動きから構成される。サッカード眼球運動中は視覚が抑制されるため(サッカード抑制)，情報の入力は固視中のみに行われることになる。Ryner（1998）[1]のまとめによると，平均的な固視時間と固視間のサッカード距離は，そのときに行っている行為によって異なり，たとえば文章の黙読時には平均固視時間は225ミリ秒，サッカード距離は約2度，視覚探索中には平均固視時間275ミリ秒，サッカード距離約3度，シーン知覚時には平均固視時間330ミリ秒，サッカード距離約4度とされている。

2　情動と眼球運動

眼球運動はトップダウン的要因とボトムアップ的要因の両者による制御を受けている。そのため，例えば生体の感情状態や気分といった情動面だけが直接眼球運動に影響しているということは考えにくく，これまでの研究でも眼球運動に影響すると考えられる多くの要因が明らかにされてきている。そのような情動と眼球運動の関係について扱った研究はいくつかのカテゴリに分類できそうである。まずは情動的，あるいは感情的要素を含む情報を与えられたときの自然な眼球運動を観察することで，両者の関係を明らかにすることを試みた，いくつかの研究について紹介する。

2. 1　LEM（lateral eye movement）研究

2. 1. 1　Schwartz, Davidson & Maer（1975）[2]

その後の研究に大きな影響を与えた研究としてSchwartzらによる1975年の報告が挙げられ

---

*　Toshihide Imaruoka　金沢工業大学　情報フロンティア学部　心理科学科　教授

る。この研究の目的は感情処理の大脳半球差を明らかにすることだった。実験課題は与えられた質問に対して口頭で答えることであり，実験参加者は記録された音声のみが分析されるという嘘の教示を与えられていた。この教示は参加者が顔や目の動かし方を意識することで，自然な動きが妨げられることを防ぐためのものだった。教示とは異なり，解析されたデータは質問を与えられた後に自然に生起した距離5度以上の横方向の眼球運動（lateral eye movement：LEM）であった。実験では質問の種類（言語的・空間的）× 感情との関係（感情に関わる・感情に関わらない）の4つのタイプの質問が使われた。言語的・感情無関連の例は「認識することと思い出すことの主な違いは？」，言語的で感情関連の例は「いたずらと悪意の違いは？」，空間的で感情非関連の例は「25セント硬貨のジョージ・ワシントンの顔は右と左どっちを見ている？」，空間的で感情関連の例は「父親の顔を思い出したときに最初に心に浮かぶのはどういう感情？」といったものだった。全体で40の質問が与えられ，質問後，最初に生起したLEMが，質問のカテゴリ間で比較された。LEMの向きに関する結果は，感情に関わる質問をされたときに左への眼球運動が多くなること，言語的な質問をされたときに右への眼球運動が多くなることを示した。この研究のフォローアップ研究でAhern & Schwartz（1985）[3]は，感情の種類（ネガティブ・ポジティブ）を加えて，LEMの向きについて再度検討した。そこではポジティブな感情を伴う質問は右方向へのLEMを，ネガティブな感情を伴う質問は左方向への眼球運動を増加させるという結果が示された。ただしこの研究では，LEMの向きと感情の関係は，眼球を一方のみに向ける傾向が強い参加者を除外したときにしか見られていない。

2. 1. 2　Borod, Vingiano & Cytryn（1998）[4]

Borodらは Schwartzらの研究をさらに発展させ，想像させる情景の感情価（ポジティブ・ネガティブ）と感覚モダリティ（視覚・聴覚・触覚）を操作して想像中のLEMを測定した。想像される情景は例えばポジティブ・視覚条件では「海の上のみごとな赤い夕日を想像してください」，ネガティブ・触覚であれば「ずきずきする歯の痛みを想像してください」のようなものだった。その結果，情景の情動価や感覚モダリティに関わらず，感情的な情景を想像するときには左へのLEMが生起しやすいことが示された。この研究でも Ahern & Schwartz（1985）に倣って，左右のどちらか一方にLEMが集中する参加者のデータは除かれていたが，除かない場合でも感情的な情景の想像時に左へのLEMが生起する傾向はあるとしている。またこの研究では非感情的な情景を想像する条件を用いて，参加者の聞き手と利き目がLEMの方向に与える影響についても調べており，利き手が左の場合には，利き目が右の参加者は右に，利き目が左の参加者は左にLEMを行うことが多い一方で，利き手が右の場合にはそのような傾向は見られないことを報告している。

2. 1. 3　Hatta（1984）[5]

これまでに紹介した2つの研究で見られるLEMと情動処理の関係に文化による違いは見られるだろうか。Hatta（1984）は認知活動の種類とLEMの向きの関係に関する研究に見られる結果の不一致に関して，LEMが操作的に定義されていないことが原因ではないかと指摘して，先行研究では主に観察によって測定されていたLEMを，眼電図を用いてサッカード距離を明確に定義して精緻に測定した。その結果，それまでの研究で報告されていた言語的質問と空間的質問の違い（実験1），単語検出課題と感情検出課題の違い（実験2），ポジティブ感情とネガティブ感情の違い（実験3）のいずれも見られないとした。さらに実験4としてLEMの方向に対して課題の違いと個人差が与える影響を解析し，LEMの方向は課題の違いからは影響を受けず，個人差により影響のみを受けていると結論した。この研究では実験参加者は全て日本人であったことから，先行研究との結果の違いの原因の一つとして，非言語的コミュニケーションをあまり用いないという日本人の文化的特性を，筆者は指摘している。

2. 1. 4 LEM研究のまとめ

求められている課題，すなわち情報処理内容によって眼球運動の向きが異なり，特に処理内容がポジティブかネガティブかによって左右への眼球運動頻度が異なるという，いくつかのLEM研究の結果は，眼球運動の計測によって生体の感情状態が推測できるという可能性を示すものである。しかし，LEM方向に明確な左右差を認めない研究が多いことや，日本人を用いた研究でまったく差が認められなかったとするHatta（1984）の結果からは，少なくとも日本人を対象として，この指標を用いることの困難さを示している。

2. 2 認知活動に与えられる情動的情報と眼球運動

前節で紹介したLEM研究では実験参加者に特定の課題を課さない状況における眼球運動の向きを測定していたが，そのような状況では，情動状態以外のさまざまな要因が眼球運動に影響するために結果が安定しないようである。この節では文章読解や映画鑑賞といった目的をもった活動中に感情的情報が与えられた際に，眼球運動に現れる特徴を明らかにしようとした研究を紹介する。

2. 2. 1 Scott, O'Donnell & Sereno（2012）[6]

この研究では情動語を含む文章読解中の眼球運動が測定された。実験要因は目標語の情動的意味（ポジティブ・ネガティブ・中立）と単語使用頻度（高・低）であり，これら6種類の目標語が，情動的には中立な文章中にはめ込まれた。例えば低頻度の目標語としてspider（蛛；ネガティブ），camel（ラクダ；中性），puppy（子犬；ポジティブ）が用いられ，これらは「________に関する文章は興味深い」「リサは動物の本で________に関することを読んだ」「頑強な生物である________は多くの場所で生息できる」のような文章とともに使用された。実験参加者の課題は文章を読むことのみだったが，読んでいることの確認のため，半数の文章提示後に簡単な理解テストが行われた。眼球運動の主な測度としてはSFD（single fixation duration；目標語に一度だけ固視が行われた場合の固視時間）が用いられ，そこでは情動的意味と頻度，双方の効果が示され，両者の交互作用も見られた。低頻度語に対するSFDは目標語が情動的意味を持つときに小さかったが（中性＞ポジティブ・ネガティブ），高頻度語ではポジティブ語のみSFDが小さかった（中性・ネガティブ＞ポジティブ）。筆者らはこの結果について，情動的意味を持つ単語処理が促進されることによると解釈している。

この研究ではSFD以外にもいくつかの指標を用いており，それらの比較も行われている。FFD（first fixation duration）は目標語に対する最初の固視の時間であり，目標に一度しか眼球が向かない場合にはSFDと一致する。GD（gaze duration）は目標語に対する連続する固視の合計時間であり，これも目標語に連続して複数回固視が行われていない場合にはSFDと一致することになる。もう一つの指標はTT（total fixation time）であり，これは目標語に対する，連続しない固視も含めた，全ての固視時間の合計である。SFD，FFD，GDが眼球運動制御の早い時間帯の特性を反映するのに対して，TTは遅い時間帯の制御特性も含むと考えられている。結果としてはFFDとGDはSFDと同様に，強い情動の効果を示したのに対して，TTは似た傾向ではあるものの，やや弱い効果しか示さなかった。このことから筆者は，情動的情報は眼球運動制御の初期成分に対して促進的影響を与えるとした。

2. 2. 2　Subramanian, Shankar, Sebe & Melcher（2014）[7)]

動画を用いた研究も行われている。この研究ではハリウッド映画から切り取られた動画クリップが刺激として用いられ，クリップ内に含まれる情動的情報が眼球運動とその後の認知処理に及ぼす影響が調べられた。実験では10本の映画それぞれから，情動的に中立，ポジティブ情動，ネガティブ情動に対応する3つの動画クリップが使用された。これらのクリップは事前に覚醒度（arousal）と情動価（valence）の評定を受け，中立なクリップは覚醒度が低く，情動価は中程度であること，ポジティブクリップとネガティブクリップは両者とも覚醒度が高く，情動価は高低が分かれるということが確認されていた。実験参加者はこれらの動画クリップを視聴した後に，クリップに関して，ふさわしい感情的ラベルの選択（怒り・おもしろみ・悲しみ・幸福・中立・どれでもない），情動価の評定（ポジティブからネガティブの5件法），映像や音声に関する多選択肢の質問の3種類に答えた。

結果の解析では，情動的内容が眼球運動に与える影響について，1秒あたりの固視回数，固視持続時間，平均サッカード距離の3つの指標を用いた評価が行われた。1秒あたりの固視回数については，ポジティブクリップ視聴時（1.65回）に，中立クリップ（1.51回）とネガティブクリップ（1.45回）視聴時よりも多くなることが示された。固視持続時間は中立クリップ（546.5 ms）とネガティブクリップ（541.0 ms）視聴時にポジティブクリップ（496.6 ms）視聴時よりも長くなった。平均サッカード距離は刺激提示画面の画角に対する比率として表現され，中性クリップ（0.1637）でポジティブクリップ（0.1539）とネガティブクリップ（0.1502）よりも大きくなった。またこの研究では，各クリップに対する眼球運動のばらつき具合を直接評価するために，エントロピーの解析も行い，中立クリップ視聴時の平均エントロピー（2.83）はポジティブ（2.02）とネガティブ（2.27）クリップ視聴時に比べて大きくなることが示された。

これらの結果は，情動的情報が与えられたときに，眼球運動は頻繁になり，その範囲は小さくなることを示しており，筆者らは情動的情報が眼球を引きつけ，その後の認知処理を促進させると主張している。

2. 3 抽象化された課題の眼球運動

これまでの2つの節で紹介した研究では，会話による質問後や文章読解，映画の視聴といった比較的自然な状況の中で情動的情報を与え，そのときの眼球運動の特性を調べていた。しかし，情動的情報処理と眼球運動の関係について調べた研究で，もっとも数が多いのは，より抽象化された実験課題の中で情動的情報を操作し，その影響を確かめるものである。このタイプの研究は眼球運動を指標として生体や心の状態を推測するために直接使用できるものではないが，情動状態と眼球運動の関係を考える上では重要であろう。

2. 3. 1 Calvo & Lang（2004）[8]

この研究では情動的意味を持つ静止画セット（international affective picture system：IAPS）から選択された刺激を用いて，異なる情動的意味を持つ静止画に対する眼球運動が測定された。実験の刺激画像は情動的意味を持つテスト刺激と情動的に中立な統制刺激のセットから構成され，実験参加者は画面左右に提示される刺激画像の情動価が等しいかどうか判断することを求められた。実験条件はテスト刺激の情動価であり，快（pleasant），不快（unpleasant），中立（neutral）間の比較が行われた。

全試行の中でテスト刺激と統制刺激に眼球が向いた試行の比率が指標とされ（均等に眼球が向くと，どちらの刺激も 0.5 となる）刺激提示後の最初のサッカードに関する結果では，情動的意味を持つ2条件（快：0.71，不快：0.70）では中立条件（0.62）よりもサッカードが向きやすいことが示された。刺激提示終了前のサッカードでも同様の傾向が示されたが（快：0.64，不快：0.66，中立：0.57），刺激が提示されている間全体では，その傾向は弱まった（快：0.56，不快：0.55，中立：0.52）。画像が提示された3秒間を 500 ミリ秒ごとの区間に分け，それぞれの区間における各画像に対するサッカード持続時間を集計した解析でも同様の傾向が見られ，最初の 500 ミリ秒で中立画像よりも快画像と不快画像に対するサッカード持続時間が長いという結果だった。これらの結果から，情動的情報は提示後早い時間帯で注意を引き，その結果として眼球が向き，それは長い時間は持続しないと結論づけられている。

2. 3. 2 Nummenmaa *et al.*（2009）[9]

Calvo & Lang（2004）の結論は，やや異なる課題を用いた他の研究でも支持されている。その一つに Nummenmaa ら（2009）の実験がある。この研究の最初の実験では Calvo & Lang（2004）同様，画面の左右に情動的意味を持つ静止画と情動的に中立な静止画が提示されていたが，サッカードをどちらに向けるかは別の手がかり刺激によって決められていた。つまり，この実験では Calvo & Lang（2004）とは異なり，情動的情報は要求された課題そのものに関わってはいなかった。この実験では測度としてサッカード反応時間が用いられ，サッカード目標となる位置に提示されている画像が快，不快，中立の3条件が比較された。結果は Calvo & Lang（2004）と同様のことを示しており，快画像と不快画像がサッカード目標位置に提示されているときに，中性画像のときと比べてサッカード反応時間が早くなるというものだった。

この研究ではさらに，情動的情報が眼球運動に与える別の影響も報告している。実験3では

図 1 上のような刺激配置でサッカード課題が行われた（ただし図 1 上に示されているのは SOA 150 ミリ秒条件）。実験参加者は最初の画面で画面中央の固視点を見る。刺激提示時間間隔（stimulus onset asynchrony：SOA）0 ミリ秒条件ではランダムな時間後に，画面左右の画像プレースホルダー内に情動画像（快・不快）と中性画像のセットが提示され，同時にサッカード目標が画面上下のサッカード目標プレースホルダーのどちらかに提示される。SOA 150 ミリ秒条件では画像セットが提示された 150 ミリ秒後にサッカード目標が提示される。この実験パラダ

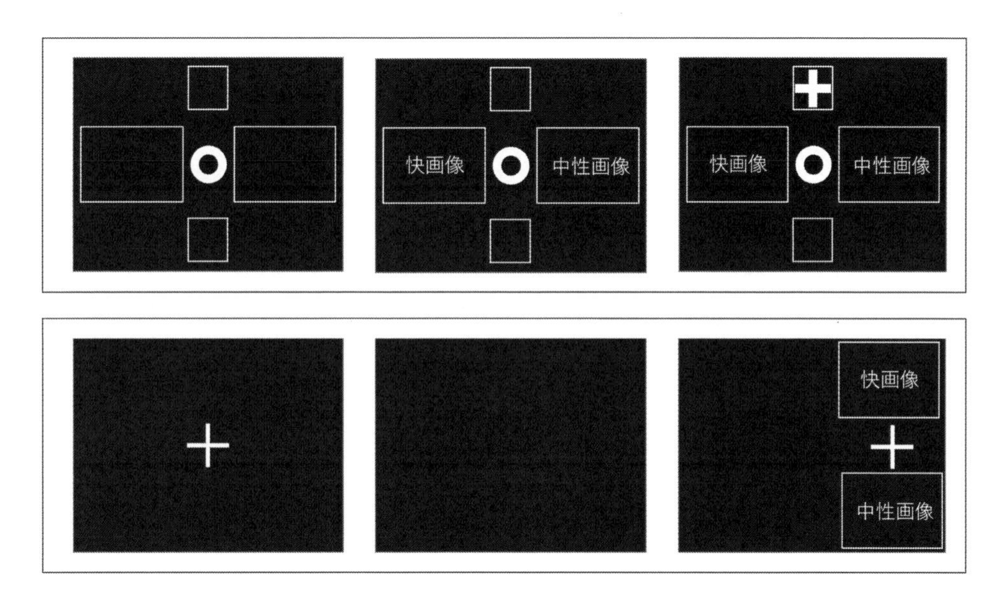

図 1　Nummenmaa ら（2009）と McSorley & van Reekum（2013）の刺激配置の違い
上：Nummenmaa ら（2009），下：McSorley & van Reekum（2013）の実験

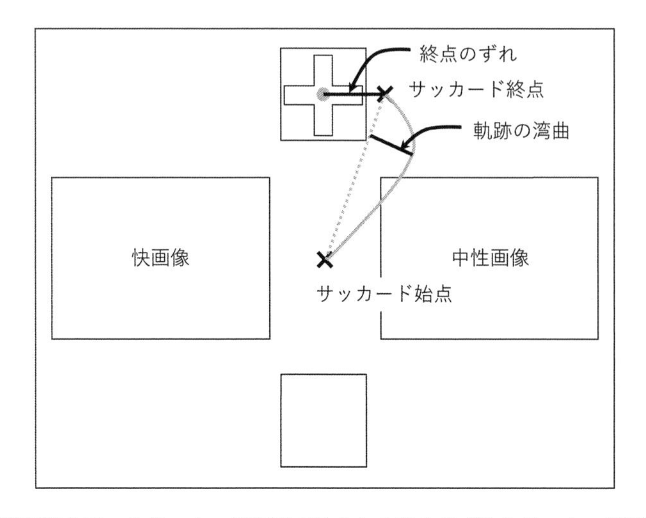

図 2　情動刺激を用いたサッカード課題で見られる終点のずれとサッカード軌跡の湾曲

イムではサッカードの始点と終点を結ぶ直線から外れた位置に顕著性の高い妨害刺激がある場合，その顕著性の高さに応じて妨害刺激の反対側にサッカードの軌跡が湾曲し，さらにサッカードの終点も妨害刺激の反対側にずれることが観察される（図 2；Godijn & Theeuwes（2004）[10]）。結果はサッカード軌跡の湾曲およびサッカード終点のずれのいずれも，情動刺激と反対方向に起きることを示した。また，これらの情動刺激の効果は SOA 150 ミリ秒条件で強く見られており，この実験で用いられたシーンのような複雑な情動的情報が眼球運動制御に影響を与えるには，ある程度の時間が必要であると考えられる（光点のような，より単純な妨害刺激は，より短い SOA で眼球運動に影響することが分かっている）。

2. 3. 3 McSorley & van Reekum (2013)[11]

Nummenmaa ら（2009）と同様の実験課題であっても，情動的情報を与える位置やタイミングを変えることで，その効果の現れ方は異なることが示されている。McSorley & van Reekum（2013）はサッカード目標の横に提示された情動刺激の方向にサッカード終点がずれることを報告している。またこの実験では情動刺激の効果は不快刺激でのみ観察され，快刺激では観察されなかった。Nummenmaa ら（2009）と McSorley & van Reekum（2013）の実験手続きにはいくつかの違いがあり，それが効果の違いに繋がっていると考えられる（図 1）。まず，情動刺激を提示する位置が，Nummenmaa ら（2009）ではサッカード開始位置に近かったのに対して（図 1 上），McSorley & van Reekum（2013）ではサッカード目標位置に近かった（図 1 下）。そのために前者では情動的な顕著性の高い妨害刺激に対する抑制が働いたのに対して後者では抑制できずに妨害刺激方向にサッカードが偏ったと考えられる。また，情動的情報を与えるタイミングにも違いがあり，Nummenmaa ら（2009）ではサッカード目標の提示 150 ミリ秒前に与えた情動刺激がサッカードを，その反対方向に湾曲させていた。それに対して McSorley & van Reekum（2013）では，情動刺激は常にサッカード目標と同時に提示されており，このことも情動刺激処理に対する意図的な抑制ではなく，情動刺激を優先するような処理バイアスが現れた原因であると考えられる。

固視点消去のサッカード目標提示間に時間差があると，サッカード潜時が小さくなることはよく知られた効果（gap effect）であるが，McSorley & van Reekum（2013）の実験では，刺激開始時の固視点消去とサッカード目標提示のタイミングを操作することで，サッカード潜時を変化させ，情動刺激の効果がどの時間帯に見られるかを検討している。その結果，情動刺激の効果は，もっとも短いサッカード潜時帯（220 ミリ秒程度）でのみ観察された。

2. 4 抽象化された実験課題で見られる情動的情報と眼球運動の関係

この節では 3 つの研究の紹介を通して，情動的情報が与えられているときの眼球運動の特性を紹介した。いずれの研究でも共通して見られるのは，情動的情報は提示後の速い時間帯で眼球運動の制御に促進的な影響を与えるということであった。情動的情報によってサッカード反応時間（潜時）は早められ，情動的情報以外の位置に向かうサッカードは情動的情報の位置の方向や，その反対側にずれる。このずれの方向は，情動的情報の与え方に依存して変わり，方略的に情動的情報処理を抑制可能な与え方が行われた場合には情動的情報とは逆に，抑制できない位置やタイミングで与えられた場合には情動的情報側にずれる。

3　まとめ

ここまで 3 つの節に分けて情動的情報と眼球運動の関係について調べた研究について概観した。最初の節では自然な眼球運動の観察によって情動状態を推測する可能性について，感情に影響する質問を与えたときの眼球の動きを測定する LEM（lateral eye movement）研究を取り上げた。これらの研究では，いくつかの研究で感情に関わることを考えているときに，左側への眼球運動の頻度が高くなることが報告されているが，それとは異なる結果を報告する研究も多かった。次の節では文章読解や映画の視聴といった活動中に情動的な情報が与えられたときに，眼球運動に見られる特徴を調べる研究を紹介した。文章読解では情動的意味を持つ単語に対する固視時間が短くなること，また映画視聴でも情動的情報があるときにサッカードが頻繁になって，その範囲が狭まることが報告され，いずれも情動的情報が優先的な処理を示すものと解釈されていた。最後の節では幾何学図形のように抽象化された実験事態を用いた眼球運動課題に情動刺激を加えることで，情動的情報の効果を直接的に調べた研究を紹介した。これらの統制された実験では結果は一貫しており，基本的には情動的情報は眼球運動の生起を早め，眼球を引きつけていた。

これらの研究からは，現状で眼球運動の様子のみを観察することで，その時点での情動状態を推定するのは困難なように思える。しかしながら，情動的情報を与えたときには一貫して見られる眼球運動特性は確かにあり，適切な実験課題の中で眼球運動を測定することで，情動状態を評価することは可能であろう。

文　　献

1）K. Rayner, *Psychol. Bull.*, **124**（3）, 372（1998）
2）G. Schwartz *et al.*, *Science*, **190**（4211）, 286（1975）
3）G. L. Ahern & G. E. Schwartz, *Neuropsychologia*, **23**（6）, 745（1985）
4）J. C. Borod *et al.*, *Neuropsychologia*, **26**（2）, 213（1988）
5）T. Hatta, *Cortex*, **20**（4）, 543（1984）
6）G. G. Scott *et al.*, *J. Exp. Psychol. Learn. Mem. Cogn.*, **38**（3）, 783（2012）
7）R. Subramanian *et al.*, *J. Vis.*, **14**（3）, 31（2014）
8）M. G. Calvo & P. J. Lang, *Motiv. Emot.*, **28**（3）, 221（2004）

9）R. Godijn & J. Theeuwes, *J. Exp. Psychol. Hum. Percept. Perform.*, **30**（3）, 538（2004）
10）L. Nummenmaa *et al.*, *J. Exp. Psychol. Hum. Percept. Perform.*, **35**（2）, 305（2009）
11）E. McSorley & C. M. Van Reekum, *Emotion*, **13**（4）, 769（2013）

第５章　情動と自律神経系反応

鈴木はる江[*1]，鍵谷方子[*2]

喜びで満面の笑顔になる，恐怖に身を震わせるなど，人間の情動はさまざまな表情や行動となって現れる。それとともに，驚いて鼓動が早くなったり，緊張のあまり冷や汗をかくなど，情動に伴って心拍数の変化や発汗といった自律神経系の反応も起こる。

喜び，驚き，怒り，恐れ，悲しみなどさまざまな情動があるが，そもそも情動とは何かについて，情動の研究の流れも含めて解説する。さらに，情動に伴い各種身体機能に変化が起こる生理学的仕組みについて，特に自律神経系の反応を中心に述べる。

1　情動とは

1．1　情動と感情

情動ならびにそれと類似の言葉である感情は，その定義や使い方に研究者で異なることも多い。生理学・神経科学の分野では一般に，外部刺激や心的活動に伴って生じる快・不快の主観的な意識経験を**感情** feeling といい，感情の中でも比較的強く一過性に生じ，生理的反応を伴う場合を**情動** emotion という。つまり情動には，主観的な意識経験と，発汗・動悸などの自律神経系の反応，血糖値上昇を起こすホルモンの分泌増加などの内分泌系の反応，表情と行動変化の運動神経系の反応といった身体反応が含まれる。

なお心理学の分野では，上述の感情を狭義の感情とし，これに情動と気分や気質なども加えて，広義の感情と呼ぶこともある。本章では身体反応を伴う情動について取り上げる。

1．2　情動の種類と発達

新生児では脳の発達が未熟なため情動は未分化で，空腹時に泣いて不快を表したり，満足の状態（快）を示したりする程度であるが，３～４カ月頃から分化が順に進み，脳の発達に伴って２歳頃には怒り，恐れ，喜びなどの 11 種の基本的な情動が出そろう（図 1）[1)]。これらは生得的で基本的な情動で，生存に必要な反応である。例えば生体にとって危険なものに対しては，生まれつき恐怖を感じて近寄らない。これは命を守る防衛反応として重要である。また甘味刺激は喜びをもたらし，近接行動を促す。甘味は舌のグルコース受容器の刺激によって起こる感覚である

＊1　Harue Suzuki　人間総合科学大学　大学院人間総合科学研究科　教授

＊2　Fusako Kagitani　人間総合科学大学　大学院人間総合科学研究科　教授

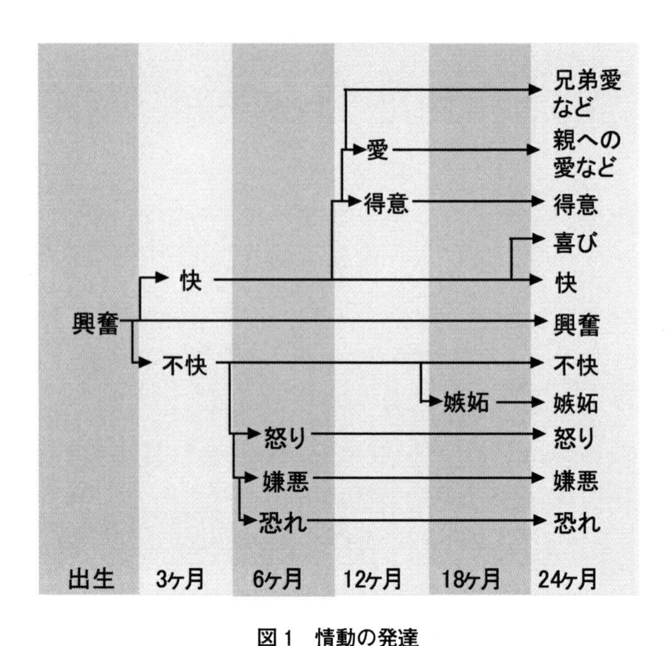

図1　情動の発達

（Bridges（1932）基づく，藤永保（1990）[1]より）

が，グルコースはエネルギー源であることから，甘味刺激で近接行動が促進されることは，生存に有利である。

成長に伴い，学習や経験を経て当惑，嫉妬，罪悪感，優越感などの複雑な情動も発達してくる。これらは後天的で社会的な情動である。人間関係や社会との関わりで生じる情動も，社会生活を円滑に営む上では重要な意味を持つ。

1．3　情動の理論と脳の重要性

情動の理論を最初に提唱したのは，1884〜1885年のJamesとLangeである。彼らは生体に刺激が加わるとまず身体が反応し，その反応が大脳皮質に伝えられ情動の主観的な意識経験が起こるとした（図2A）[2]。この説は生体の反応を重視しており，情動の末梢フィードバック説という。1927年にCannonは，脊髄を上部で切断して身体感覚を消失させた動物でも，適当な刺激を加えると情動を示すとして，情動の末梢説を否定し，中枢神経系を重視した情動の中枢起源説を提唱した[2〜4]。この説では間脳の視床を重視し，感覚情報や大脳皮質からの指令により視床が興奮し，その情報はさらに大脳皮質に伝えられ喜びや怒りなどの意識的経験を起こす一方，脊髄・脳幹に伝えられ内臓や筋活動の変化を生じさせるとした（図2B）[2]。その後，帯状回，海馬，脳弓，視床下部，視床前核を連絡するPapezの神経回路，それに扁桃体を加えた**大脳辺縁系**（図3A）[5]が，情動の調節に重要な部位と考えられるようになった（大脳辺縁系に視床下部を含む考えもあるが，大脳辺縁系と視床下部を分けて捉えることが一般的である）。

情動の神経回路を構成する視床下部は，自律神経系・内分泌系の統合中枢であり，本能行動や

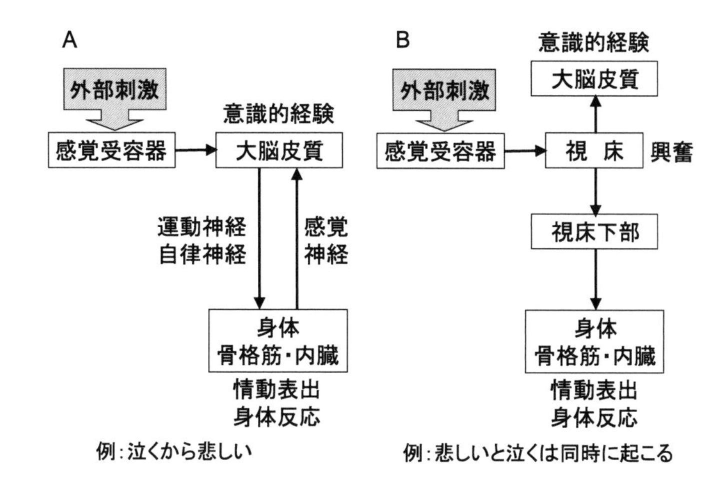

図２　情動の理論
（久住眞理ほか（2012）[2] より改変）

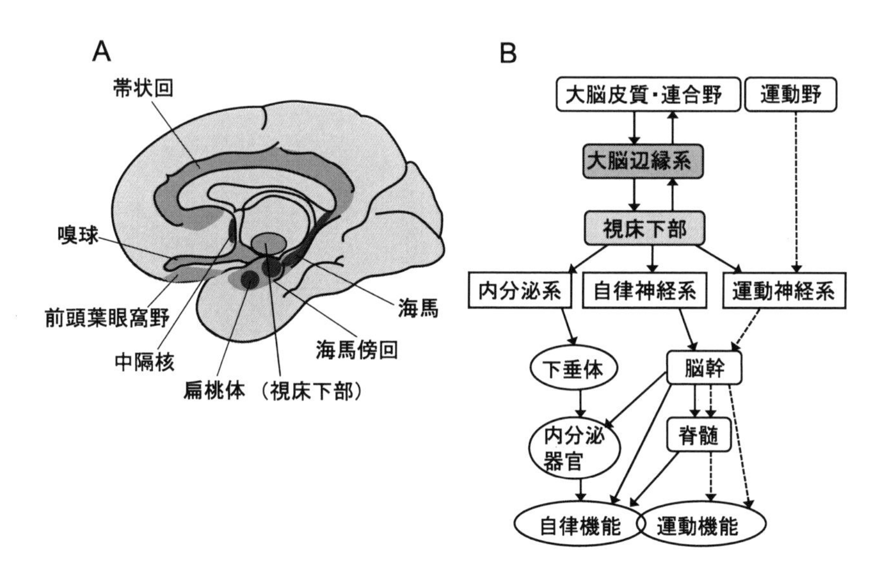

図３　情動に関わる神経回路
Ａ：大脳辺縁系の領域。脳幹・小脳を除去した右半球の内側面図。Ｂ：大脳辺縁系–視床下部の情動の神経回路による自律神経系，内分泌系，運動神経系の調節。
（鈴木はる江（2011）[5] より改変）

情動行動においては運動神経系も調節する中枢である（図３B）[5]。そのため，ある情動が起こった時に視床下部の統合中枢によって，自律神経系反応や運動神経系の反応が誘発される。例えば，恐怖の情動では，心拍数の増加や立毛（自律神経系反応），身体の不随的震え（運動神経系反応）が起こる。

大脳辺縁系は新皮質とも相互連絡があり，**新皮質**が情動に影響を及ぼすこともある。例えば，学習により無害な刺激により恐怖の情動が起こることも（恐怖の条件付け），逆に情動を意志で制御することも可能である。さらに情動によって生じた身体反応の状態が末梢神経系や血流を介して脳に伝えられて，情動を変化させることもある。

このように情動は大脳新皮質，大脳辺縁系，視床下部を含む脳領域と自律神経系や運動神経系が関与する現象であり，こころと身体の密接な相互作用の結果，生じているといえる。いずれにせよ，情動が生じると自律神経系や運動神経系の反応を伴うため，これらの反応を測定することにより，情動状態を把握することが可能となる。

2　情動の仕組みと身体反応

情動は，心身への特定の刺激に対して起こる一時的な反応である。この反応の過程を分析すると，①感覚刺激の受容，②感覚刺激の認識とそれに対する価値評価（快か不快か）があり，それに伴い③情動の表出としての身体反応が起こる。身体反応には，行動や表情の変化という運動神経系の反応，心拍数増加や発汗などの自律神経系の反応，ストレスホルモンの分泌など内分泌系の反応がある。これらの反応は，それぞれ適切な方法で測定が可能である。身体反応とは別に，刺激を受けた本人が感じる④楽しい・怖い・悲しいなどの主観的な意識経験がある。③は筋電図，心電図，血圧計，血中の化学物質の測定により，定量的に把握することが可能である。その方法も簡便なものから精密な測定まで多数開発されてきている。④は外部から測定することは困難であり，本人に聴取して把握できるが，客観性が不十分である。しかし近年になって脳機能の画像解析装置の発達に伴い，脳の活性部位と感情・情動との関連性が明らかになり，ある程度推測することが可能となってきた。例えば恐怖では扁桃体が活性化するなどである。

本章では，血圧や心拍数の変化や発汗，皮膚の色調など，普段，だれもが体験している自律神経系の反応について，情動との関連性を考えていく。

3　自律神経系の構造と機能

3. 1　自律神経系の全般的特徴

全身の平滑筋，心筋，分泌腺に分布する末梢神経を自律神経系という。自律神経系は全ての内臓諸器官に分布し，循環，消化，代謝，内分泌，排泄，体温維持などの働きを調節し，生体の恒常性（ホメオスタシス）の維持に重要な役割を果たす。自律神経系は歴史的には遠心性神経（中枢神経系からの指令を末梢効果器に伝える神経）を意味したが，求心性神経（末梢受容器からの情報を中枢神経系に伝える神経）も並行して走行していることが明らかになり，内臓からの求心性神経（内臓求心性神経と呼び，内臓の状態を脳に伝えている）も自律神経系に含めて考えるようになった。

自律神経系の遠心性神経は，交感神経系と副交感神経系に分類される。**交感神経系**は心拍数を増やし血管を収縮させて血圧を上昇させるなど，生体が活発に活動するのに適した状態をつくる。**副交感神経系**は心拍数を減少させる一方で，胃腸の働きを活発にし，身体を休めて栄養を消化吸収して，活動に備える状態を整える。

交感神経は胸髄と腰髄上部，副交感神経は脳幹と仙髄から出てきて，いずれも途中でシナプスを介してから効果器に至る。このシナプス接続部分を自律神経節といい，自律神経節までの神経線維を節前線維，自律神経節の後の神経線維を節後線維という。

3. 2　交感神経系の働き

交感神経は，胸髄と腰髄上部から出てきて，全身の内臓効果器に分布するとともに，脊髄神経を通って全身の皮膚の血管や汗腺，立毛筋にも分布し（図４)[6]，その働きをさまざまに変化させる（表１)[7]。

交感神経の活動が亢進すると，眼の瞳孔散大筋が収縮して瞳孔が開く。心臓の心拍数と心収縮力が増加して，心拍出量が増加し，血管が収縮するため，血圧が上昇する。気管支平滑筋は弛緩

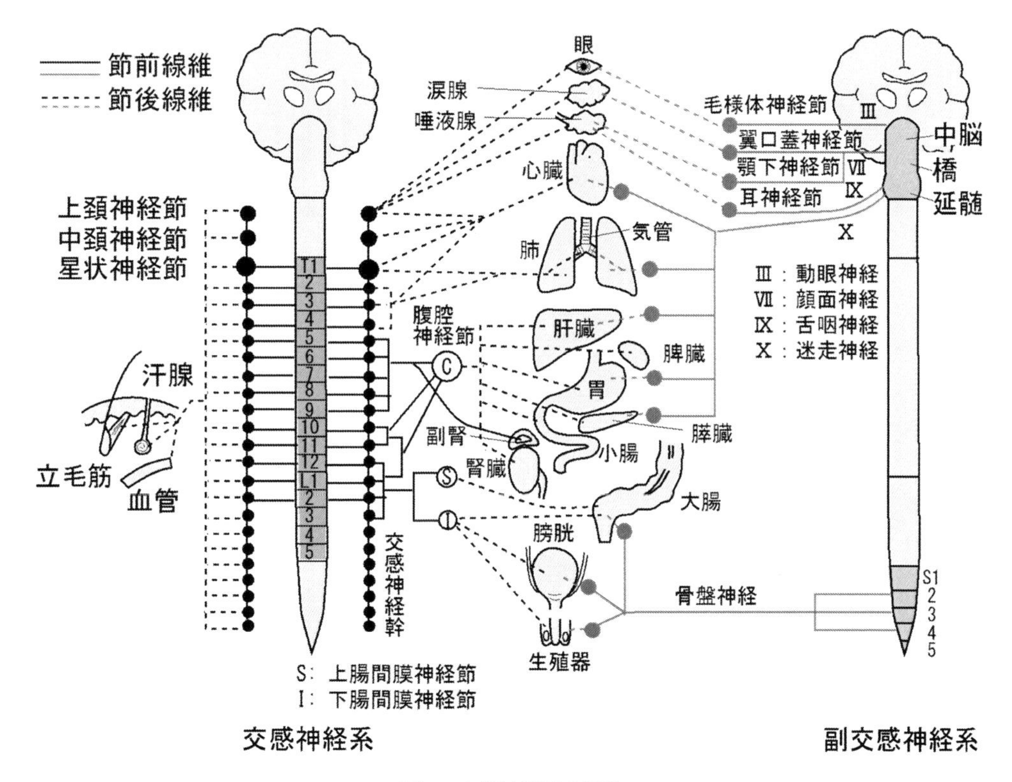

図４　自律神経系の構造
（佐藤昭夫ほか（1995)[6]より）

表1　自律神経系の働き

効果器	交感神経活動に対する応答	副交感神経活動に対する応答
眼	散瞳・毛様体筋弛緩	縮瞳・毛様体筋収縮
涙　腺	血管収縮	分泌
唾液腺	分泌（粘液性唾液）	分泌（漿液性唾液）
心　臓	心拍数増加 心収縮力増加 房室伝導速度増加	心拍数減少 房室伝導速度減少
気道・肺	気管支筋弛緩	気管支筋収縮・気管支腺分泌
肝　臓	グリコーゲン分解	グリコーゲン合成
脾　臓	血管収縮	—
副腎髄質	カテコールアミン分泌	—
胃腸管	平滑筋弛緩・分泌抑制	平滑筋収縮・分泌促進
膵　臓	膵液分泌減少・インスリン分泌抑制	膵液分泌・インスリン分泌
腎　臓	レニン分泌	—
直　腸	平滑筋弛緩・括約筋収縮	平滑筋収縮・括約筋弛緩
膀　胱	排尿筋弛緩・括約筋収縮	排尿筋収縮・括約筋弛緩
生殖器	男性性器射精	男性性器勃起
汗　腺	分　泌	—
血　管	収　縮※	—
立毛筋	収　縮	—

—は副交感神経が分布していない。
※運動時は内臓の血管は収縮するが，骨格筋の血管は代謝産物により拡張する。
（内田さえほか（2019）[7]より改変）

して気管支が拡大して呼吸しやすくなる。肝臓のグリコーゲンがグルコースに分解されて放出され血糖値が上昇する。副腎髄質は内分泌腺であるが，交感神経の節前線維で調節されており，交感神経の活動によりアドレナリンとノルアドレナリンを血液中に分泌する。

他方，胃腸管の運動は低下し，胃液や膵液，腸液などの消化液の分泌も低下するため，食物の消化・吸収は抑制される。ただし，唾液腺は例外で，交感神経活動により粘性のある唾液が少量分泌される。膀胱は弛緩し内尿道括約筋（膀胱から尿道への出口にある）が収縮するので，膀胱内に尿が貯留する。さらに皮膚では，皮膚血管が収縮して皮膚血流は減少し，汗腺からの汗の分泌が増加し，立毛筋が収縮して毛が逆立つ。

3. 3　副交感神経系の働き

副交感神経は，脳幹からは脳神経（動眼神経，顔面神経，舌咽神経，迷走神経）を通って，仙髄からは骨盤神経を通って出てきて，一部の効果器（脾臓，副腎髄質，腎臓，汗腺，立毛筋，多くの血管）を除き，ほぼ全身の効果器に分布する（図 4）[6]。

副交感神経活動が亢進すると，効果器の機能は一般的に交感神経とは反対方向に調節される（表 1）[7]。すなわち眼の瞳孔括約筋が収縮して瞳孔は縮小する。心拍数が減少して血圧が低下する。気管支平滑筋は収縮して気管支が縮小する。肝臓では血液中のグルコースからグリコーゲンが合成されて蓄えられる。一方，胃腸の運動と消化液の分泌は亢進して，食物の消化・吸収が亢進する。唾液腺からは漿液性の唾液が多量に分泌される。膀胱は収縮し内尿道括約筋は弛緩して，排尿が起こる。

3．4　自律神経系の自発性活動

交感神経と副交感神経はどちらも，安静時にも常時活動している。この活動を自発性活動，緊張性活動，トーヌスなどと呼ぶ。交感神経と副交感神経の両神経によって支配されている効果器では，どちらの神経活動が優勢かで効果器の機能は変化する。例えば心臓の場合，交感神経の活動亢進で心拍数は増加するが，副交感神経の活動抑制でも心拍数は増加する。交感神経のみによって支配されている皮膚血管においては，交感神経活動の亢進で血管収縮，交感神経活動の抑制で血管拡張が起こる。

3．5　自律神経系の神経伝達物質とその受容体

交感神経も副交感神経も節前線維は**アセチルコリン**を放出する。節後線維は，交感神経では一般に**ノルアドレナリン**を放出し（例外があり，汗腺および骨格筋の一部の血管を支配する交感神経節後線維はアセチルコリンを放出する），副交感神経ではアセチルコリンを放出する。近年，これらに加え，神経ペプチド，ATP，一酸化窒素（NO）などもある種の自律神経で放出されていることも分かっている。

ノルアドレナリンやアセチルコリンは細胞膜に存在する受容体に作用して効果を発揮する。受容体には性質の違いにより複数の種類がある。主なノルアドレナリン受容体にはα_1受容体，β_1受容体，β_2受容体がある。α_1受容体は血管平滑筋に存在して血管収縮に，β_1受容体は心臓（心筋）に存在し，心拍数・心収縮力の増大に，β_2受容体は気管支，胃腸管，膀胱などの平滑筋に存在し，それら平滑筋の弛緩に関与する。アセチルコリン受容体はニコチン受容体とムスカリン受容体に区分される。ニコチン受容体は自律神経節にある節後ニューロン細胞体や副腎髄質のホルモン分泌細胞に存在する。ムスカリン受容体は副交感神経支配を受ける効果器に存在し，心拍数減少（M_2受容体），胃腸管の運動・分泌の亢進（M_3受容体）などに関与する。

4　自律神経機能に現れる情動反応

怒りや悲しみ，驚きなどの情動は，自律神経機能の反応として身体表現されることを最初に述べた。こころや身体へのさまざまな負担がストレスとなって身体に種々の反応を起こすため，身体反応を計測して，対象者のストレス状態を把握することも可能である。ストレスの基本的仕組みと各種自律神経機能に及ぼすストレスや感覚刺激の影響について述べる。

4. 1 ストレスの仕組み

現代社会において人間は，騒音や気候変動，複雑な人間関係や多忙な仕事など，さまざまなストレスに曝されている。ストレスを起こす刺激（ストレッサーという）は，脳内で統合処理されて，情動や覚醒水準を変化させるとともに，自律神経系，内分泌系，運動神経系に多様な身体反応（ストレスともストレス反応ともいう）を引き起こす。

ストレス反応の仕組みとしては，Cannonが見出した**交感神経-副腎髄質系**（SAM系）とSelyeが見出した**視床下部-下垂体前葉-副腎皮質系**（HPA系）の二大システムが重視されてきた（図5）[8]。SAM系では，ストレスによって視床下部が働いて交感神経を活性化し，副腎髄質からのアドレナリン・ノルアドレナリンの分泌が亢進する。その結果，血糖値上昇，心拍数増加，末梢血管収縮による血圧上昇などが起こる。HPA系では，視床下部から放出された副腎皮質刺激ホルモン放出ホルモンCRHが下垂体前葉から副腎皮質刺激ホルモンACTHの分泌を亢進させ，ACTHにより副腎皮質から糖質コルチコイド（コルチゾール，コルチコステロンなど）の分泌が亢進する。その結果，血糖値上昇，炎症反応抑制，胃酸分泌亢進などが起こる。

以上述べたストレス反応は，ストレスに対処した行動を起こしたり，ストレスへの抵抗力を高めるために必要な反応であるが，過剰な反応や長期に持続すると，高血圧，高血糖，胃潰瘍，免疫力低下などの健康障害を招くこととなる。したがって，ストレスへ適切に対処してSAM系やHPA系の亢進状態を長引かせずに通常状態に戻すことが健康維持のために重要である。

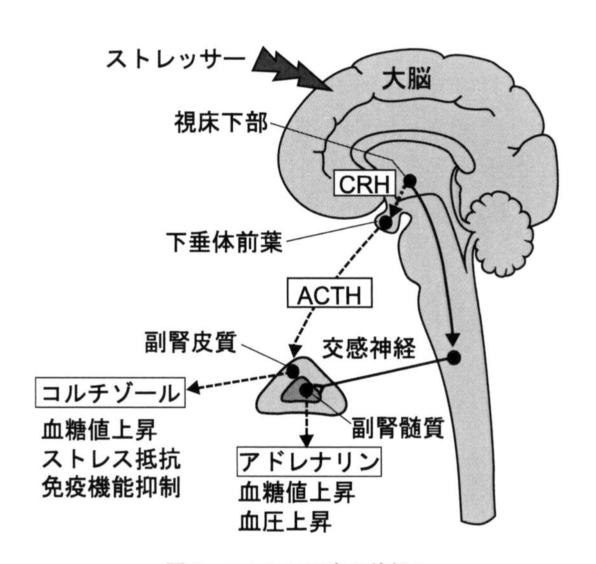

図5 ストレス反応の仕組み
（久住眞理ほか（2008）[8]より改変）

4. 2　各種ストレスや感覚刺激の自律神経機能に及ぼす影響

皮膚血流：交感神経は皮膚血管を収縮させて，皮膚血流を減少させ皮膚温を低下させる。したがって皮膚血流量や皮膚温度を測定することにより，交感神経の活動状態を把握できる。寒冷刺激は視床下部の体温調節中枢に伝えられて，反射性に全身の皮膚血管支配交感神経活動を亢進させて，皮膚血流を減少させる。このため，一側の手の寒冷刺激で対側の手の皮膚血流も減少する。情動刺激では，恐怖で顔面皮膚の血管が収縮して顔が青ざめることも，怒りで逆に顔が紅潮することもある。

汗腺活動：交感神経は汗腺からの汗の分泌を亢進させる。温熱刺激は体温調節中枢に伝えられて全身の汗腺支配交感神経活動を亢進させて，全身の発汗を促す。これを温熱性発汗と呼ぶ。他方，情動刺激で大脳辺縁系が働くと，手掌，足底，腋窩の汗腺活動のみが亢進する。これを精神性発汗と呼ぶ。手掌の発汗による皮膚電気反応は情動の把握に利用される。

心拍数：心臓は交感神経と副交感神経の支配を受け，前者は心臓に促進的に作用，後者は心臓に抑制的に作用する。心拍数増加は，交感神経亢進，あるいは副交感神経抑制，あるいはその両方によってもたらされる。一般に暗算ストレスは交感神経を興奮させて心拍数増加，深呼吸の吸息時には副交感神経の抑制による心拍数増加を引き起こす。心拍数測定のみでは，交感神経，副交感神経のどちらの神経が関与しているのかは，厳密には分からない。心電図のRR間隔変動の周波数解析では，高周波のHF成分は心臓副交感神経活動の状態を反映すると考えられている。一方，低周波のLF成分は心臓交感神経と副交感神経の活動状態を反映している。そのためLF成分／HF成分が相対的な心臓交感神経活動を表すとする考えがあるが，必ずしもそうではないとする考えもある。

血圧：寒冷刺激，痛み，運動負荷などの身体的ストレスは，体性感覚神経を介して延髄の循環中枢に伝えられ，反射性に交感神経活動を亢進させる。その結果，末梢血管の収縮が起こり，血圧が上昇する。緊張や不安，恐怖などの精神的ストレスは，大脳辺縁系・視床下部の情動の中枢を働かせて，交感神経活動を亢進させて血圧を上昇させる。

唾液分泌：唾液は水分，電解質，消化酵素アミラーゼ，粘液（ムチン）を主成分とする消化液で，唾液腺に分布する自律神経によって分泌が調節されている。副交感神経は水分の多い漿液性の唾液を大量に分泌させ，交感神経は有機物質に富む粘液性の唾液を少量分泌させる。食事により味覚・嗅覚・口腔粘膜が刺激されると，反射性に副交感神経を興奮させて漿液性唾液が大量に分泌される。唾液は常時基礎分泌されて，口腔内を湿らせ清浄に保っているが，ストレスにより交感神経が興奮すると，粘液性唾液の分泌が亢進し，唾液に含まれる有機物質である唾液アミラーゼ活性が高まるという特徴がある。そのため唾液アミラーゼ活性はストレスチェックとして利用されている。

胃機能：交感神経は，胃の運動と分泌機能を抑制し，胃の粘膜血流を減少させる。副交感神経は胃の運動・分泌機能を亢進させる。ストレスは胃の交感神経と副交感神経の両者の活動を亢進させる特徴がある。交感神経活動亢進は胃の粘膜血流減少による粘液分泌低下をもたらし，副交感神経活動亢進は胃酸やペプシン分泌亢進を引き起こし，胃の平滑筋収縮により胃壁の血管を圧迫して血流低下を助長する。さらにストレスにより分泌が亢進する副腎皮質ホルモンのコルチゾールは，胃酸分泌を亢進させるが粘液分泌を低下させる。つまりストレスにより，胃粘膜保護に働く粘液分泌が減少し，胃粘膜攻撃因子の胃酸・ペプシン分泌が亢進するため，胃粘膜が障害されやすくなり，胃炎や胃潰瘍が発症しやすくなる。

大腸機能：ストレスが原因で大腸機能に異常をきたす過敏性腸症候群のように，大腸機能もストレスの影響を受けやすい。ストレスによる自律神経機能の乱れや，腸粘膜から放出されるセロトニン，HPA 系亢進により放出された CRH などが関与するといわれている。過敏性腸症候群には様々なタイプがあり，大腸壁緊張亢進による便秘，大腸の運動・分泌機能亢進による下痢，およびその両者が交代して起こるものなどがある。

文　　献

1） 藤永保（監修），人間発達の心理学，サイエンス社（1990）
2） 久住眞理（監修），心身健康科学概論，第 2 版，人間総合科学大学（2012）
3） E. R. Kandel（金澤一郎，宮下保司日本語版監修），カンデル神経科学，メディカルサイエンスインターナショナル（2014）
4） M. F. Bear, B. W. Connors, M. A. Paradiso（加藤宏司ほか監訳），神経科学－脳の探求，西村書店（2007）
5） 鈴木はる江（編著），自律神経生理学，第 3 版，人間総合科学大学（2011）
6） 佐藤昭夫，佐藤優子，五嶋摩理，自律機能生理学，金芳堂（1995）
7） 内田さえ，佐伯由香，原田玲子（編），人体の構造と機能，第 5 版，医歯薬出版（2019）
8） 久住眞理（編著），ストレスと健康，改訂第 1 版，人間総合科学大学（2008）

第6章　感情状態と脳波

岩城達也*

1　感情状態

感情は，「苦しみから意気揚々」のように「不快から快」までの広がりをもつ，あらゆる気分や情動についての心的な体験である。この体験には，比較的単純なものから，とても複雑に感じるものまである。そして適応的で正常な情動反応から病的な反応にまで形を変える。総称的な表現としてはポジティブ感情やネガティブ感情という言葉がよく使われる。ここでは，そのような体験の一時点を指して感情状態とする。なお，情（感情）は知と意とともに，伝統的に心を構成する3つの要素のうちの一つである[1]。

さて，感情状態を操作して生理指標を検討する実験の場合，操作する感情は大きく2つの考え方によって分類されることが多い。一つは喜怒哀楽といったカテゴリカルな分類であり，基本情動説[2]に基づき，幸福と悲しみや，怒りと恐怖など，いわゆる感情の種類ごとに感情状態を操作する方法である。もう一つは，感情は主要な次元（軸）によって主観的に定量化できるとする次元説[3]に基づいた方法である。次元説では，図1のように多くの場合，覚醒（興奮 - 鎮静）と快不快を次元として評価する方法が用いられる。affect grid [4]と呼ばれる覚醒感と感情価を評価するための方法が確立され，感情喚起画像による評価得点のデータベースが提供されている[5]。次元説ではこの2軸によって感情状態が位置づけられ，カテゴリカルに分類された感情の種類も，この2次元空間上に特定される。感情に関しては他にも多くの異なる説がある。

ここでは，脳波と感情状態を評価するためによく用いられる方法としてこれに注目する。特に，次元説では，軸の一つが覚醒水準であり，生理指標との相性がいい。2次元モデルでは快不快が変化する時には，覚醒水準も変化する。恐怖や怒りなどの不快方向の感情が生じた場合も覚醒水準は上昇するし，何か嬉しいことがあったり，楽しいことがあったりした場合にも興奮を伴い覚醒水準は上昇する。一方で，心を落ち着かせてリラックスしたり，眠くてまどろみに入ろうとする際には，あまり強い快不快は感じずに，中性的な状態となり覚醒水準が下がる。覚醒水準の変化をみることで，快不快が変化していることを，ある程度は推測できることになる。

なお，図1は3次元目の因子として想定されていた支配性を点線で示している。支配性は対象や状況に対する制御感や自己の支配感を指すが，感情状態というよりも認知判断に関わるとされ，感情状態の評価からは除かれることも多い[6]。

---

*　Tatsuya Iwaki　駒澤大学　文学部　心理学科　教授

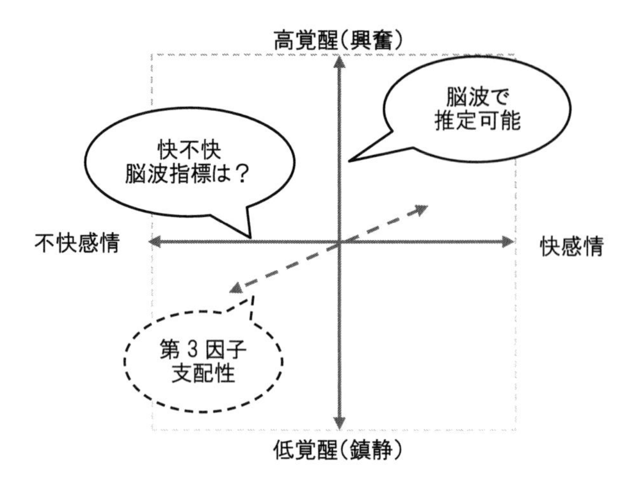

図1　次元説に基づく感情のモデル（覚醒と感情価の2因子に支配性を付記）

2　脳波

感情状態と脳波の対応関係をみる前に，まずは脳波について触れておく。脳波は，測定用の電極を頭部2か所に装着し，装着した2つの電極間の電位差を増幅することで記録できる[7)]。さまざまな周波数の波から構成され，周波数帯域ごとに呼び方が定められている。一般に良く知られているα波は8～13 Hzの波で，安静時の閉眼状態に後頭部優位に出現する。β波は14～30 Hzの波で，覚醒水準の上昇や認知活動などに伴い脳機能の担当部位に応じて観察される。一方，覚醒水準が低下すると，徐波と呼ばれるα波よりも周波数の遅い波が出現するようになる。θ波は4～7 Hzの波であり，入眠期に目立つ。δ波は主に深い睡眠中にみられる波である。徐波は健常成人の覚醒期にはほとんど見られない。

脳波は覚醒度により時々刻々と変化する。安静・覚醒・閉眼時での正常脳波は，後頭部優位のα波を主体として前頭部に低振幅β波が混入する[8)]。感情状態と脳波の関係を見ようとすれば，普通，感情は覚醒期に体験するものであり，α波やβ波の出現様相が分析対象になる。脳波を分析する際には，その周波数（Hz），振幅（μV），頭皮上分布，左右差，出現量，変動性，部位間関係などが分析指標となる。α波の変化で視察でも分かりやすい現象としてα抑制（αブロッキング）がある。α波は成人では一般に9～11 Hzを中心とする50 μV程度の律動が後頭部から頭頂部を優勢にみられる。しかし，閉眼から目を開けたり，閉眼でも光や音刺激を与えると，α波が抑制されて，不規則で非律動的に変化する。これは，大脳皮質の活動が高まるとシナプス後電位の分散性が高くなり，ニューロン間の活動の同期性が低下することによる（脱同期）[8)]。α抑制は電極装着部位に相当する脳活動の賦活を表すので，機能局在が分かっているならば，記録した脳部位の機能が活発に働いたと理解することができ，心理・行動面と結び付けて解釈することができる。

さて，脳波は覚醒水準により変化すると述べた。覚醒期においては，α 波の出現量の二相性変化が知られている。α 波は安静状態で最も出現量が多いが，覚醒水準が上昇しても，低下しても出現量は低下する[9]。このような振る舞いを考慮しながら α 波の出現量を分析することで，生理的な覚醒水準の変化を調べることができる。感情が覚醒水準の変化を伴うことを前提にすれば，感情状態を調べることに役立つのである。

3　前頭部脳波活動の非対称性

覚醒水準が推定できれば次元説を構成する感情モデルの一つの軸の座標が分かったことになる。それでは，モデルを構成するもう一つの軸である感情価（快不快）に該当する脳波指標には何があるのだろうか。感情状態に対応した考え方としては前頭部の側性化モデルがある。Davidson らに提案されて以来，これまでに数多くの研究論文が発表され，モデルについての議論も活発になされており現在も続いている[10]。このモデルでは左右前頭部の活動がそれぞれ接近と回避といった行動の動機づけに関わるとされた。一般に快感情をもたらす物事には接近行動，不快感情をもたらすものには回避行動が伴うので，左前頭部の活動はポジティブ感情と，右前頭部の活動はネガティブ感情と結び付くと考えられた。こうした左右前頭部の活動を評価する指標として，前頭部の α 波活動の左右の非対称性（frontal alpha asymmetry：FAA）が用いられてきた[11]。FAA は左右前頭部に置いた電極から記録された脳波からスペクトル分析などで，α 帯域のパワを算出し，ln R -ln L alpha power のように左右の差をとり，正の値なら左活性，負の値なら右活性とする。脳波の非対称性研究の根底にある仮説は，α 活動が皮質活動と逆相関するということである。したがって，非対称的な α 波の活動レベルは α 波活動がより抑制された半球において，より大きな皮質活動を反映すると考える。

さて，図2は音楽聴取中の前頭部の脳波 α 波の左右差を検討した結果である[12]。この実験では，大学生20名を対象に，覚醒感の異なる9つの楽曲を100秒間呈示した。その際に，それぞれの楽曲の好ましさを主観的に評価してもらうと共に楽曲聴取中の脳波を頭皮上21部位から記録した。図2では，下段に楽曲に対する好ましさの平均の主観評価得点（1～5点）と上段に前頭部 α 帯域振幅の左右差指数を示している。脳波データは電極配置の基準である国際10-20法にしたがい21部位から記録したが，図中には左右前頭（F3とF4）および左右前側頭部（F7とF8）を組み合わせた左右差指数が示されている。このデータからは，好ましさと前頭部 α 帯域パワの左右差に相関関係が認められた。

このような前頭部の α 帯域活動と感情状態の関係については，多くの研究が報告されている一方で，この考え方は過度に単純化されているとの批判もある。現在は，前頭前部の神経ネットワークの分化や α 振動の機能的な役割についての議論がなされている[13]。

その中でも，α 帯域活動の非対称性について発生源推定すると，背外側前頭皮質（dorsolateral prefrontal cortex：dlPFC）に同定されるとの報告がある[14]。脳波と安静状態（resting state）

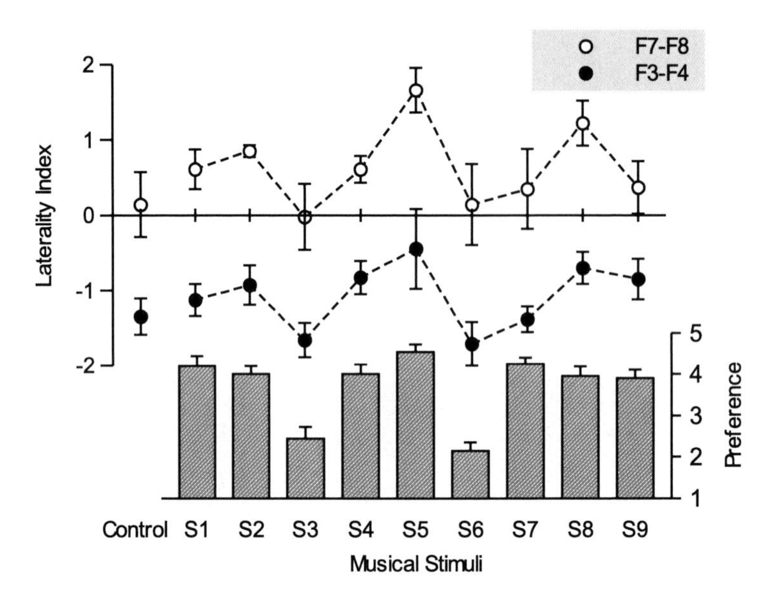

図２ 音楽聴取中の前頭部の α 帯域パワの左右差指数（上段）と楽曲に対する好ましさ評価（下段）

の fMRI を同時計測する研究では，α 波は dlPFC と後部頭頂皮質間の活動を調整する背側前頭－頭頂ネットワークにおける活動と逆相関することが発見され，これらは，注意のトップダウン的な処理の制御において重要な役割を果たしていると考えられた[15~17]。このような知見から，Grimshaw らは α 波の左右差は感情的な干渉がもたらす妨害的作用を抑制する実行機能メカニズムを反映すると考え，左の dlPFC のメカニズムはネガティブな妨害刺激を抑制し，右の dlPFC のメカニズムはポジティブな妨害刺激を抑制する非対称性抑制モデルを提案している[13]。前頭部の α 帯域活動を指標とする感情状態のモデルは，現在もなお検討が続いているが，いずれにせよ，感情状態をみるのに前頭部の活動が一つの指標になっていることは確かである。

4 α 波活動のゆらぎ

前頭部の α 波活動の指標として，前頭部の α 波の周波数ゆらぎを指標とすることで感情状態との関係をみる方法がある[18]。私たちは，この考え方をさらに理論的に再検討し，α 波の実効電圧の時系列から導出したスケーリング係数を，ネットワークの状態を表す指数として提案している[19]。ここでのスケーリング係数とは α 波の実行電圧のスペクトルの特性を表す指標である。α 波律動に特徴的な漸増・漸減波形は α 帯域活動の大域的な同期により生成されると考えられる。これは機能的結合により形成された一つのニューラルネットワークのダイナミクスの表れであると考えられ，その挙動の特徴は自己組織化臨界現象としてよく説明される[20]。

さて，感情喚起画像を提示し，快や不快に感情状態を操作した際のスケーリング係数を比較した実験の結果を紹介する[19]。操作条件として，感情喚起画像を用いて実験参加者の感情状態を次

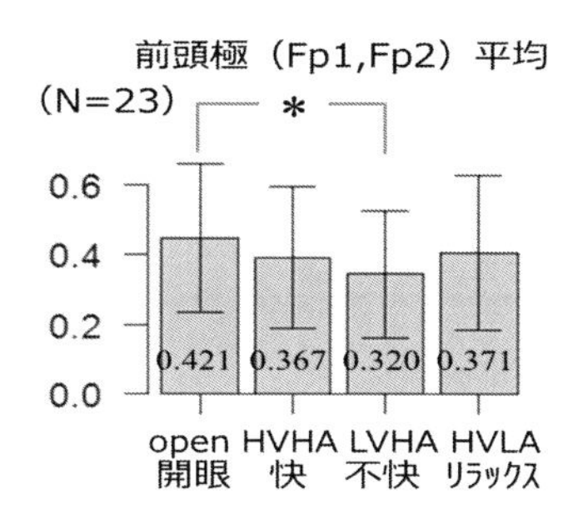

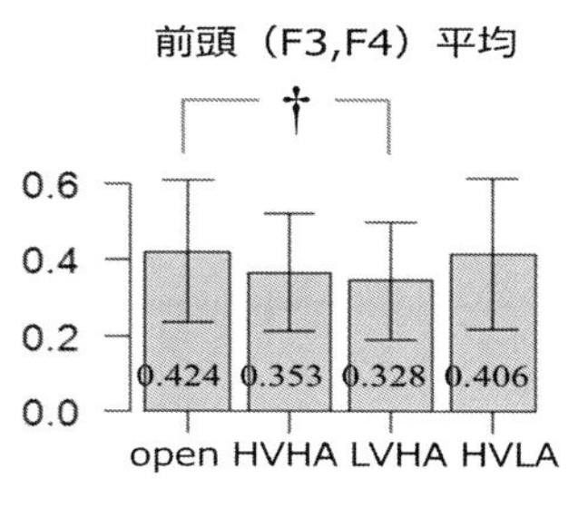

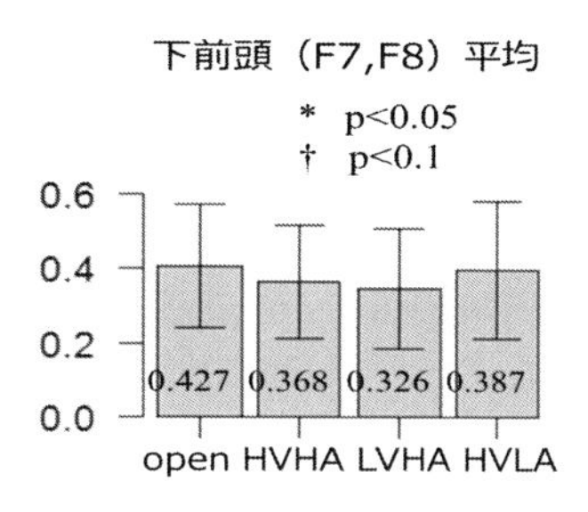

図3　感情条件間スケーリング係数の比較

刺激条件は快・高覚醒（HVHA），不快・高覚醒（LVHA），快・低覚醒（HVLA）および開眼安静。

元説にもとづく感情空間の位置として，快・高覚醒，不快・高覚醒，快・低覚醒に誘導した。その際の脳波を記録しスケーリング係数を算出した。図3をみると前頭極と前頭において開眼安静よりも不快・高覚醒条件でスケーリング係数が有意に低下していることがわかる。主観評価との対応をみると，スケーリング係数は覚醒感の変化とよく整合したが，α 抑制とは単純な関係になかった。前頭部のスケーリング係数の理論的背景から結果の意味を解釈してみると，単純に，覚醒感の指標と理解するよりも，外的あるいは内的な注意制御に関連した刺激がもたらす心的影響度を表している可能性があった。これには前述した感情の次元説における3因子目の支配性などが想定される。なお，このデータでは，スケーリング係数に左右差はみられなかったので，左右半球活動の差異についてはさらなる研究が望まれる。

5　マイクロステート分析

さて，脳波は高い時間分解能をもちつつ，脳電位活動を空間的に計測することができる。脳波マイクロステート分析は，約100 ms区間の特徴的な電位分布をもつ脳電位マップを抽出する。この脳電位マップを準安定状態としてセグメント化することによって，電位マップ変動をミリ秒分解能で調べることができる[21]。マイクロステート分析のおおまかな解析手続きを次のとおりである。以下で紹介する実験データを例とすると，500 Hzでサンプリングされた多チャンネルの脳波を100 Hzにダウンサンプリングし，10秒を1エポックとし，脳波記録部位の部位間の偏差であるglobal field power（GFP）を算出する。算出されたGFPが局所的に最大値をとるタイミングで電位マップを描き，これらをクラスタ分析することで電位マップを数種類のマップに集約する。クラスタ数の検討を行った後，この集約された電位マップで元データの脳波をセグメント化する。そこで，電位マップの出現量やセグメント化したマップの持続時間および電位マップの遷移パターンなどを検討する[22, 23]。このセグメント化されたマップは，特定の神経活動の表れであり，対応した特定の脳機能活動に関与しているとされている。この脳波マイクロステートは，思考と感情の元素を表すと仮定され[24]，最近，普及しはじめている方法である。閉眼安静状態においては，連続的な脳波の変化の最大90％を説明する4つの電位マップ（Map A～D）のクラスに分類することができる[25]。うつ病[26]やパニック障害[27]などとマップの出現量や変遷パターンとの関係が調べられており，感情状態にも関係しそうだが，感情状態と特徴マップの間に明確な関係は今のところ報告されていない。

これまで私たちの研究室においても，感情状態を操作した条件でマイクロステート分析を試みている。図4は快または不快な匂いを提示した際に得られた電位マップのクラスタの例である。これまでに報告されてきた4つの電位マップに相当する電位分布がこの結果からも確認できた。快や不快に特定のマップが関わるような単純な結果にはならなかったが，匂いの条件によって出現量に違いは生じていた。

最近の研究報告では，4つの電位マップのもつ脳機能的な意味が検討されている。fMRIのresting stateの研究から，デフォールト・モード・ネットワーク（DMN）などが提案され，脳波との同時計測などから，脳波α波との関係も検討されるようになった[28]。こうした知見も踏まえ，マイクロステート分析における4つのマップのうち，左右の後方領域に強度をもつマップは，それぞれ音韻と視覚に関わる神経ネットワークの活動に関連すると考えられている[29, 30]。前頭から頭頂に強度をもつクラス（上の例ではMap3）は注意制御に関わり，前部帯状回をハブと考えるクラス（Map4）はデフォールト・モード・ネットワークに関わるとされている[29, 30]。こうした知見はまだ確定的ではなく，今後さまざまな知見によって理解が進むものと思われる。なお，やや強引ではあるが，このようなマップの出現様相を検討することで，生起した感情に対する注意，いかに感情にとらわれているかといったことの評価に結び付くかもしれない。感情の次元説のうちの3因子目の支配性については前述したとおりである。自己の感情にとらわれている，感情状態事態に注意が向いているなど，注意の制御状態として理解することもできる。これには極度に緊張したり，怒りや恐怖にとらわれているときに周りが見えなくなったりする状態が想定できる。支配性に関わる脳活動についての探索も始まっており[31]，単純に快や不快との関係

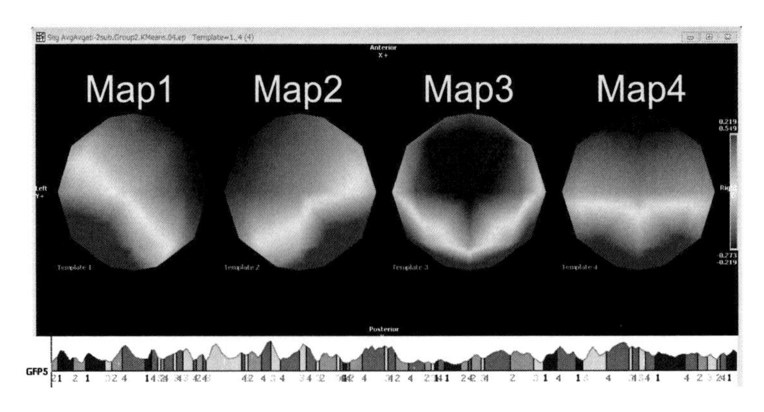

図4　匂い刺激の提示に伴う電位マップの4つのクラスタ例
下段はGFPの変動グラフにセグメント化した4つのマップを表現。

で説明できなかったデータも，これらの3軸目の評価を担える可能性があり，今後注目される。

最後に，まだ，脳波活動を分析するだけで一方向的に感情状態を推定することは難しい。取り上げてきた脳波活動の指標については，さらに，解析方法や結果の脳機能的な意味について，それぞれ理解を深めていく必要がある。同時に感情の心理学的モデルも，個人特性や刺激特性に合わせた感情状態のモデルを検討し，脳波活動との組み合わせを細分化してくことで，対応関係が精緻化してくものと思われる。

文　献

1) APA Dictinary of Psychology, https://dictionary.apa.org/
2) P. Ekman, *Psychol. Rev.*, **99**, 550 (1992)
3) A. Mehrabian & J. A. Russell, "An Approach to Environmental Psychology", MIT Press (1974)
4) J. A. Russell *et al.*, *J. Pers. Soc. Psychol.*, **57** (3), 493 (1989)
5) P. J. Lang *et al.*, International affective picture System (IAPS), Affective ratings of pictures and instruction manual, Technical Report A-8, University of Florida (2008)
6) J. A. Russell & G. Pratt, *J. Pers. Soc. Psychol.*, **38** (2), 311 (1980)
7) 大熊輝雄，臨床脳波学，医学書院（1999）
8) 飛松省三，ここが知りたい！臨床神経生理，中外医学社（2016）
9) 太田敏男，脳波と筋電図，**18** (3), 258 (1990)
10) R. J. Davidson, *Biol. Psychol.*, **67** (1-2), 219 (2004)
11) J. A. Coan & J. J. B. Allen, *Biol. Psychol.*, **67** (1-2), 7 (2004)
12) T. Iwaki & T. Makimori, ICMPC10, p.521 (2004)
13) G. M. Grimshaw & D. Carmel, *Front. Psychol.*, **5**, Article 489 (2014)
14) K. Koslov *et al.*, *Psychol. Sci.*, **22**, 641 (2011)
15) D. Mantini *et al.*, *Proc. Natl. Acad. Sci. U.S.A.*, **104**, 13170 (2007)
16) M. Corbetta & G. L. Shulman, *Nat. Rev. Neurosci.*, **3**, 201 (2002)
17) S. Vossel *et al.*, *Neuroscientist*, **20**, 150 (2014)
18) 吉田倫幸，心理学評論，**45** (1), 38 (2002)
19) 富永滋ほか，電子情報通信学会論文誌 D，**J102-D** (5), 399 (2019)
20) K. Linkenkaer-Hansen *et al.*, *J. Neurosci.*, **21** (4), 1370 (2001)
21) D. Lehmann *et al.*, *Electroencephalogr. Clin. Neurophysiol.*, **67** (3), 271 (1987)
22) D. Lehmann *et al.*, *Scholarpedia*, **4** (3), 7632 (2009)
23) D. Brunet *et al.*, *Comput. Intell. Neurosci.*, **2011**, Article 813870 (2011)
24) D. Lehmann, "Imaging of the Brain in Psychiatry and Related Fields", p.215, Springer (1993)

25） A. Khanna *et al.*, *PLoS One*, **9**, e114163 (2014)
26） W. K. Strik *et al.*, *J. Neural. Transm. Gen. Sect.*, **99** (1-3), 213 (1995)
27） M. Kikuchi *et al.*, *PLoS One*, **6** (7), e22912 (2011)
28） 松浦雅人，日本生物学的精神医学会誌，**25** (4), 191 (2014)
29） P. Milz *et al.*, *NeuroImage*, **162**, 353 (2017)
30） C. M. Michel *et al.*, *NeuroImage*, **180**, 577 (2018)
31） M. Jerram *et al.*, *Psychiatry. Res.*, **221** (2), 135 (2014)

第Ⅱ編

計測・解析

<身体的変化に基づく感情・思考センシング>

第1章　人の状態を認識する画像センシング技術「OKAO® Vision」

木下航一*

はじめに

現在，われわれの生活の多くの活動は機械によって支えられている。家電製品，自動車，医療機器，交通システムなどの公共インフラ，工場における生産ロボットなど，人と機械がインタラクションする機会は増加の一途をたどっている。そのため，人と機械のより円滑なコミュニケーションが求められている。このような状況において，人が発信するさまざまな情報を機械がセンシングすることができれば，機械が人の状態を理解し，それに対して最適なサービス・機能・情報などを提供することが可能になると考えられる。このような期待から，近年機械に人の状態を認識させるための技術に対する関心が急速に高まっている。

人の状態を高精度に認識する上で特に重要な情報源の一つが顔である。顔からは多くの情報が発信されており，これをセンシングすることで，機械がその人の状態を理解し，その人に最適なサービスを提供することができると期待される。このような処理を実現するため，顔画像を認識するための研究は，古くから盛んに行われてきた。弊社でも顔画像センシング技術の開発に長年にわたって取り組んでおり，この技術はカメラ付き携帯，デジカメなどのデジタル画像機器をはじめとして家電製品，公共施設モニタリング機器など幅広い製品に搭載されている。また近年は，この技術を活用して安全なモビリティ社会に貢献するためのドライバモニタリングの技術開発にも取り組んでいる。

本章では第1節にて，弊社顔画像センシング技術「OKAO® Vision」について，その動作原理，処理手法を概説する。また第2節では，車載向け応用事例として，多様なドライバ状態を高精度に認識するために本技術をベースにわれわれが近年開発した「ドライバ運転集中度センシング技術」について紹介する。

1　顔画像センシング

一口に顔画像センシングといっても，そのカバーする領域は大きく，対象として何の情報をセンシングするかによって技術を分類することができる。大まかに分類すると，①画像中から顔を

* Koichi Kinoshita　オムロン㈱　技術・知財本部　センシング研究開発センタ
技術専門職

見つける処理（顔検出），②顔から目や口などの位置を検出する処理（顔器官検出），③アプリケーションの目的に応じたより詳細に顔を見分ける処理（顔認証，顔状態推定など）の 3 種に分けて考えることができる（図 1）。OKAO® Vision が提供する機能は非常に多岐にわたるが，本稿では①，②に絞りその処理手法について概説する。

1. 1　顔検出技術

顔検出は，すべての顔画像センシング技術の基礎となる重要な技術である。古くからさまざまな研究が行われ多くの手法が存在するが，現在主流となっているのは統計的学習手法によるものである。すなわち，あらかじめ大量の学習データを用いて顔に共通する濃淡パターンなどの特徴を自動的に学習しておき，これを利用することにより検出を行う。学習アルゴリズムとしてはこれまで，ニューラルネットワーク，サポートベクターマシン，あるいは部分空間法など，さまざまな手法が検討されてきた。近年ではディープラーニングの活用[1]も盛んとなっているが，現在のところ検出性能と処理時間の観点から組込み機器の分野で最も幅広く使われている技術は，Viola らによって提案された濃淡特徴量とブースティング学習を組み合わせた手法[2]に基礎を置くものである。以下，この手法の概要を説明する。

1. 1. 1　局所濃淡特徴量

人の顔は顔向き，表情，人種や照明条件などの環境変化によって見た目が大きく変化する。しかし，たとえば「両目は目の間より暗い」「頬は目より明るい」といった顔の部分的な領域の輝度差に注目すれば，上記のような変化に影響を受けにくい特徴として利用することができる。このような局所領域の輝度差を簡便に表現することができる特徴量の例として，Haar-like 特徴がある（図 2）。このような特徴量を用いるメリットは，人の顔の個人による細かい差や環境変化にとらわれず，人の顔がもつ特徴を大局的に表現できることである。また，特徴量を少ないメモリサイズで表現可能である点や，積分画像と呼ばれるテクニックによって，非常に高速に演算可能である点も，大きなメリットである。

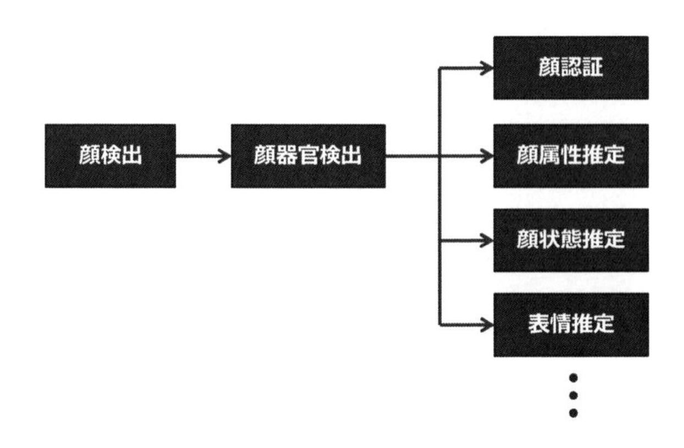

図 1　顔画像センシング技術の構成

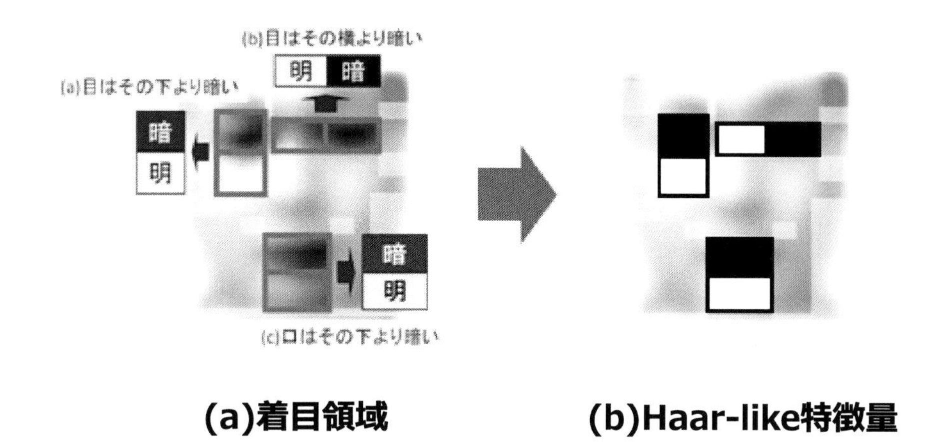

図２　顔の明暗差に着目した特徴量

1．1．2　学習

人の顔とそれ以外のものを識別するために利用できる特徴量の候補は，位置，サイズ，種類ともに膨大な量になる。これらすべてを使って識別器を構成することは非効率であり，処理時間やリソースサイズの面からも現実的でない。これらの中から識別に有効な特徴を効率的に選び出すため，Viola らは AdaBoost と呼ばれる学習アルゴリズムを導入した。AdaBoost は判定能力の弱い識別器（弱識別器）を選び出し，これらを多数組み合わせて強い判定能力をもつ識別器（強識別器）を構成するブースティングアルゴリズムの一種である。

学習画像としては，顔と顔以外の２種類の画像を用意する。これらの画像を利用し，AdaBoost により学習を実行する。

1．1．3　カスケード構造検出器

上記の学習過程で構成された強識別器を用いて画像中から顔を検出するが，顔は大きさ・位置など未知であり，画像中を探索しなければならない。画像中のほとんどの領域は顔以外であり，高速な処理のためには，顔以外の領域に対する探索時間をできる限り短縮する必要がある。そのために，カスケード構造が有用である。これは強識別器を階層的に配置したもので，明らかに顔らしくないものは階層の最初の段階で棄却し，顔に似たものほど階層の深い段階まで判定を行うような構造を持つ。これにより画像の大部分を初期の階層で棄却することができ，探索時間を大幅に削減できる。

1．1．4　顔検出手法の改良

Viola らの手法は非常に画期的であり高速であったが，正面顔以外，横顔にも対応しようとした際，性能的，速度的に不十分であった。そこでこの手法は特徴量，学習アルゴリズム，検出器の構成などのさまざまな面で改良が加えられ，現在ではさらに高速・高精度に顔を検出する手法が多数提案されている。

特徴量としては離れた領域の特徴量間の共起性に着目した Joint Haar-like 特徴量[3]や，より

多様な表現が可能な SGF 特徴量（Sparse Granular Feature）[4]などが提案され，有効性が確認されている。たとえば SGF 特徴量は Haar タイプの特徴量より高速に計算でき，しかも識別能力が高い。これは，領域の隣接／非隣接問わず，かつ大きさの異なる複数領域間の濃淡差を自由に表現可能な特徴量であり，以下の式により記述される。

$$F(\boldsymbol{\pi}) = \sum_i \alpha_i p_i(\boldsymbol{\pi}; x, y, s), \qquad \alpha_i \in \{-1, +1\} \tag{1}$$

ここで $\boldsymbol{\pi}$ は入力画像の濃淡データを示し，$p_i(\boldsymbol{\pi}; x, y, s)$ は Granule と呼ばれ，スケール $1/2^s$ 画像の位置 x, y での平均輝度を表す（図 3）。元画像を各スケールに縮小した画像をあらかじめ生成しておくことで，p の値は直接得られるため，複雑なパターンを表現可能でありながら計算量は非常に少ない。図 4 に学習した特徴量組み合わせの一例を示す。ブースティング手法についても，Viola らが提案したオリジナルの手法をベースとして，Real AdaBoost や LogitBoost など，より効率のよいアルゴリズムが多数提案されている。

1. 2　顔器官検出技術

顔画像上から，目や鼻，口の端点などの位置を検出する技術は一般に顔特徴点検出（Facial Feature Detection）あるいは顔器官検出（Facial Parts Detection）などと呼ばれ，顔認証，顔状態推定などの顔画像認識を実現する上で重要な役割を担っている。

顔器官検出に関しても，近年急速にディープラーニング化が進んでおり優れた性能が得られている。これらのディープラーニングに基づく手法においては，顔検出と顔器官検出を同一ネットワークで同時に行う例も多くなってきている。しかしながら多段のフィルタリングを実行するた

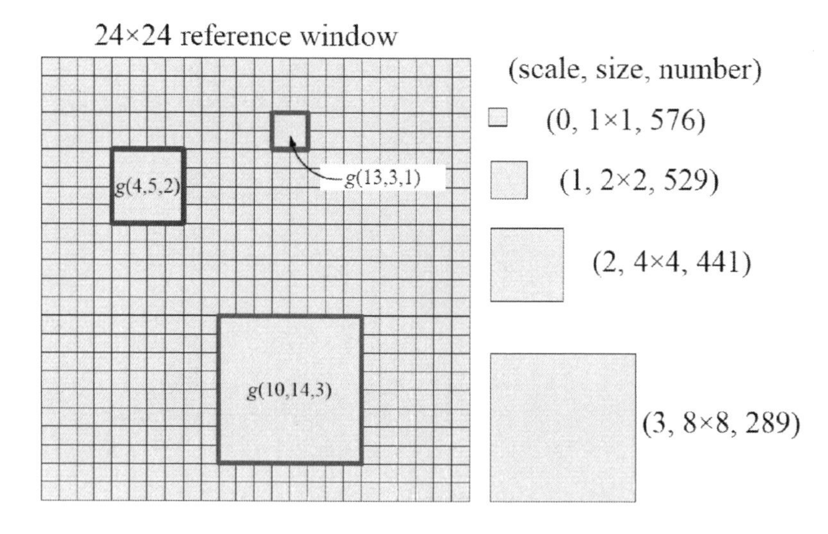

図 3　SGF 特徴量（Sparse Granular Feature）
［Huang ら[4]より］

図４　学習した結合特徴量の例
黒は $\alpha = -1$，白は $\alpha = 1$ を示す。

めの計算量の多さから，組込み機器などの計算リソースの限られた環境での高速処理はまだ困難なのが現状である。

本稿では軽量でありながら比較的高精度な処理が可能な技術として，形状モデルに基づく顔器官検出技術を紹介する。形状モデルを与えられた顔画像にフィッティングさせ，その結果から目・口の位置や顔向きなどの情報を得る技術である。初期の研究ではフィッティングは何らかのエネルギー関数の最適化として実行されることが多く，多数のイタレーション計算が必要になり処理時間がかかるため，組込み環境での処理は難しかった。しかし2000年代中頃より，フィッティングを回帰ベースで行う手法が開発され，高速なフィッティングが可能となってきている。OKAO® Vision の技術も，形状モデルのフィッティングを回帰ベースで行うことで，高速・ロバストな検出を実現している[5)]。

1. 2. 1　形状モデル

形状モデルとは，特徴点配置の座標集合に対して主成分分析を適用し，これによって得られた基底ベクトルのうち固有値の大きなものだけで，座標表現を再構成したものである。形状モデルを用いることにより特徴点分布が低次元で表現可能になる。形状モデルの生成方法などより詳しい説明については文献６を参照されたい。

1. 2. 2　回帰によるモデルフィッティング

従来，形状モデルのフィッティングは多数のイタレーションや，テクスチャ情報の変換に関して多大な計算量およびメモリサイズが必要であり，組込み機器におけるリアルタイムでの処理は難しかった。しかしながら形状モデルを正解位置から摂動させたときの特徴量と，そのときの形状パラメータの移動量との間には一種の相関関係があり，これは学習によって事前に求めることが可能であり，比較的少ないメモリサイズで記述可能である。この関係を利用することによって，高速かつロバストに，形状モデルをフィッティングすることができるようになる。図５に形状モデルと，そのフィッティング結果から得られる情報の例を示す。フィッティング結果か

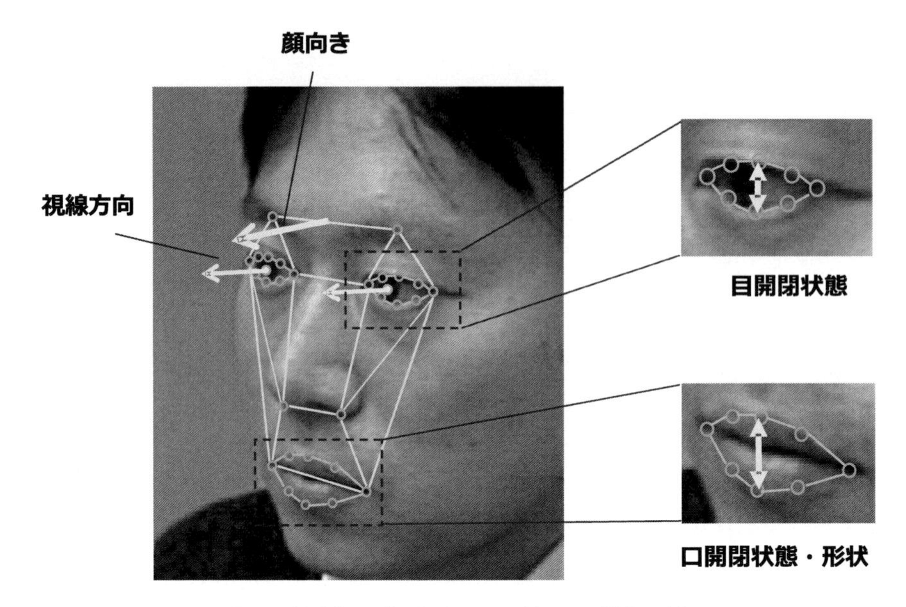

図５　顔形状モデルとそこから得られる情報の例

ら，目や口の位置，顔向きなど多様な情報が得られる。この後，必要に応じて目の開閉状態や口の形など，より詳細な情報を得るための処理が適用される。

2　ドライバ状態推定

本節ではOKAO® Visionの応用例として，われわれが開発したドライバモニタリング技術である「ドライバ運転集中度センシング技術」[7]について解説する。これは，カメラで撮影した映像から，ドライバが運転に適した状態かをリアルタイムにレベル分けして判定する技術である。前節で説明を行った高精度な顔画像センシング技術に，「時系列ディープラーニング」を融合することによって実現した。

2. 1　運転集中度センシングの指標

本技術では自動運転時における運転集中度センシングの指標として，Eyes-on/off, Readiness-high/mid/lowおよびSeated-on/offの３指標を定義する。これらは「認知」「判断」「操作」という実際の運転行動と密接に関係するものとしている。図６にその関係を示す。

2. 1. 1　Eyes-on/off

この指標はドライバが常時走行を監視できているかを確認するためのものである。ドライバが進行方向を確認している状態，もしくは運転上必要となる短時間の確認動作，たとえば計器・ミラーの確認などを行っている場合はEyes-on，それ以外のドライバの挙動，たとえばスマホや本，カーナビを注意する，目を閉じている，といった状態はEyes-offとなる。

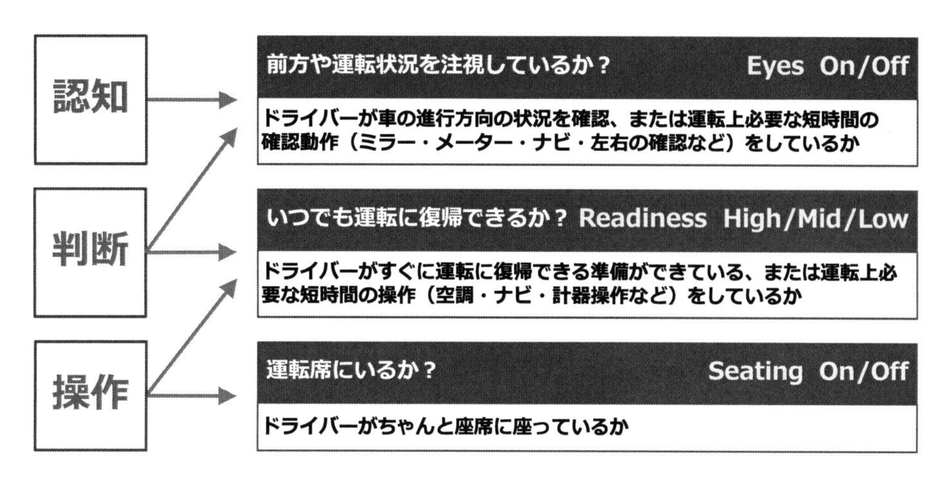

図６　運転集中度の３指標と運転行動との関係

2. 1. 2　Readiness-high/mid/low

ドライバが運転の準備ができているかを３段階で出力する。覚醒して運転に無関係な動作をしていない場合はReadiness-high，運転に無関係な動作をしているが，システムからの警告を受けて軽い手順で運転に復帰できるような状態をReadiness-mid，寝ているなど運転が困難な状態をReadiness-lowと定義する。

2. 1. 3　Seated-on/off

ドライバが運転席に着座しているかを指標として，運転行動がとれるかを判断する。ドライバが着座していればSeated-on，離席していればSeated-offとなる。

2. 2　運転集中度センシングの入力情報

本技術では入力として「局所的な顔情報」と「大局的な動作映像」の２種類の情報を使用している。前者は目の開閉や顔向き変化など，顔の時系列情報であり，後者はカメラ画像そのものである。顔から得られる情報は非常に重要であり，高精度なドライバ状態認識を実現する上でカギとなるものである。顔画像センシング技術によってこの情報を高速・高精度に抽出する。一方，頭部や上半身，手の動きもドライバ状態を認識する上で重要な意味を持ち，顔が見えていないときも含め，ドライバの大局的な動きをとらえるために，画像そのものも情報として活用する。ただし，カメラ画像は高解像度（720 × 480 画素）であるため，これをそのまま用いることは非効率である。そのため画像の解像度を 24 × 18 まで圧縮して利用した。ここまで解像度を落としても，ドライバの大局的な動きに関する情報は失われることはなく，低次元化されることで効率的な学習・認識処理が可能となる。これら両者の情報を融合して解析することにより，車載組込み環境にてリアルタイムで，ドライバのさまざまな状態を高精度に認識可能となった。

2. 3　運転集中度センシングの構成

図 7 に 3 指標を識別するための処理の流れを記載する。識別器は大きく分けて 3 段階の構成となっており，近赤外線カメラから入力される画像列に対して，まず顔画像センシング技術を適用することにより顔の局所的な情報を取得する。同時に Convolutional Neural Network（以下 CNN）[8] を用いドライバの姿勢に相当する特徴を取得する。そしてこれらの出力を統合し，再帰型ニューラルネットワークの一種である，Long Short-Term Memory（以下 LSTM）[9] を用いて，時々刻々変化するドライバ状態を認識する。

LSTM は入力として時系列データを扱い，所定の 1 フレームの認識結果を得るために該当フレームの情報に加えて前フレームの中間出力を入力とするネットワークである。また，セルと呼ばれる内部記憶を保持し，この値によって出力に対する該当フレームの入力の重みを計算する。この重みは事前学習によって挙動が設定されており，従来の再帰型ニューラルネットワークに比べてより長期の記憶が可能になることが知られている。

2. 4　運転集中度センシングの学習と評価

図 7 に記載のネットワークに対して，各パラメータを時系列ディープラーニングを用いて決定する。われわれは自動運転中にドライバが起こしうる動作を洗い出し，その中から代表的なパターンを選定し，学習に利用した。表 1，表 2 および表 3 にそれぞれの指標に関する動作例を示す。

100 人の被験者に対してそれぞれの動作を指示し，その様子を撮影した画像列を用いる。このうち 50 人分のデータを学習用のデータとし，残りを評価対象とした。評価に際しては 1 動画中 1 動作とし，認識に用いたフレーム毎の認識結果を集計し，多数決で決定した運転集中度レベルと正解レベルを比較する。カメラの画像サイズは 720×480，画角約 10 度，フレームレートは

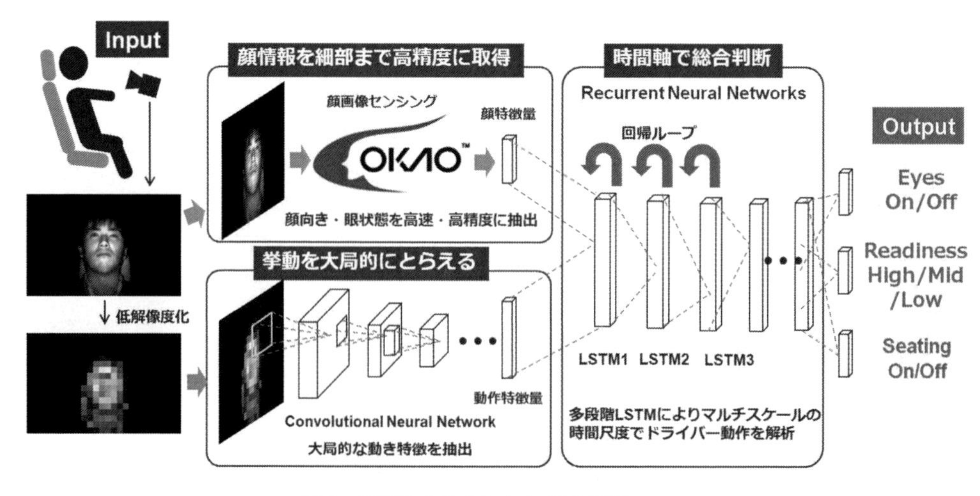

図 7　運転集中度センシングの処理フロー

30 fps である。このカメラを運転席正面に設置しドライバの動作を一定時間撮影し，計 200 万フレームのデータを収集した。

学習データとほぼ同数のデータを評価データとして用い，構築した技術の性能評価を行った。評価結果を表 4 に示す。すべての指標について 90%を超える高い正解率を示した。

表 1　Eyes-on/off の動作例

On	運転をする 正面を注視する 窓にもたれる
Off	脇見する スマホを操作する 居眠りをする

表 2　Readiness-high/mid/low の動作例

High	運転をする 正面を注視する 計器を一時的に確認する
Mid	飲食をする スマホを操作する 通話する
Low	居眠りをする 突っ伏す パニックになる

表 3　Seated-on/off の動作例

On	上記のドライバ動作
Off	なし（運転席に搭乗しない）

表 4　各指標の正解率

指標	正解率
Eyes	95.4%
Readiness	94.8%
Seated	99.0%

おわりに

組込み環境で高速高精度な顔画像センシングを実現するOKAO® Visionについて，顔検出技術と顔器官検出技術に関して処理手法の解説を行った。またこれを活用したドライバ状態センシング技術について紹介した。今後，人と機械のインタラクションの重要性はますます高まり，これに伴い人の状況をより深く理解する技術が求められてくるものと考えられる。また，人への効果的な働きかけ手法など，円滑で快適な人と機械の関係を実現する上で一層の検討が必要と考えられる技術領域は数多く存在する。今後は各要素技術の性能向上はもちろん，これらの技術を有機的に組み合わせる取組みも重要になってくるものと考えられる。

文　献

1) G. Yang and T. S. Huang, "Multi-view Face Detection Using Deep Convolutional Neural Networks", Proceedings of the 5th ACM on International Conference on Multimedia Retrieval, p.643 (2015)
2) P. Viola and M. Jones, "Rapid Object Detection using a Boosted Cascade of Simple Features", In: Proc. IEEE Conf. on Computer Vision and Pattern Recognition, Kauai, USA (2001)
3) T. Mita *et al.*, "Joint Haar-like Features for Face Detection", Proc. ICCV2005, p.1619 (2005)
4) C. Huang *et al.*, "Learning Sparse Features in Granular Space for Multi-View Face Detection", Proc. Seventh Int'l Conf. Automatic Face and Gesture Recognition, p.401 (2006)
5) 木下航一ほか, "3Dモデル高速フィッティングによる顔特徴点検出・頭部姿勢推定", MIRU2008, 軽井沢, 日本 (2008)
6) G. J. Edwards *et al.*, "Modelling the variability in face images", In: Proc. of the 2nd Int. Conf. on Automatic Face and Gesture Recognition, IEEE Comp. Soc. Press, Los Alamitos, CA (1996)
7) 日向匡史ほか, "時系列Deep Learningを用いたドライバの運転復帰可否レベル推定", MIRU2016 Extended Abstracts (2016)
8) Y. Lecun *et al.*, "Gradient-based learning applied to document recognition", *Proc. IEEE*, **86** (11), 2278 (1998)
9) S. Hochreiter and J. Schmidhuber, "Long short-term memory", *Neural Comput.*, **9** (8), 1735 (1997)

第2章　感情認識AIによる動画分析サービス「心sensor」

山下径彦*

1　はじめに

感情認識AIは，人間の感情を推定・認識するAI（人工知能）技術である。当社では2016年からこの技術の事業化に取り組んでいるが，2018年以降，この技術への世の中の関心が急速に高まったと感じている。本稿では，当社が取り扱う感情認識AI技術の概要を紹介し，当社開発の「心sensor」を中心にビジネスなどへの応用例を報告する。

2　CACの感情認識AI

AIなどで人間の感情を推測する場合，その手掛かりとしては人の表情，発話の音声，脳波や脈拍などの生体データが利用され，またSNSなどのテキストデータから感情を読み取るアプローチもある。その中で当社は，人の表情から感情を読み取るアプローチを主に採っている。

米国のボストンに，MITメディアラボからスピンアウトして設立されたAffectiva, Inc.（以下，Affectiva社）という企業がある。同社は，顔画像分析などによる感情認識を行うプラットフォームの開発を事業としており，この分野での世界のリーディングカンパニーである。当社グループは2016年に同社と提携し，現在，日本と中国における唯一の正規代理店として同社の感情認識ソフトウェア「Affdex（アフデックス）」の販売を行うとともに，これを感情認識のプラットフォームとした独自製品／サービスを開発し，提供している。

Affectiva社の製品は，人間の顔画像を捉えてリアルタイムに計測し，瞬間的に生じる感情を高い精度で分類する（図1）。ディープラーニング技術を取り入れているため，膨大な人間の表情データを収集・解析し，データの蓄積とともに識別精度が向上していく。

Affectiva社は，世界87ヵ国から収集された約800万人以上の顔画像データを保存・使用している。これは，この分野における世界最大級のビックデータだ。同社の感情分析には，FACS（Facial Action Coding System：顔面動作符号化システム）のアルゴリズムが採用されている。FACSは，Paul Ekmanらによって1978年に開発された分析ツール・表情理論で，膨大な実証研究からその有効性が証明されている。

---

* Michihiko Yamashita　㈱シーエーシー　デジタルソリューションビジネスユニット
デジタルITプロダクト部　部長

図1　感情認識 AI「Affdex」

こうした世界最大級の顔画像ビックデータと確かな理論の裏打ちが Affectiva 社製品／サービスの強みとなっている。

3　動画分析サービス「心 sensor」

2018 年 2 月，当社は「Affdex」を利用して独自開発した動画分析サービス「心 sensor」の提供を開始した。

「心 sensor」は，動画に映る人物の表情を感情認識 AI で分析する。34 のフェイスポイントの動きを基に，21 種類の表情認識，7 種類の感情認識，2 種類の特殊指標（①ポジティブ／ネガティブ，②表情の豊かさ）の分析が可能である（図 2，図 3）。

分析結果は，動画の再生に合わせ，表情や感情を表す時系列のグラフで確認することができる（図 4）。また，分析結果は CSV 形式で出力できるほか，サマリー情報としてビジュアル表示することも可能だ。

「心 sensor」は，撮影済みで保管された動画だけでなく，PC に接続したカメラで捉えた人物の感情をリアルタイムに分析することもできる。

Affdex はさまざまな用途への利用が可能だが，基本的には，技術者によってある程度のシステム面での作り込みをする必要があり，誰もが手軽に使えるわけではない。しかし，感情認識 AI への注目が高まるとともに，もっと手軽に分析したいというニーズが高まったため，当社では「心 sensor」を開発した。

21の表情について、測定値[0-100]を受け取ることができます。

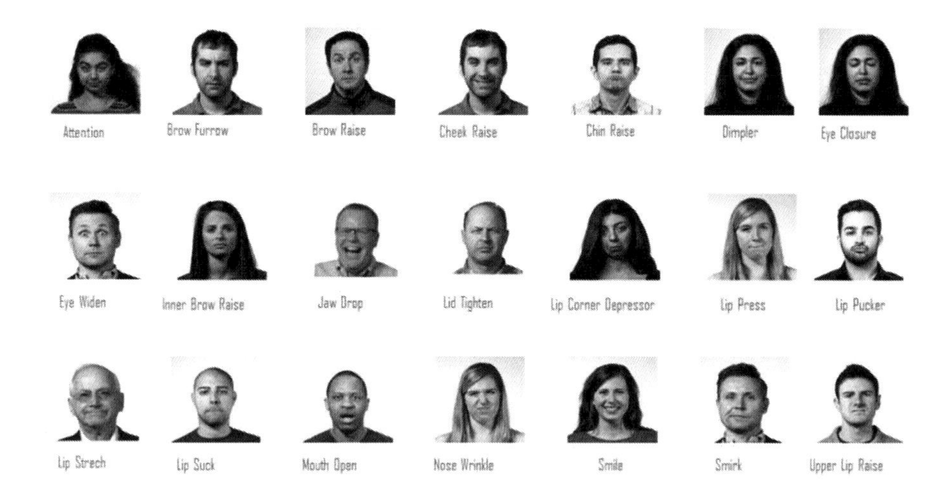

図２ 「心 sensor」が分析する 21 種類の表情

7の感情[0～100]と、2の指標について、分析値を受け取ることができます。

図３ 「心 sensor」が分析する７種類の感情と２種類の特殊指標

図 4 「心 sensor」で動画分析後のビューア画面

4 報道番組での活用

2018 年 6 月，この「心 sensor」が報道番組で活用された。歴史上初めてのアメリカ合衆国と北朝鮮による米朝首脳会談。テレビ東京の報道番組「夕方サテライト」で，この歴史的な会談の分析に利用された（図 5）。独自性のある切り口での報道方法を模索していた同局から打診があり，別映像でのテスト，本番映像の分析とその解説などに当社が全面協力して実現したものだ。

図 5 テレビ東京「夕方サテライト」での分析の様子

番組では，会談や署名式の際に見せる両首脳の微妙な表情から読み取れる感情を分析，キャスターらが両首脳の心の内を読み解いた。

「心sensor」は，一見和やかな両首脳の様子からも嫌悪や恐怖の感情を検知していた。この番組での利用をきっかけにAI関連のWebメディアでも取り上げられるなど，反響は広がりを見せた。

5　テレビCMでの活用

2018年12月から翌年1月にかけては，全国でオンエアされたピザハットによる「おいしさAI解析CM」に「心sensor」が活用された。

世界最大のピザチェーン「ピザハット」を展開する日本ピザハット株式会社（以下，ピザハット）は，おいしさと人の幸せの関係を表現する新しい形を求めていた。企画検討の結果，ピザハットでは，同社のピザを食べた際の表情を「心sensor」で分析し，その結果をもとに，おいしいものを食べているときの幸せ感を独自の「しあわせ指数」として指標化した。本企画では，「しあわせ指数」が計測可能となるよう，「心sensor」をベースにカスタマイズ開発を行った。CM撮影では同社のピザを食べている出演者たちの表情から読み取れる「しあわせ指数」を計測し，ピザを食べて幸せを感じている様子をユニークなビジュアルで表現。こうして日本初[※1]の「おいしさAI解析CM」が誕生した。

このCMは，「おいしさの可視化」とも言えるユニークな試みに感情認識AIが貢献したメディア事例となった。

6　教育現場での活用

学校教育分野でのIT活用は着実に進んでおり，当社は，一般社団法人情報サービス産業協会（JISA）による特別プロジェクトの一つである「中学校デジタル化プロジェクト」に2016年から他社とともに参加している。このプロジェクトでは，鳥取県にある私立中高一貫校の学校法人鶏鳴学園 青翔開智中学校・高等学校をモデル校にして，ITを活用した教育の高度化，そして，他校でも利用できる汎用的な教育モデルの作成のためにさまざまな取り組みが行われている。

本プロジェクトでは，さらなる教育の高度化にチャレンジするため，デジタル技術を活用して，データの取得や分析にも取り組んでいる。同校独自の授業の中で生徒のプレゼンテーションが重要な要素となっていることに着目し，そうしたプレゼンテーションを収録した動画から読み取った生徒の表情をAffdexでデータ化し，グラフを解釈することでプレゼンテーションの評価・分析を行った。この分析結果を，普段から生徒を見ている同校の先生方にフィードバックし

※1　2018年9月27日時点，CM総合研究所調べ。

た結果，分析に対して納得感があるという評価を得た。これにより，同校でのプレゼンテーション評価に Affdex を利用し，生徒のプレゼンテーション能力向上に活用可能であることが分かった。

本プロジェクトの結果により，感情認識 AI はプレゼンテーションの練習や表情トレーニングにも活用できるのではないかと考え，生まれたのが次節で紹介する，「心 sensor for Training[※2]」である。

7 表情トレーニングへの応用

2018 年 12 月には新サービス「心 sensor for Training」の提供を開始した。

「心 sensor for Training」は，カメラを搭載した PC やタブレット端末上で利用できる表情トレーニング用のアプリだ。顧客応対などを練習中の人の表情筋の動きを感情認識 AI が解析し，どのような印象を与える表情であったかを採点する。トレーニングデータが蓄積されるため，過去複数回の結果比較により，上達の度合いが実感できる（図 6)。

感情認識 AI は，人の表情からその感情を推定する技術だが，これを応用し，伝えたい感情→望ましい表情，という流れを設定して表情トレーニングに役立つようにしたのがポイントだ。

このサービスは，個人客への対面営業を行う多くの社員を抱える企業に「心 sensor」を実験

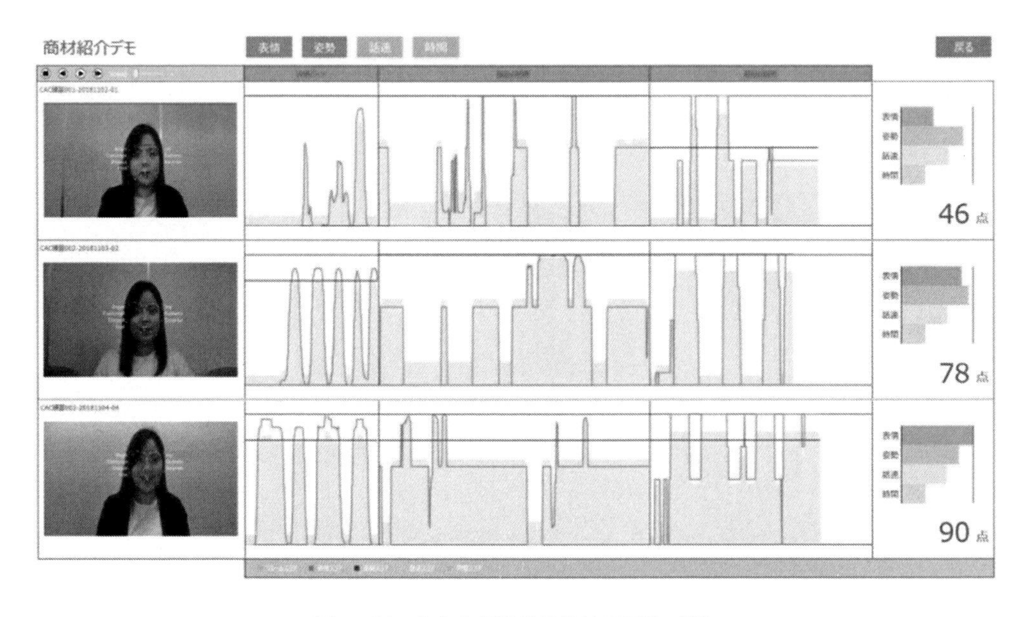

図 6 同一人物の練習結果比較が可能（例）

※ 2 「心 sensor for Training」は特許出願中。

的に使っていただいたことが開発のきっかけとなっている。今後，生命保険会社などでの活用が期待されている。

当社では今後，こうした特定の用途に応じた作り込みを予めしておき，すぐに使えるようにした業務特化型のサービスのラインナップを拡充していく予定だ。ヘルスケアや教育が当面のターゲットである。

8　自動車ドライバーの感情を分析

感情認識AIの適用範囲はさまざまだ。自動車の乗員の感情分析を行う車内センシングAIもその一つだ。Affectiva社の「Automotive AI」は，自動車内の運転者や同乗者の表情データと音声データを収集し，それらを基にリアルタイムで乗員の感情を分析することができる製品だ(図7)。当社は，2018年8月に同製品の日本国内での提供を開始した。

カメラからは映像に映っている人物の表情を，マイクからは発話者の音声を分析し，分析結果は数値データで出力が可能だ。RGB／近赤外線カメラの利用が可能なため，逆光や暗闇でも運転者の表情を検知できる。「Automotive AI」では，4つの感情値，8つの表情値，3つの眠気に関する指標，顔の向き・角度，3つの音声感情が分析できる。

現時点では，次世代のドライバーモニタリングシステムの開発や快適な自動運転車両の開発などに利用されており，市販の車両に搭載されてはいないが，自動車メーカー以外からの関心も高まりつつある。昨今の日本では，いわゆる「あおり運転」が社会問題となっているが，運転中のドライバーの感情の高ぶりに警告を与えるのに使えるのではないかと問い合わせてきたテレビ局もあった。将来的には，そうした活用も十分に考えられる。

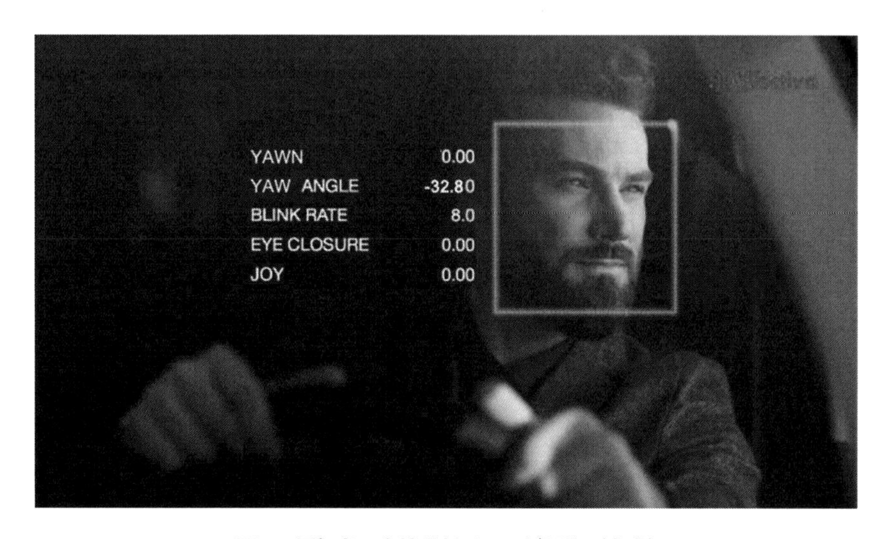

図7　運転者の表情分析イメージ画像（参考）

9 おわりに

当社は，デジタルテクノロジーを応用して新たな価値を創造し，ビジネスの革新とより良い社会作りに貢献することを目指して活動している。2018年から急速に世の中の関心を高めている感情認識AIは，社会やビジネスに寄与する新たな価値を創造する大きな可能性を秘めた技術である。今後も当社では，感情認識AIをより多くのお客様が，より利用しやすくなるように，サービスの開発を続けていく予定だ。

文　献

1） Affectiva 日本公式サイト，https://affectiva.jp/
2） P. Ekman, W. Friesen, J. Hager, “Facial action coding system: a technique for the measurement of facial movement”, Consulting Psychologists Press, Palo Alto, CA (2002)

第3章　音声分析による感情推定と音声感情認識ST (Sensibility Technology)

光吉俊二*

筆者が1999年に開発した技術分野を「ST（Sensibility Technology）」と命名し，日経BP社からの書籍により出版したのが，2002年の6月であった。当時から現在に至る研究テーマ「人工自我」[1,2]を実現させようとしていた。当時「人工自我」の実現には，どうしても機械がヒトの情動，感情，気持ち，心，精神状態などを理解し，認識できないとスタートしないと考えた。そのため，音声からの感情認識を実現する必要があった。この「人工自我」の実現に必要な技術を「感性制御技術」と定義して，これを「ST（Sensibility Technology）」としたが，今では，音声感情認識がこの名称となった感がある。本章ではデファクトなコンテキストを踏まえて音声感情認識としてのSTの内容を述べる。

1　STの歴史

ここでは音声，特に言語ではなく韻律から感情を読み取ることを考える。音声を用いることは解剖などと異なり生体に対して非侵襲であり，韻律を分離採用することで発話者の国籍を問わなくて良いとの利点がある。また，生来聴覚に障害がある患者に「相手の感情を知覚する問題」が視覚障害の患者より多く散見されることも，音声からの感情や情動の分析を最初に進めた理由として挙げられる。

1.1　感情の数

STの開発と感情研究を始めるにあたって，哲学，心理学，医学，工学での感情研究を調べたが，統一見解や基準がなかった[3~13]。たとえば，スピノザは「欲望」「喜び」「悲しみ」の3個であると主張し，デカルトは「驚き」「愛」「憎しみ」「欲望」「喜び」「悲しみ」の6個であると述べている。この場合，できるだけ多くの感情言語表現を自身により収集し，それをカテゴライズし，規格化するしかないと考えた。

ここでは，感情は離散量では表現せず，スペクトル分布のような連続量であると仮定した。このスペクトル分布としては，波長を感情の種類（色で表現），強度を主観量の強さで表現してい

---

*　Shunji Mitsuyoshi　東京大学　大学院工学系研究科　バイオエンジニアリング専攻
道徳感情数理工学社会連携講座　特任准教授

る。これを採用した根拠として，ヒトの色彩感覚の主観を対数関係で関数化したシュレディンガーの RGB スペクトル研究功績と，プルチックの「感情の輪」において唯一具体的な座標と色で感情を構造化させていたので，これをベースとすることとした。そして，心理学辞典・広辞苑・日本語大辞典・Oxford English Dictionary・臨床精神分析学辞典から感情や心的表現を 4,500 語程度ピックアップした。これを英訳できた 223 語にカテゴライズし，さらにプルチックを参考にして 4 色に感情言語ではなく色グループとして振り分けた。理由は脳の中での同じ情動反応が文化や言語圏により異なるため，シュレディンガーの研究を参考に色による表現とした。

1．2　感情のメカニズム

感情の工業規格として感情のメカニズムを生理学から推定し，感情の定義（工学基準＝工業規格化）を独自に行った。ここでは筆者が 2006 年までの感情と生体反応，生理反応の関係を研究した報告を調査[14~18)]し，ここから感情に関係するホルモンや脳内伝達物質を導出し，その生体物質を中心として増減，有無，変化が感情，身体反応とどう関係するかの調査結果を表 1 にまとめた。この調査表を基に感情を色のスペクトル，動的な変化は曲線や関数として，構造体での座標まで示すことで，工学者が感情モデルを理解し，疑似的にでも再現できると考えた。工学基準であれば，シミュレーターとして動けば，感情研究において一歩前に出ると考えたからだ。たとえば，表 1 の 5-HT であれば，図 1 にようにその量が多い場合（5-HT ＞閾値），意欲や自信を得るが，これが過剰に多くなることで衝突して，逆に CHR を増やすことになり，闘争や反発につながると考えられる。また，図 2 のように 5-HT が全くない場合（5-HT ＝ 0），パニックや異常反応が現れ，また CRH も増え，闘争や反発も招く。そして，図 3 のように 5-HT が少ない場合（5-HT ＜閾値）だけでも闘争や反発，抑うつを招く。これを表 1 のようにマトリックス上で関係を動的に示した。

その動的な量の関係を工学者でも直感的に把握できるようにするため，先述のプルチックモデルを参考に図 4 のような動的な構造体を創作した。このとき，円の中心に最も基本となる情動の源泉として，快不快を想定し，その発生要因を「増殖」「生存」とした理由は，物質と生命体の境界領域であるバクテリアやウィルスなどを参考に，自己増殖することと，生存しようとすることが物質との違いになる点に注目したからだ。生存するためには危険回避を瞬時に判断し対応しないといけないということになり，そういう種族が生き残り進化したと想定すると，不快の信号が強力で速いということになる。すると事前調査との整合性が確認されるからだ。また，膨大なエネルギーと生存リスクも伴う増殖には，特別な強い報酬が必要になる。それが，快につながるホルモン分泌や反応とするなら自然に報酬系モデルが受け入れられるからだ。図 1～3 をみると，円の外側に感情が引っ張られているのは，中心の快不快から派生するだろう細分化していく感情の構造を表現するのにダイアグラムが最適だったからである。生存増殖を含む四周目までは学会論文や臨床調査により明らかにしたホルモンや脳内伝達物質の影響を軸に配置されている。

表１

matter	興奮	ストレス	不安	嫌悪	闘争	恐怖	うつ	快不快	安定	陶酔	期待	心拍	瞳孔	交感神経	発汗	体温	血圧	周期	免疫
CRH	覚醒	○ACTH○	◎		◎		◎				○	◎					◎	日周	
NPY	沈静	○CRH ◎	○×	NA×															
Cortisol		○																	
VP		○恒常性			◎	◎								活性			◎	日周	
ACTH		○			◎×											×			
CCK-4	前◎		○ ◎強			○ ◎強	○								○				
CCK-8	全◎前×								○										
Melatonin		○×						幸福	○			×		忘却機能				日周季節	活性
endorphin	沈静		NA×			NA×		快感		○				運動快感					NK活性
βEnd		CRH×										◎					◎		
ACh		CRH◎					◎												
NA	◎	CRH◎△	◎	◎	◎	◎	◎					◎	拡大	緊張記憶					
Adrenaline		CRH◎△	◎		◎	J◎						◎	拡大	緊張					
DA	◎	CRH◎			◎		低◎							記憶					
5-HT		CRH◎	◎×		低◎	◎	◎												
Ang-		CRH◎																	
Garanin		CRH◎	×																
SRIF		CRH×																	
α−MSH		CRH×														×			
GABA		CRH×	NA×			NA×													
BZD		×	◎																
Diazepam			NA×			NA×				○									
Ethanol			NA×			NA×													
cnk																			
β-carboline			○◎																
Isoprenaline			◎																
Yohimbine			◎																
Fenfluramine			◎																
Sodium lactate			◎																
CO2			◎強			◎強													
Caffeine	覚醒		◎																
Galanin			×？																
Oxytocin	×	×	×？															母性行動	
FMRF Amide			×		◎？														
Testosterone			×		◎強														
Androgen			×		◎														
Estrogen			×		×														
Progesterone					×														
Corticoid						○													

感情や精神状態（横軸），および身体反応（縦軸）に影響するという確認が学会誌や論文などの治験にある，生体物質やホルモンなどを調べ，対批表マトリックスにした。

目的：脳の活動と伝達物質・ホルモンから導かれる情動の発生メカニズムの推定

○は合成/分泌，○×は分泌して抑制，◎は促進，CRH ◎はCRH 合成・分泌促進，前◎は前頭葉皮質で促進，全◎は脳全体で促進，前×は前頭葉皮質で抑制，低◎は低下したら促進，×は抑制，○恒常は分泌により恒常性を維持，CRH ×は，CRH 合成・分泌抑制，◎×で制御，△は調整，NK はナチュラルキラー細胞，活性は免疫機能の活性，機能は免疫機能，日周はバイオリズム，?は報告情報，空白 は調査論文に記載なし

表を見てわかるように空白が多く，心と感情と分泌物質の関係では不明な部分が多い．CCK 系統と5-HT, GABA, DA は複雑にお互い影響しあって情動に作用するようである．また，性ホルモンは闘争と深く結びついているようである．これらの分泌物や物質は脳神経活動に制御され，大脳辺縁系と情動と記憶は密接に連携している

博士論文・日本機械学会編集「感覚・感情とロボット」より

その外側になると，認知科学や心理学の領域となる。理由は脳やホルモン計測の限界があり，高次の機能メカニズムが不明なためである。そこで，円の五周，六周目には基本的な四周目までの情動反応を言葉に形容するとどうなるかを直感的に理解し定義するため「形容詞」を配置した。七周目はその形容詞を行動と紐づけるため，機能集約として抽象度が増す漢字一文字で感情を細分化させた。八周目は，隣り合う細分化された感情因子からどのような心的状態となるかを示し，九周目には隣り合う心的状態からどのような行動をとるか，心理学などの調査を参考に作成した。

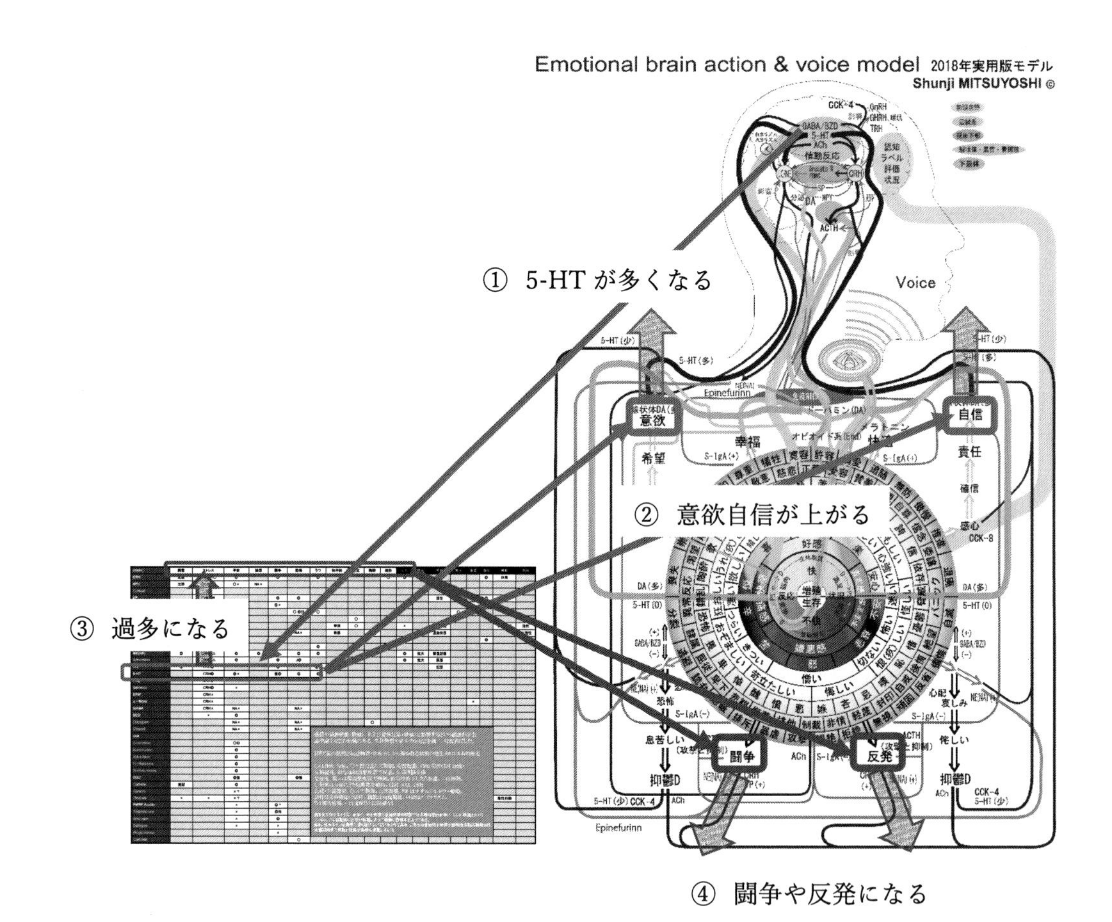

図 1

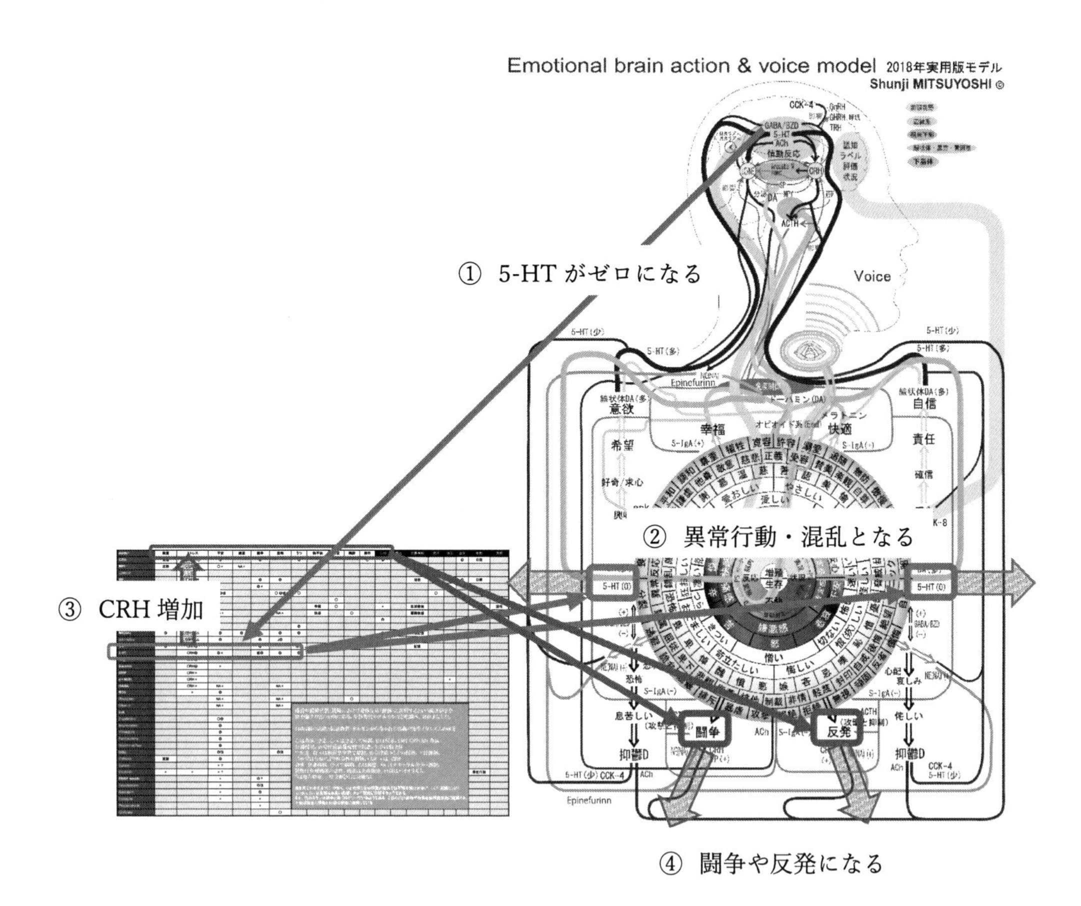
Emotional brain action & voice model 2018年実用版モデル
Shunji MITSUYOSHI ©
① 5-HT がゼロになる
② 異常行動・混乱となる
③ CRH 増加
④ 闘争や反発になる

図 2

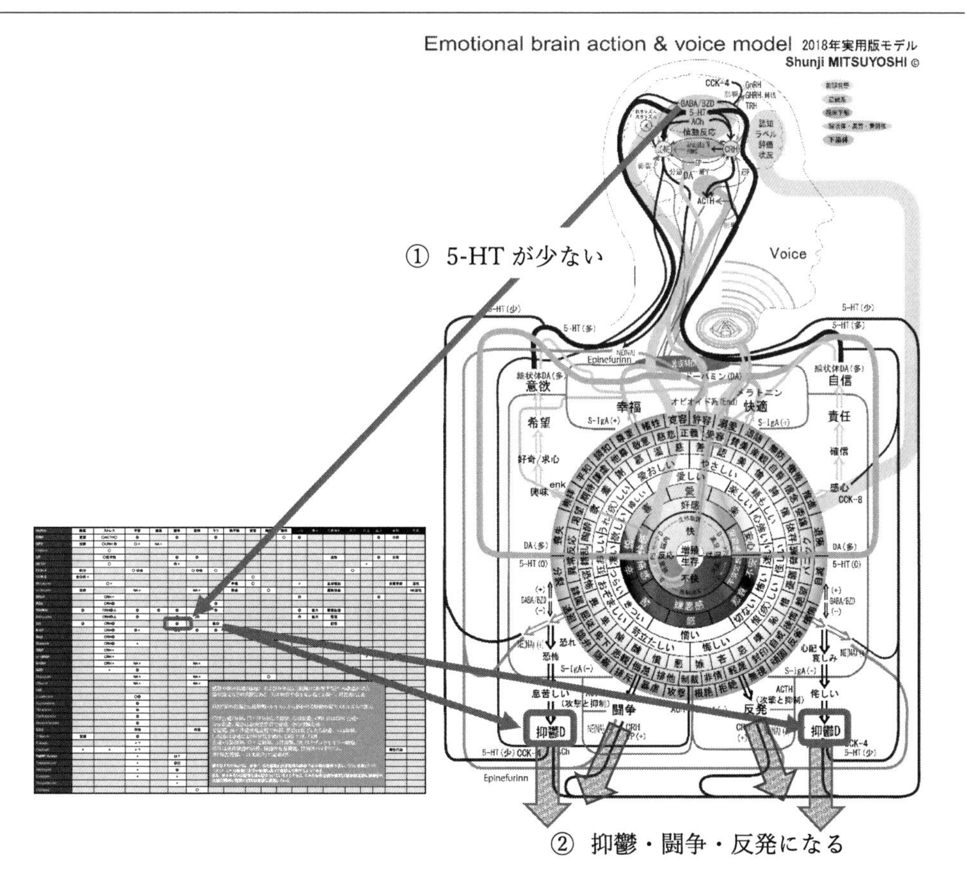
Emotional brain action & voice model 2018年実用版モデル
Shunji MITSUYOSHI ©
① 5-HT が少ない
② 抑鬱・闘争・反発になる

図 3

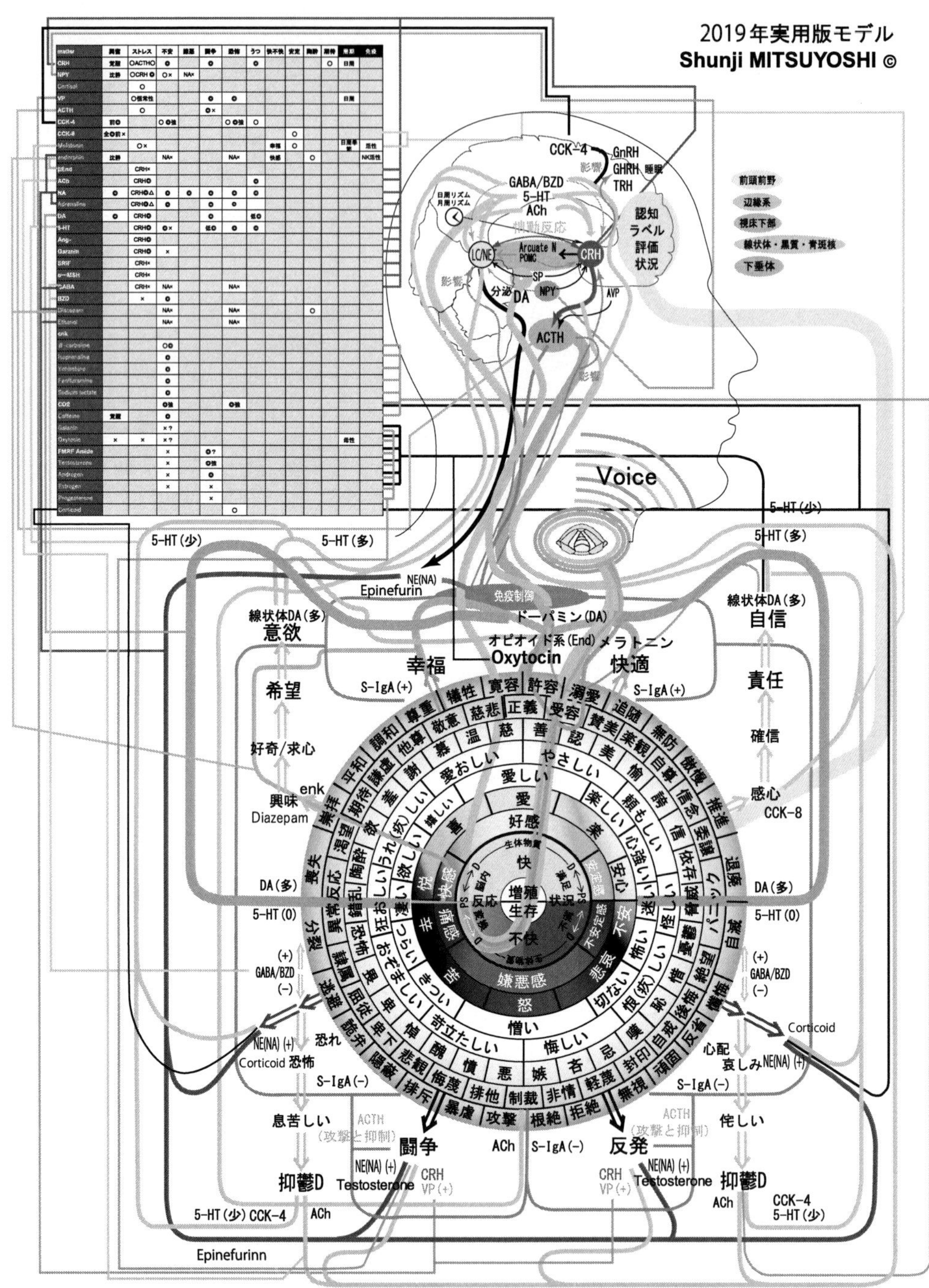

感情や精神状態(横軸)、および身体反応(縦軸)に影響するという確認が学会誌や論文などの治験にある、生体物質やホルモンなどを調べ、対批表マトリックスにした。
目的:脳の活動と伝達物質・ホルモンから導かれる情動の発生メカニズムの推定

○は合成/分泌, ○×は分泌して抑制, ◎は促進, CRH ◎はCRH 合成・分泌促進, 前◎は前頭葉皮質で促進, 全◎は脳全体で促進, 前×は前頭葉皮質で抑制, 低◎は低下したら促進, ×は抑制,
○恒常は分泌により恒常性を維持, CRH ×は, CRH合成・分泌抑制, ◎×で制御, △は調整, NK はナチュラルキラー細胞, 活性は免疫機能の活性, 機能は免疫機能, 日周はバイオリズム, ?は報告情報,
空白は文献に記載なし.
表を見てわかるように空白が多く, 心と感情と分泌物質の関係では不明な部分が多い. CCK 系統と5-HT, GABA, DA は複雑にお互い影響しあって情動に作用するようである. また, 性ホルモンは闘争と深く結びついているようである. これらの分泌物や物質は脳神経活動に制御され, 大脳辺縁系と情動と記憶は密接に連携している.

図 4

1. 3　音声と感情

先述の感情の構造モデルを使って，発話に表出すると思われる感情の人体構造モデルを考えた（図 5）。注目したのは声帯である。声帯は複数の筋肉（喉頭筋群）で動かす。そのため沢山の筋肉の動きを「反回神経という神経からまた枝分かれした小さな神経」が支配している。ところで，反回神経麻痺症状による声帯障害の原因を考えると神経圧迫が多い。反回神経は経路が長く，心臓の近くまで降りて，また上がっていく神経で，心臓およびその近くの大動脈の拡大（心拍上昇など）でも圧迫を受けている場合などがある。また，急性感染や薬物（向精神薬なども），神経の疾患（情動障害なども）などがある。その他原因不明のもの「突発性（特発性）反回神経麻痺（急激な神経変化なども）」といわれるもの，突然起こり自然に治癒していくものもある。すなわち，心拍数が変化するのと同様に，声帯は脳の反回神経を介して情動活動の影響を受けると考えた[19]。また，感情（気分）の中枢（情動）はもちろん脳で短期的反応である。しかし，強い情動が脳で発生すると自律神経の影響以外でも，ホルモン分泌で血圧が上昇し，心拍が早くなるという一般論がある。身体反応のみで，感情を分析するとこの反応の計測になり，感情が長時間影響すると結論付けてしまう。

また，臓器の動きやホルモンなどの影響が逆に脳にフィードバックすることもあり，認知影響まで考慮すると気分（感情）の生理計測は困難である。しかし，自律神経による複雑なフィードバックの影響下でも，声は出力するだけでフィードバックしないことに注目し，声帯の構造と特徴をわかりやすく工学モデルで楽器の例を使って示した。

F0 は推定であり，正確な抽出は難しい（図 6）。たとえば波形の準周期信号（声帯振動の準周

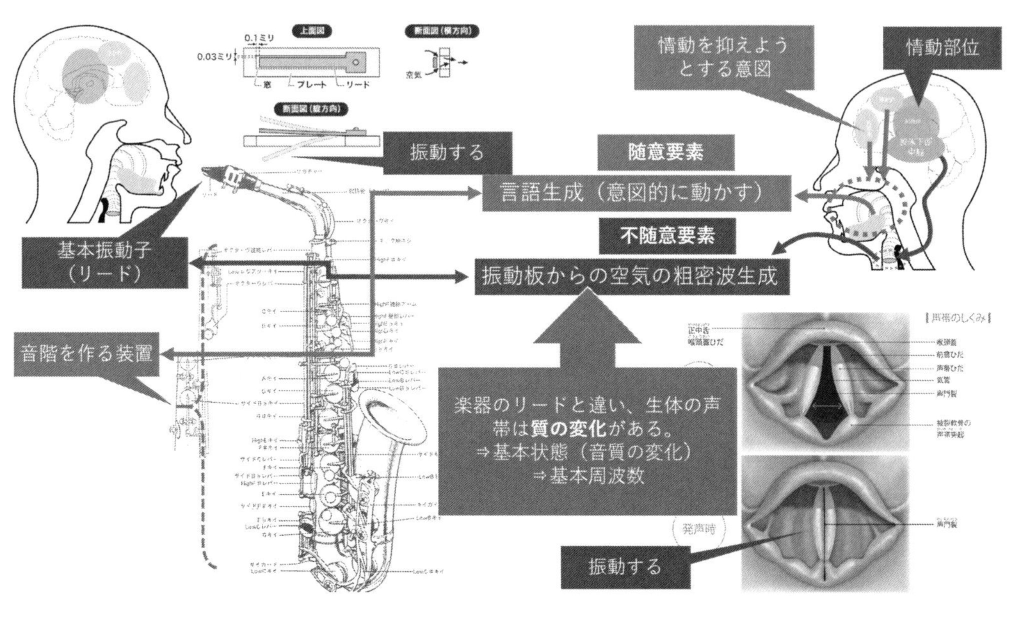

図 5

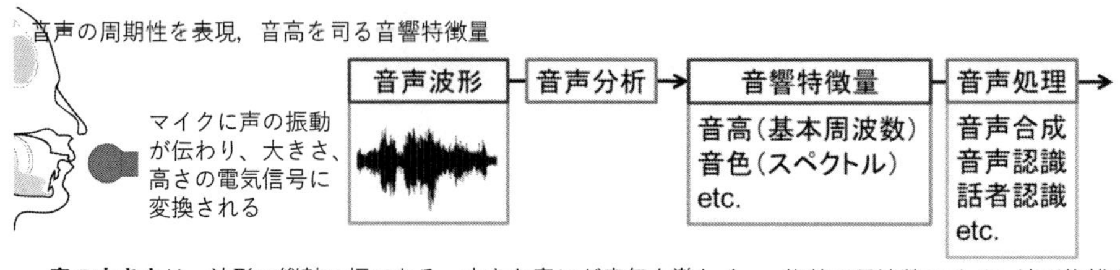

音の大きさは、波形の縦軸の幅である。大きな音ほど空気を激しく振動させるので、それが波形の縦軸の幅に現れる。

音の高さは、周波数なので、横軸（時間軸）の波形の周期に現れる。

複数の周波数のサイン波が複雑に混ざり合って、ギザギザした複雑な形状の波形になる（合成波「倍音」）

音の質は、波形の形に現れる。声を録音したのであれば、人によって声質が違い、波形の形状が違ってくる。

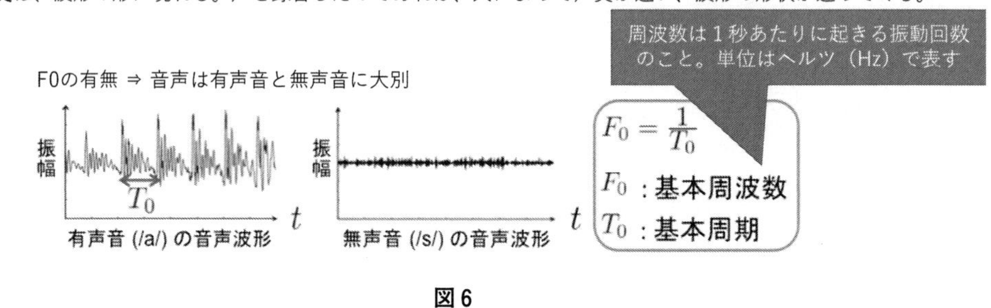

図 6

期性）は FFT で重要情報がカットされている可能性もある。また，そもそも生きている人間の声帯振動状態との比較が極めて困難である。音声情報のノイズ問題（ケプストラムなどの微細構造を見るときに障害⇒ばらつきとなる）や有声音の基本周波数変化範囲が広域（生きている生体だから）という問題がある。表 2 に代表的な F0 推定法を示す。

表 2

波形包絡法	音声波形の包絡を強調しピークを検出
ゼロ交差法	ゼロ交差数により繰り返しパターンを検出
自己相関法	**波形の自己相関関数のピークを検出**
変形相関法	LPC 分析の残差信号の自己相関関数，残差信号のローパスフィルタと極性化により演算の簡略化が可能
直接線形予測法	低次の LPC 分析により直接 F0 を推定
平均振幅差関数法	波形の平均振幅差関数のピークを利用
ケプストラム法	**パワースペクトルの対数の逆フーリエ変換によりスペクトル包絡と微細構造を分離する**
ピリオドヒストグラム法	高調波スペクトルのヒストグラムピークを検出し，ピークとなる周波数の公約数により推定

2　ST の構造

基本的な人体と声と感情の関係を工学的に把握したあと，音声から自動的に感情を認識する手法を講じた（図 7）。

2. 1　ST で使われた基本周波数の推定

この場合，ロバストな基本周波数の推定が求められた。そこで，次の図８のような手法によりそれを実現し特許出願した。

ピッチの値自体（高低など）は，男女差や個人差があるほか，意図的に変えられる。声帯振動

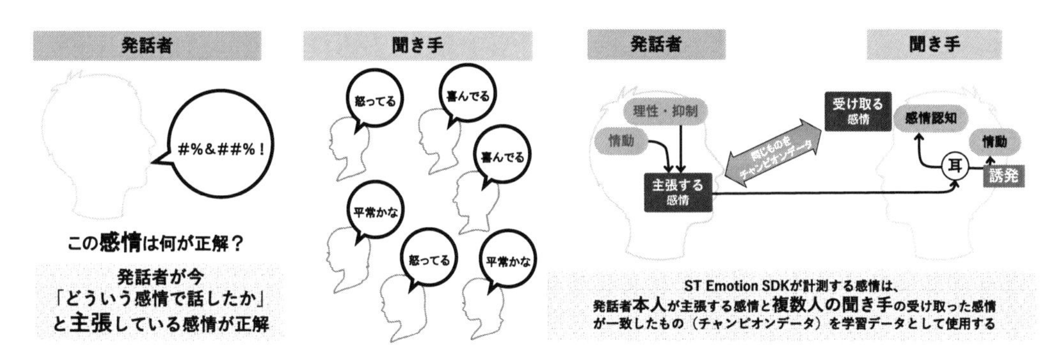

図 7

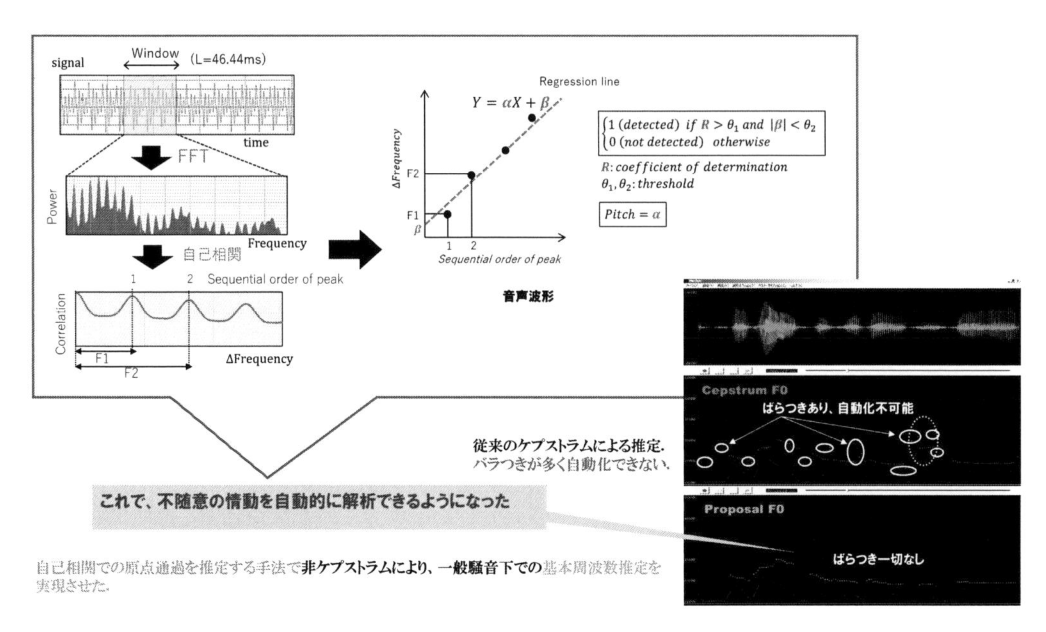

図 8

の周期性の崩れは意図的にコントロールできないと考えられる。そこで，全ウィンドウ中のピッチ検出できたウィンドウの割合をピッチの検出率として着目すると，ピッチが検出できない理由は，何らかの原因で声帯振動の周期性が崩れたときで，崩れが強い場合，嗄声（声のかすれ）として認識できる。声帯振動を伴わない声（無声音）の場合は子音，語頭，語尾などとなる。

2. 2 学習データの取得

基本周波数 F0 がスムーズに検出できたことを確認し，機械学習やパタンマッチさせるための学習に必要な優秀な感情音声の取得を試みた。

音声は，自然な感情発話と，感情を強調させた演技発話を 2,800 名の実験参加者で収集し，これを本人と他者による主観評価をさせた。発話を息継ぎの単位で区分化し，それをシャッフルし評価者に直感的に評価できるツールを作り，それを提示して実験を行った。

2. 3 音声感情認識の構造

これを学習データとして，SVM や HMM，SVM などの機械学習などさせたが，実用レベルには至らず，最終的には C5.0 による 1/F 揺らぎの影響を加味した DT（決定木学習）により大きくパタンマッチできるパラメタセットを導出し，これを手作業で IF/THEN ロジックルールにして自動判別プログラムを構築した[20~30]（図 9）。

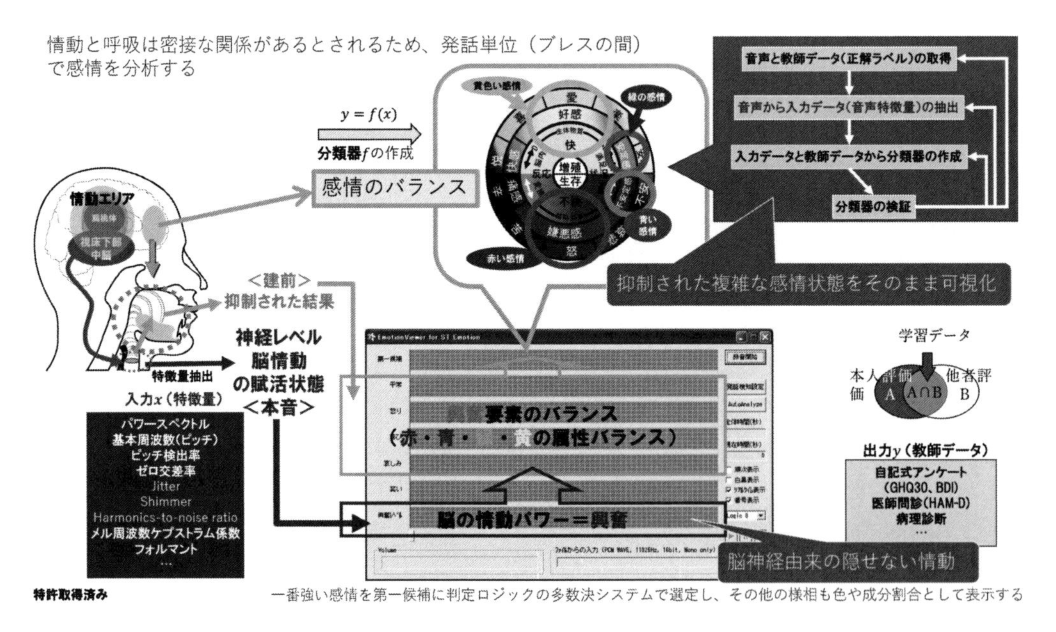

図 9

2. 4　認識性能の主観による比較確認

固定されたパラメタと判定ロジックで人の主観と同じように分離できるかを米国シリコングラフィックス社の日本法人の協力のもと1,100名の実験参加者で確認した（図10)。

A：発話者が発話直後に，自分の感情がどうであったか上記の評価ツールを使って確認した。

B：他者による発話者の感情判定を上記の評価ツールを使って実施した。

A∩B：AとBで同じ評価（1/100程度）だった音声を学習用とテストデータとした。

人の主観と同じように色で分離できれば，ロジックは人の主観を再現できたといえる。

つぎに，認識率を求めるため，以下のような実験を行った。2名の発話者による自由会話を収録した。次に，発話者本人Aと話し相手B，別の評価者，日本語を理解しない米国人と中国人による主観評価を行った。実験参加者は2,000名程度である。この場合の正解を発話者の自己評価とし，発話者 vs ST，発話者以外日本人 vs ST，非日本人 vs STで比較を実施した。その結果，発話者本人でも3割程度自己感情を認識できず，結果は最も本人と一致したのがSTであり，次に本人以外の日本人，そして非日本人の順になっていた（図10)。特筆するべきポイントとして，青，黄，赤，緑の感情ではなく，興奮の場合，ほとんど差がなかったことである。これにより情動としての興奮は，青，黄，赤，緑で色分けされた基本感情より文化や民族，言語の影響を受けず，プリミティヴである可能性を示唆した。

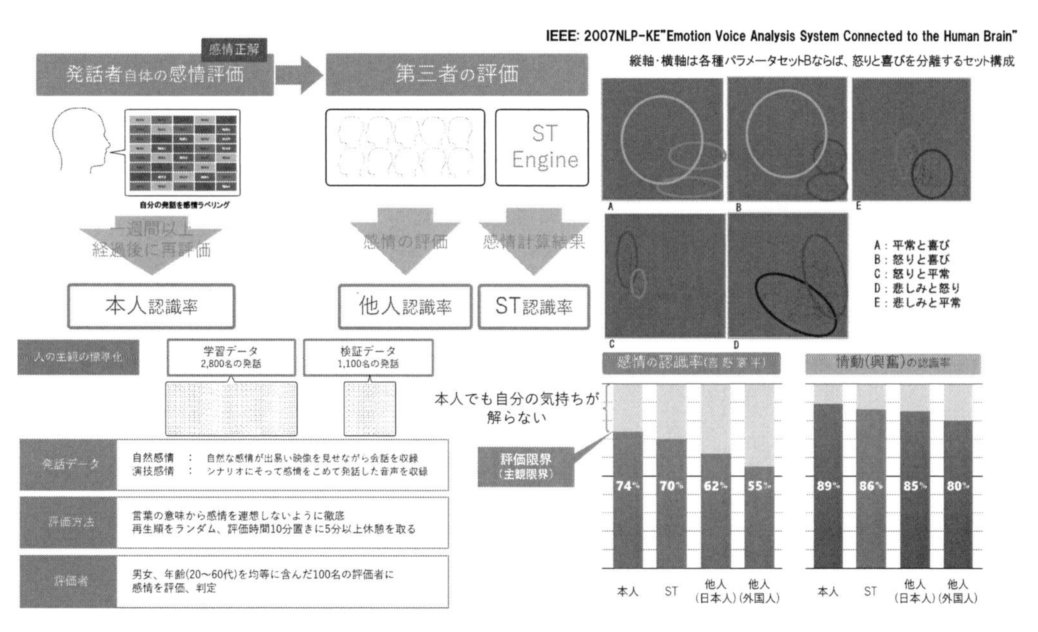

図10

2. 5 認識性能の主観による脳および生理での確認

工学として認識性能確認を厳密に考えるなら，やはり生理データとの比較が必要になる。そこで，㈱情報通信研究機構（NICT）との共同研究においてfMRIを使った実験を2005～2008年に行った（図11）。昨今，fMRIでの機能の可視化については世界中の研究者から多々疑問視されているが，情動の活動においては原始的な大脳辺縁系での明確な部位活動であり，大脳新皮質で問題提起されているようなポイントではない。しかし，脳研究自体がネガティヴな感情しか対象とされていない当時の状況から，比較できる感情もネガティヴしか確認できない状況だったことを申し添える。

使用した実験機材はシーメンス社の3Tである。ここで，メーカー名を明記したのは，問題視されている機能可視化におけるプログラムがメーカーによって異なり，メーカー同士の整合性が取れない現状を鑑みてのことである。また，fMRIが脳の血流を可視化しているとされるが，その精度や血流だけで脳活動の正確な状態を確認したと言えるかどうか断言を避ける。承知のように脳はイオン交換で反応するのであり，調査のようにホルモンや最近では量子的な反応も確認されたという報告もある。そうなると現行ボルツマン的数理解析の世界から一気に量子論的解析に変わる可能性もある。しかし，大脳辺縁系，特にアミグダラまでの深部を計測する手段としては当時MRIしか存在しなかった。

実験は，実験参加者（6名）をMRIガントリーに固定し，ガントリーの外の友人と自然な会話を行う。そのとき，感情が想起しやすいようにディレクターが介在している。そして，実験参加者が通常の情動反応を脳で確認し，長時間の実験により，それ自体のストレスも加わりネガ

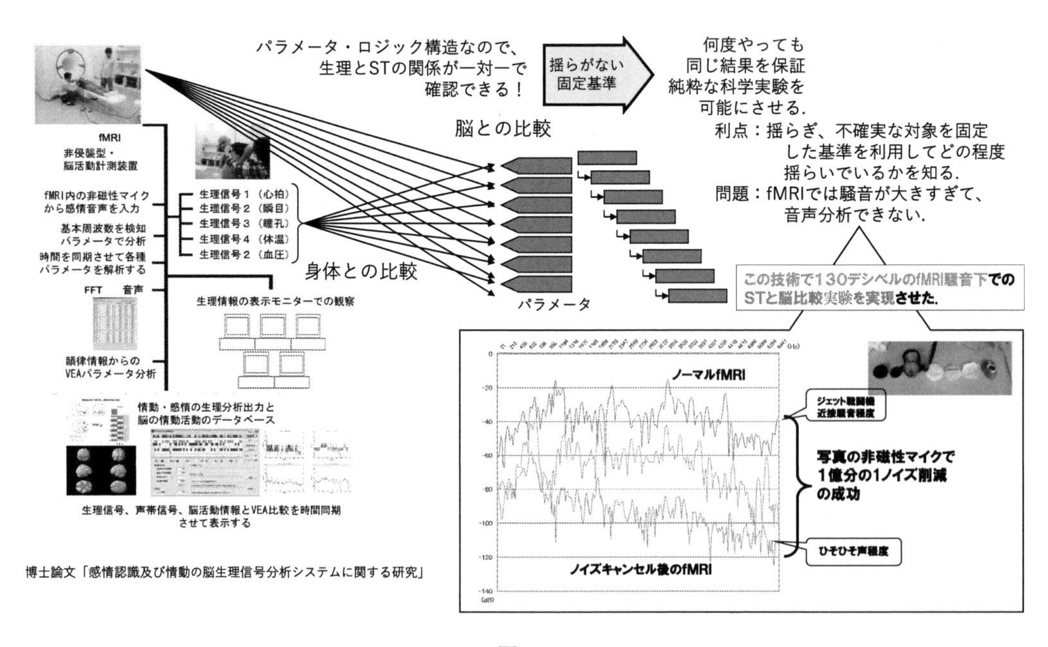

図11

ティヴな情動反応を ST がネガティヴと識別した瞬間だけ脳のネガティヴ反応とされる状態を確認できた。この実験で，MRI が出す騒音を非磁性マスクマイクを自作し回避した。

実験手順：

・　fMRI（3T）ガントリー内の被験者（マスクマイク着，頭部固定）と fMRI 室外の実験者に自然会話
・　時間 150 秒×連続２セッション
・　被験者 SM（実験者 YT），YT（実験者 SM）の２名（友人同士の自然会話全体で６名）

情動解析：

・　ST2.0TM による「興奮」「平静」「笑い」「怒り」「哀しみ」
・　成分抽出

脳信号解析：

・　SPM 統計解析
・　ST 興奮判定時刻におけるイベント関連解析
・　イベント時刻（情動興奮）オンセットに対応した BOLD 反応が，それ以外のすべての活動と差があるかどうか，という（イベント）－（非イベント）の形式で t 検定を実施

注意するべきは，医療画像診断する専門医師や技師は，MRI の生データは「ぼやけている」ことを熟知している。誤差 50％でも高性能と呼ぶしかない現状である。そんなぼやけた生データを解析ソフトにより鮮明にラインを引いているがメーカーによりソフトが違っているため，他施設でメーカーが違うと結果も合わない可能性が，米国でのニューロサイエンス学会で多々指摘されてきた。これは最近流行りだした言葉としての Deep Learning などの古典的機械学習が PC 速度の向上により実用されているが，どんなツールを使っても同じであろう。まして，複雑で高次な認知影響など計測可視化不可能と指摘されだしている。よって，今のところ，大きく反応部位が異なる比較として脳の情動反応（大脳辺縁系）なら，少しはマシな状況だと言える。音声感情認識 ST がネガティヴと判別した時だけ発話者の脳がどうなっていたかを調べた（図 12）。

結果：

ST は発話者のネガティヴ（怒り＋興奮）な脳の情動活動をその時だけ，しっかり検出した。

2. 6　認識性能の行動観察による確認

2005 年当時から筆者は fMRI そのものについての信頼性の疑問もあり，引き続き行動予測実験を行った。最大手クレジット会社にある，〈支払い・滞納・自殺・入会〉の有無の事実確認が

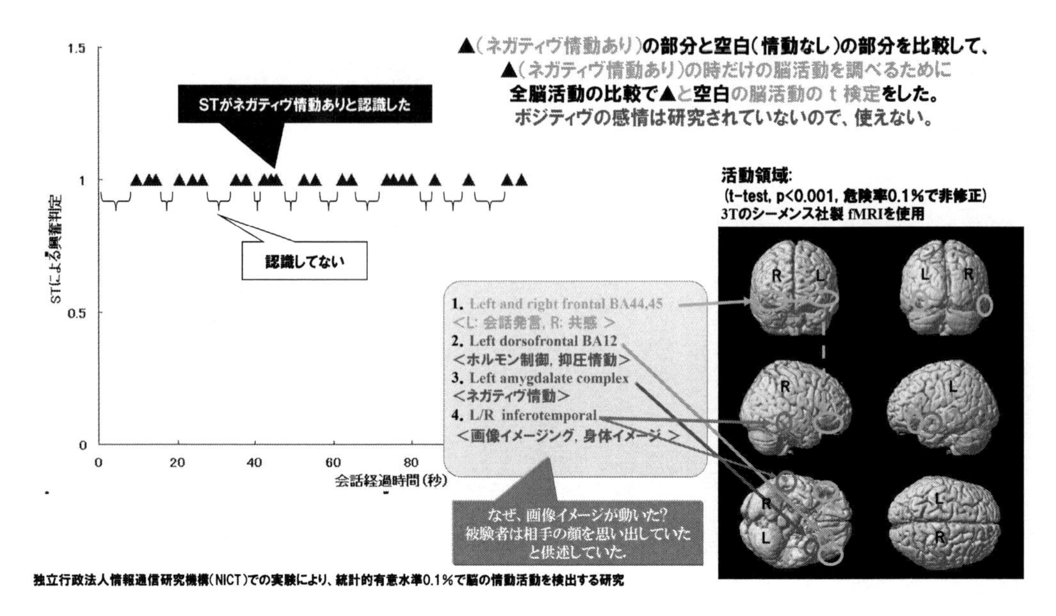

図 12

できる音声データとの比較により，行動予測をした。事故率 50%（返済事故）のコールセンタにおいて，無作為に選択された音声ファイル 2,000 件の ST による分析から，音声内容は聞かずに，顧客の属性と顧客の行動を予測するアルゴリズムを構築して，事実確認比較により，その正当を確認した。現在，8 割の予測正当率である（1 週間後の確認では 9 割）。

3 まとめ

本章では音声からの感情認識の仕組みと，主観と脳計測の両側面からの認識の妥当性を示した。しかし，今後の課題としては，感情のメカニズムの解明が必要となる。これには，生体計測や脳計測の飛躍的な技術進化が必要であり，医学分野での積極的介入実験なども必要となるため，東京大学大学院医学系研究科に音声病態分析学社会連携講座を立ちあげ，現在は，大学院工学系研究科に音声病態分析工学社会連携講座を設ける準備に入っている。

文　　献

1) S. Mituyoshi and F. Ren, “Sentience System Computer: Principles and Practices”, IEEE International Conference on Systems, Man and Cybernetics, SMC02, TP1-E1 (2002)
2) 光吉俊二，“パートナーロボット資料集成”，p.395，エヌティーエス（2005）

3） W. James, "The Principles of Psychology", Dover Publication（1890）
4） W. James, *Mind*, **9**, 188（1890）
5） P. Bard, *Psychol. Rev.*, **41**, 309（1934）
6） S. Schachter, *Adv. Exp. Soc. Psychol.*, **1**, 49（1964）
7） R. Adolphs *et al.*, *Nature*, **372**, 669（1994）
8） R. Adolphs *et al.*, *Nature*, **393**, 470（1998）
9） R. Adolphs, *Trends Cogn. Sci.*, **3**, 469（1999）
10） R. Adolphs *et al.*, *J. Neurosci.*, **20**, 2683（2000）
11） R. Adolphs, *Curr. Opin. Neurobiol.*, **12**, 169（2002）
12） D. Amaral, *Biol. Psychiatry*, **51**, 11（2002）
13） A. R. Damasio, "Descartes' Error: Emotion, Reason, and the Human Brain", Putnam, New York（2003）
14） 前田重治，"続図説　臨床精神分析学"，誠信書房（1994）
15） 伊藤眞次ほか，"情動とホルモン"，中山書店（1997）
16） 鈴木英二，"セロトニンと神経細胞・脳・薬物"，星和書店（2000）
17） 高橋雅延，谷口高士，"感情と心理学―発達・生理・認知・社会・臨床の接点と新展開―"，北大路書房（2002）
18） 北村英哉，北村晴，"感情研究の新展開"，ナカミシヤ出版（2006）
19） 成澤修一ほか，情報処理学会論文誌，**42**（7），2155（2002）
20） 佐藤信夫，大渕康成，日本音響学界講演論文集，**3-8**（9），139（2004）
21） 市川真美，金森泰和，日本音響学界講演論文集，**1-7**（16），243（2004）
22） 長島大介，大野澄雄，日本音響学会 2004 年秋季研究発表会講演論文集，**1**，273（2004）
23） 松永健司ほか，日本音響学界講演論文集，**1-7**（17），245（2004）
24） 武田昌一ほか，日本音響学会誌，**60**（11），629（2004）
25） 柴崎晃一，光吉俊二，電子情報通信学会技術研究報告，**105**（291），45（2005）
26） 野田哲矢ほか，日本音響学会講演論文集，**1-4**（6），223（2006）
27） 長島大介ほか，日本音響学会講演論文集，**1-4**（3），217（2006）
28） 能勢隆ほか，本音響学会講演論文集，**1-4**（4），219（2006）
29） 浅野康史ほか，日本音響学会講演論文集，**1-4**（1），213（2006）
30） 江尻芳雄，金森康和，日本音響学会講演論文集，**1-4**（5），221（2006）

第4章　発話者の覚醒度評価のための音声信号分析技術

塩見格一[*1]，廣瀬尚三[*2]

1　はじめに：カオス論的発話音声分析技術

従来の音声分析技術の研究開発は音声データに誰かの主観に基づく属性を付することから始められたが，筆者らは，昼食の前後や，眠気を誘う薬物服用の有無，等々の心身状態の差異が期待される複数の状況において収録された音声の識別を目的としたカオス論的な手法を利用した音声分析技術の研究開発を行ってきた。人間の主観を排除した音声分析技術であり，音声分析技術の新たなパラダイムの開拓を目指してきた。

現時点において，筆者らの定義したカオス論的特徴量の差異は，サウンドスペクトログラム上に視覚化することなどがいまだ不可能であり，したがってこれを人間の耳で識別することも，また何らかの練習により特徴量を演出することもできないので，発話者の演技や演出を排除することが可能であり，結果的に客観的信頼性の高い特徴量となることが期待される。

2　研究開発の経緯と成果としてのカオス論的特徴量の性質

塩見による音声分析技術の研究は，1994年4月26日の中華航空140便墜落事故を契機としている。航空機事故においては，事故発生時のコックピットの状況を理解するために，音声記録装置に収録されている事故発生までの音声情報を分析するが，分析対象として重要なパイロットによる発話音声には様々な雑音が重なった全く不明瞭なものが珍しくない。そのような不明瞭な音声データから，できるだけ明瞭な発話音声を識別する技術の開発が求められていた。

音声データをサウンドスペクトログラムに視覚化し，目で識別できる特徴的なパターンを除去したり強調したりしながら，発話音声の明瞭化を目指したが，20世紀のコンピュータでは処理が重く，処理の自動化など到底不可能と思われる状況であった。

上記のような状況において，時系列信号処理の分野ではカオス論的な信号処理が盛んに行われており，生体信号としては指尖脈波や脳波の分析が試みられていた。音声信号も同様で，フラクタル次元やリアプノフスペクトルなどが計算されて，様々な可能性が調査されていた。なお，

＊1　Kakuichi Shiomi　福井医療大学　保健医療学部　リハビリテーション学科　言語聴覚学専攻　講師

＊2　Shozo Hirose　㈱アイヴィス　取締役常務執行役員／応用技術開発本部長

ターケンスの埋込み定理により再構成されるストレンジ・アトラクタの評価には，リアプノフ指数が最も一般的に利用されていた。このような状況において，1998年，塩見と廣瀬は音声信号のカオス論的な分析調査を行い，以下の発見に至った。

上記分析調査は，当初，カオス論的な手法により人間の発話音声とそれ以外の雑音を識別する特徴量の発見を目的とするものであったが，調査結果は「時系列信号としての人間の声に定義するカオス論的な特徴には，発話者の心身状態を定量的に評価できそうなものがある。」という驚くべきものであった。1990年代の音声信号のカオス論的な分析は，「単母音の発話による音声信号がカオス論的なものであるのか？　あるいは否か？」といったプリミティブなものが多く，皆で「あ〜」とか「お〜」とか数秒発話して，その波形を分析していた。合成音声としての「あ」音や「お」音が，人間の耳により自然に聞こえるための条件の模索としては，この程度の研究で十分であったのかも知れない。このような状況において，筆者らは数十分から1時間以上に及ぶ朗読音声の分析を試みた[1)]。

1998年当時，カオス論的な信号処理には，最大リアプノフ指数を計算するのか，あるいはフラクタル次元を計算するのか，処理内容に依存するが，FFTなどの従来手法に比較して数桁以上の演算処理が必要で，1時間の朗読音声の処理に数時間から十数時間を要することも珍しくはなかった。あまりにも大変な計算量であったため，当時の音声収録の標準的なフォーマットはDVDやDATで採用されていた16 bits@48.0 kHzであったが，筆者らは8.0 kHzにアンダーサンプリングした音声データから時間局所的な最大リアプノフ指数を算出していた。

上記の発見以降，筆者らはこの特徴量を有効活用すべく，様々な実験を続けてきた。このときの発見を言葉で記述すれば，「1. 連続的な朗読発話音声から，毎1秒を処理単位とする最大リアプノフ指数を計算し，5分間程度の窓関数による移動平均値の変化を観測すると，多くの被験者において，朗読の継続により移動平均値が増加する」，「2. 各被験者の朗読音声から算出される移動平均値には，個人差はあると考えられるが，朗読の継続などによる変化の方が大きい」といった感じである。2019年時点で筆者らは「発話音声から発話者の覚醒度（大脳新皮質の活性度）が定量的に評価可能である」と考えているが，この現象の発見当時は，またしばらくの間は「発話音声から発話者の疲労度が定量化できる」などと無邪気に考えていた[1)]。

当初，筆者らは，上記現象の確認のために被験者数を増やすことを第1に実験を進めていたので，「連続的な朗読発話音声から，毎1秒を処理単位とする最大リアプノフ指数を計算する」という音声信号の分析条件の最適化には手を付けていなかった。このような状況で数年間，朗読音声収録および分析実験を行ったが，特に有効な知見を得ることはできなかった。

カオス論的な信号処理手法における最大リアプノフ指数の算出法には，佐野・沢田のアルゴリズム，カンツのアルゴリズム，ローゼンシュタインのアルゴリズム，オーレルのアルゴリズム，ウォルフのアルゴリズムが有名であって，いずれの手法でも，位相空間に再構成したストレンジ・アトラクタ上の近傍点の挙動を評価する。時系列信号を生成するメカニズムが明らかではない状況では，その時系列信号から算出される最大リアプノフ指数は常に近似的なものであり，どのアルゴリズムを採用しても，算出された最大リアプノフ指数の信頼性は，近傍点集合が適正に生成されていたのか，あるいは否かに依存して，近傍点集合が適正であるほどに算出される最大リアプノフ指数はより良い近似で計算されたものであることが期待される。

2019 年の今日，上記の最大リアプノフ指数に対する認識とその算出前提の重要性は十分に理解できるが，また指尖脈波や脳波などの生体信号の最大リアプノフ指数を算出する場合においても同様であることは明らかであるが，2000 年頃の時点では，いまだコンピュータの処理性能が全く十分ではなかった状況もあって，「近傍点集合が適正に生成される」ことの重要性はあまり認識されていなかった。例えば，時系列信号の点列を埋め込む位相空間においてストレンジ・アトラクタの航跡が交差することに起因する「間違い近傍点」の発生を低減させるために，埋め込み次元を高くすることなどは行われていたが，これは適正な近傍点集合を生成するための必要条件ではあっても，十分条件ではあり得ない。また，佐野・沢田のアルゴリズムを採用したと言われる場合であっても，なんらかの佐野・沢田のアルゴリズムの実装と言われるソースコードを単にコンパイルしただけのものに，時系列信号データを形式的に入力して算出した最大リアプノフ指数を示している程度で，我々を含めて，近似計算と言うのがはばかられるほどにひどい計算が横行している状況が続いていた。

生体信号でも指尖脈波のように明確で強い周期性を有するものであれば，100 Hz 程度以上のサンプリング周波数により得た時系列信号からは，一般的な発話音声から再構成した明確な構造を見分け難いストレンジ・アトラクタなどに比較して，遥かに明確な構造を示すストレンジ・アトラクタが得られるが，指尖脈波から得られた処理し易い時系列信号であっても，正確なデジタル・フィルターを適用し，量子化分解能を 24 bits/sample 程度に改善して，サンプリング周波数についても 1.0 kHz 程度にオーバ・サンプリングした方が，近傍点集合を生成するための近傍条件も遥かに高い精度で適用することが可能となる。

最大リアプノフ指数の計算において，ストレンジ・アトラクタの形状・形態を視覚的に確認する必要はないが，「実際の入力信号がどのように埋め込まれて，再構成されたストレンジ・アトラクタ上にどのように近傍点集合が構成されているのか」を視覚的に観察することで，設定する近傍条件が妥当なものであるのか，あるいは否かを確認することが可能になる。佐野・沢田のアルゴリズムやカンツのアルゴリズムなどで，「例題として処理される時系列信号に対して設定されている近傍点集合の要素数や外包半径などの近傍条件が，他の時系列信号の処理においてそのまま適用可能であるはずがない」ことを確認することができる。

複数の母音が毎秒 6～12 回程度も子音を挟みながら交代する一般発話による音声信号の場合は，母音の差異は直接に発話ダイナミックスの差異であって，どの部分を切り出しても，先のどの最大リアプノフ指数算出アルゴリズムを採用するとしても，そのアルゴリズムの想定を満足するほどの安定なストレンジ・アトラクタを再構成することはできない。すなわち，一般発話による音声信号は複雑過ぎるので，これに対しては，従来のカオス論的な特徴量である最大リアプノフ指数やフラクタル次元等々を定義すること，また計算することはできない。確かに，発話音声分析へのカオス論的な手法の導入としては，1990年代以前から行われていた「あ～！」と数秒間発音したような，発話ダイナミックスが一定な単母音のリアプノフ指数を計算する程度のことはできるが，一般的な発話音声をカオス論的な手法で分析するためには，新たなカオス論的な特徴量を定義することが必要であった。

当初，筆者らは，連続的な朗読音声を毎1秒の処理単位に切断して，これらに形式的に佐野・沢田のアルゴリズムを適用して得られた形式的な指数値としてのリアプノフ指数を計算し，その移動平均値の変化と，「覚醒度の低下」や「疲労の蓄積」との相関関係を調べていたが，2000年頃，処理単位としての1秒間になんらの根拠もなかったことに気付いた。埋込次元については，3次元ではストレンジ・アトラクタの航跡の交差による「間違い近傍点」の発生が多いことから，また音声信号のフラクタル次元を4以上と主張した先行研究もあって，4次元を採用していたが，埋込遅延時間も発展時間も共に，処理単位時間と同様に何の根拠もないままに1ミリ秒としていた。

一般的な日本語の朗読発話では，1秒間に発話される音韻数は8（6～12）程度であるから，妥当な処理単位は80～160ミリ秒程度であるはずで，その間にピッチ周波数で繰り返される波形は十数回であるから近傍点集合の要素数も同程度とすることが必要であることが理解された。埋込遅延時間と発展時間の関係も，どちらもサンプリング周期の整数倍であることは演算の簡単化の観点から妥当と考えたが，発展時間を埋込遅延時間の整数倍とした場合には，最大リアプノフ指数の計算における逆行列の計算が不安定になってしまうことから，先に埋込遅延時間を決定し，次に埋込遅延時間の整数倍にならないように発展時間を決める必要があることも分かった。

なお，最適な埋込遅延時間の決定は，2000年当時のカオス論的な信号処理における教科書的な書籍には「時系列信号の自己相関を計算して……」と記されていたが，音声信号のように極めて周期性の強い時系列信号の処理には当てはまらなかったので，疲労計測に係る音声収録実験で算出した指数値の変化が，覚醒度の評価指標としてのCFF値（臨界フリッカー周波数値）との相関が強くなるように，最適な埋込遅延時間が存在する可能性のある時間領域をしらみつぶしに調べて決定した。この疲労計測実験は2005年8月1日から9月29日までの間に，12人の被験者により実施したものであり，24 bits@48.0 kHz PCM monauralのフォーマットで約7 GBの音声データを収録した[2)]。

先に，本研究の開始当初には，「最大リアプノフ指数の算出に必要な演算量を低減させるためにサンプリング周波数を8.0 kHzにしていた」旨を述べたが，ストレンジ・アトラクタの再構成においてはサンプリング周波数が高いほど，埋込点は狭い間隔で並び，近傍点集合を構成する近傍点として性質の良い埋込点が選別されることとなり，非線形な最小二乗法の適用などを必要とする場合の時間局所的な指数値の算出に要する収束計算の安定性を改善することができる。例えば，時系列データとしての音声信号に対して，全てのサンプル時刻を起点として時間局所的にリアプノフ指数を形式的な手続きにより算出するとすれば，リアプノフ指数算出の収束条件の設定に依存するが，サンプリング周波数が8.0 kHzの場合には1秒間の音声信号から8 k個の指数値が算出され，サンプリング周波数が 48.0 kHz の場合には 1 秒間の音声信号から 48 k 個の指数値が算出され，それぞれの 1 秒間の音声信号から算出された指数値の分布を観測することができる。10 秒間の音声データであれば，その指数値の分布を 10 個ずつ観測することができ，サンプリング周波数が 48.0 kHz の場合には 10 個の分布は相互によく似た分布形状を示すことが多いが，サンプリング周波数が 8.0 kHz の場合には，時々であるが 10 個の分布が「てんでバラバラ」の分布形状となることが観測される。これらの分布形状はヒストグラムの作成において設定される階級幅に依存して様々に変化するので「何をもって正しいとするのか？」はデータで示そうとする事柄に依存して……，「てんでバラバラ」の分布形状の全体を解釈して意味を取り出す必要がある……，そもそも分布形状さえ安定しない現象から何か有意味な事柄が推測可能であるのか……，と堂々巡りに陥ってしまいかねない深刻な問題が，サンプリング周波数の設定に関しては存在する。筆者らは，「覚醒度の評価指数の算出を目的とする場合には，サンプリング周波数としての 8.0 kHz は，安定な処理結果が得られないことにおいて低過ぎる」と判断し，サンプリング周波数は高ければ高いほどに安定な計算結果が得られることを確信した。2005 年当時のパソコンにより 10 秒間の音声信号を 10 秒程度で処理できることを考慮しサンプリング周波数を 48.0 kHz とした。

カオス論的な現象を数値解析する場合に注意しなければならないこととして，「微分方程式の差分方程式への近似では，常に差分を小さくすれば小さくするほど近似精度が向上する訳ではない」ということがある。すなわち，カオス論的な現象をうまく模擬するためには，全ての尺度が相互に適当なスケールで与えられていることが必要なのである。このような現象を実際に観測するためには，似たような計測を何回も（筆者らの場合には数百回も数千回も）行う必要があり，偶然，異常な分布形状が発生しても，ほとんどの場合に似たような条件で実験を繰り返しても同様な異常分布を得ることができないため，「何かの間違い」とし無視されることになってしまうのであろう。音声分析を含めてカオス論的な現象の分析においては，筆者らの経験からは，研究を突き詰めて行けば，極めて不思議と感じられる現象を数年に 1 回くらいは観測することができるようである。

上記 2005 年に 12 人の被験者により実施した疲労計測実験により収録した音声データを 2005 年頃に採用していた処理パラメータで処理した結果は文献 2 に示す通りである。以降，試行錯誤と再処理を繰り返しながら，発話者の覚醒度評価に適していると考えられる埋込遅延時間と発展時間の組み合わせを探し続けている。

3　音声資源コンソーシアムの音声データ分析成果

2012 年，我が国の音声資源コンソーシアムより「22. AWA 長期間収録音声コーパス（AWA-LTR)」の提供が開始されたので，これを利用した埋込遅延時間と発展時間の最適化も開始した。提供されている AWA-LTR コーパスは，同一話者の音声を 1 週間に 1 日の割合で，10 時，

13時，18時の3回，約1年間に渡り52日分収録したコーパスであり，また発話内容はATRにより作成された音素バランス文Aセット50文，4桁数字，他で構成されていた。そこで筆者らは，音素バランス文Aセット50文の朗読音声を利用して，埋込遅延時間と発展時間の最適化を行った。すなわち，午前10時の心身状態に比較して昼食後の午後13時の心身状態においては，12時頃に普通に昼食をとっていたとすれば，平均的に「覚醒度」が低下していることが期待され，また午前10時の心身状態に比較して夕方の午後18時の心身状態においては，昼間に普通に働いていたとすれば，平均的に「疲労度」が上昇していることが期待される。したがって，午前10時に収録された音声から算出される指数値の平均値と，昼食後の午後13時に収録された音声から算出される指数値の平均値との差が相対的に大きくなるように，かつ両者の分散が小さくなるように演算パラメータを調節すれば，「覚醒度」の評価感度の局所最適化が実現され，同様に，午前10時に収録された音声から算出される指数値の平均値と，終業の午後18時に収録された音声から「疲労度」に対する評価感度の局所最適化が実現されると考えられる。

2005年に実施した実験により収録した音声データからは，覚醒度・疲労度評価に適当な埋込遅延時間と発展時間の組み合わせはいくつも見つかっていたので，それらを起点としてAWA-LTRコーパスを利用した局所最適化を行い，より広域における最適値の組み合わせを探して，2019年時点において採用している埋込遅延時間と発展時間を得ている。2019年時点において，覚醒度の評価における最適な埋込遅延時間と発展時間の組み合わせは，疲労度の評価における最適な組み合わせに同様であって，この指数値によっては覚醒度と疲労度は強い負の相関関係を有する心身の評価尺度と解釈するほかないといえる。

午前10時と午後13時の心身状態に覚醒度の差異が存在し，午前10時と午後18時の心身状態に疲労度の差異が存在したとして，午後13時と午後18時の心身状態の差異は何だろうか？13時に収録された音声から算出される指数値の分布と，18時に収録された音声から算出される指数値の分布において，それぞれの分散を小さくしながら，平均値の相対的な差を大きくする埋込遅延時間と発展時間の組み合わせを機械的に探すことは可能であり，実際に探してみたが，午前10時と午後13時との間の差異，また午前10時と午後18時との間の差異ほどの明確な差異を与える埋込遅延時間と発展時間の組み合わせを見つけることはできなかった。仮に，午後13時と午後18時との間に明確な差異を与えるパラメータを見つけることができれば，例えば，覚醒度や疲労度の評価において同様な指数値の変化があった場合に，その変化が覚醒度の低下によるものであるのか，あるいは疲労度の増大によるものであるのか区別ができるようになるのかもしれない。ある物や事柄の不存在の証明はおよそ困難なことであって，数学的な例を除けばほとんど不可能なことであるから「午後13時と午後18時との指数値の間に明確な差異を与えるパラメータは存在しない」とは言い難いが，そのようなパラメータが存在しなければ覚醒度と疲労度を区別することは不可能，あるいは疲労度は覚醒度の言い換えであってそれらの区別は無意味であると考えることができる。

筆者らの提供する発話音声分析技術は，上記のような研究開発の経緯を踏まえたものであっ

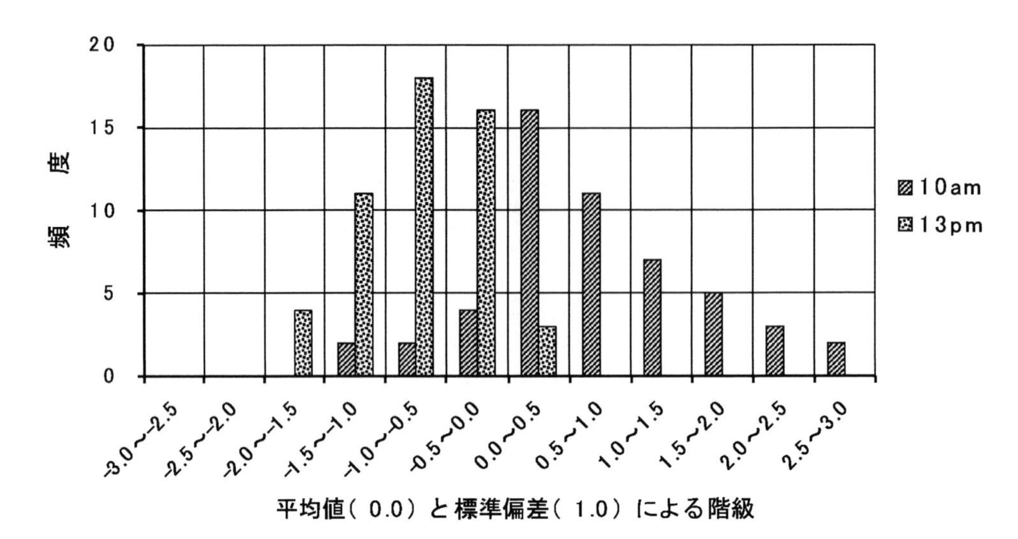

図1　AWA-LTR コーパス A46 による朗読音声のうち午前 10 時と午後 13 時のレコードを処理して得られた特徴量の分布

て，覚醒度（負の疲労度）の評価における客観性において，従来の音声分析技術とは全く異なるパラダイムにあるものである。上記においては，特にカオス論的なパラメータのうちの埋込遅延時間と発展時間の最適化について述べてきたが，これらは比較的に自由度が大きく 2010 年頃までのコンピュータによっては最適化が困難であったからで，2019 年時点で実現し得ている覚醒度評価能は，近傍点集合を生成する近傍条件や収束計算における収束条件，等々，他にも多数のパラメータを最適化することにより実現したものである。

図 1 は，AWA-LTR コーパス A46 による朗読音声のうち午前 10 時に収録した 52 レコードと午後 13 時に収録した 52 レコードの合計 104 レコードを処理した結果で，特徴量としてのカオス論的な指数値を計算し，その平均値（0.0）と標準偏差（1.0）を尺度として分布を示したものである。午前 10 時における 52 回の朗読音声から算出された指数値の平均値は 0.700，標準偏差は 0.865 であり，午後 13 時における 52 回の朗読音声から算出された指数値の平均値は −0.700，標準偏差は 0.522 であった。

上記により，現時点では発話音声を収録するための朗読テキストの選定などにいくつかの技術的に不明な点を残してはいるが，筆者らは，「発話音声から発話者の覚醒度は定量的に評価可能である」と確信している。

4　覚醒度を評価することの意義など

1970 年代に産業労働における過労死が認識され，筆者らは，同時に疲労度の客観的な定量化の必要性も認識されたのではないかとは思うが，当時，現実問題として疲労度を客観的に評価することなどは不可能であり，平均的な労働時間を制限して平均的に過労死に至る確率を低減させる以上の対応策はなかったように思われる。実は，この状況は2010年代の後半においても，なんら変わるところはなさそうである。

1998年の我々の発見は，長年の課題であった疲労度の定量的な計測を可能とするものに見えた。とすれば次に我々が行うべきことは，疲労度の定量化に要する音声データのサイズを低減することとその処理演算を高速化することであった。2000年頃の目標は，「3分間の音声を3分間で分析して疲労度を評価する」ことで，当時の最高性能のパソコンをこの目的専用に使用すれば，この目標はほぼ達成されていた。なお，2019年時点では，より信頼性は高いと考えられる診断値を3秒の音声を3秒で分析して実現できるところまで信号処理ソフトウェアの機能は向上している。しかしながら，疲労度や疲労の蓄積度合いが定量化できるとは，いまだに断言できない状況である。

2018年6月1日には国土交通省による「貨物自動車運送事業輸送安全規則の解釈及び運用について」の改正通達が施行され，睡眠不足の運転士の乗務が禁じられ，運輸事業者においては，運転士が業務を開始する始業点呼において「運転士が睡眠不足であるのか？　あるいは否か？」の確認が義務付けられても，管理者には「運転手の顔色，前日の勤務状況等々を見て，総合的に判断してほしい」とされ，残念ながら，我々の音声分析技術が国土交通省総合政策局からの研究開発費により開発されたものであるにもかかわらず，運転前のアルコール検査と同様な義務化などには到っていない。確かに，アルコール検査では体内に残留するアルコールの有無が判定されるが，いまだ音声分析によっては発話者の過労の有無を判定することは不可能である。白か黒かを判定する技術は，行政的な目的には利用しやすいものかも知れないが，筆者らの提供する音声分析技術による診断値は，血圧や血糖値などと同様に，統計的な解釈を必要とするもので，白と黒の境界に幅の広いグレーゾーンが存在している。目指すべき健常者の範囲にしても，平均値を中心として全体の50%として問題ないのか？　あるいは下位の10%に入れば危険ゾーンとすべきなのか？　妥当な基準がいまだ確立されていないことが問題になる。

仮に，高血圧症であることや，糖尿病であること，メタボであることなどにより，運転士としての業務を禁止すれば，安全性が向上することは期待できるとしても，確かに，健全な運転士が全く不足してしまって彼らに過度な業務が課されるような状況に到らない限り，安全性が低下する状況は考え難いが，慢性的な運転士不足の状況においてさらに運転士のスクリーニングを行い，結果的に健全であった運転士を過度に消耗させることになれば，安全性は低下してしまうであろう。高血圧症，糖尿病，あるいはメタボであっても，十分な健康管理が実施されていれば，健常に運転業務につくことができるのであって，筆者らは，発話音声により計測される疲労についても，同様な健康管理要素として考慮されることが重要であると思う。

実際に音声による診断値を利用して，例えば当日の運転業務に就くことの可否を判断するとすれば，一定の割合で発生する否判定に対応するための要員を配することが必要であり，事業者に経費負担を求めることになるので，音声診断の導入以前には，行政を含めた，また保険会社なども含めて，広く関係者間で合意を形成することが必要になると考えられる。

本音声分析技術については，2018年12月より福井県を中心に営業している京福バス株式会社殿のご協力により，ユーザ・インタフェースの使い易さなど，予防安全システムの実現に要する技術的な課題の洗い出しと解決を含めて，試作システムによる機能評価実験を継続させていただいている。筆者らは，一日も早い上記予防安全音声分析システムの導入にかかる合意の形成を期待しながら，信頼性の向上，また未だ不明の数学的な原理の究明など，研究開発を継続していきたいと考えている。

文　献

1） K. Shiomi and S. Hirose, Proc. of 45th Annual ATCA Conference, p.95（2000）
2） K. Shiomi *et al.*, Proc. of IEEE-SMC 2008, p.557, Singapore（2008）
3） K. Shiomi, Proc. of IEEE-SMC 2008, p.660, Singapore（2008）
4） http://siceca.watson.jp/home/technology/（confirmed in May 2019）

第5章　人の姿勢による感情判断

柴田滝也*

1　姿勢における感情判断の分析法と感情判断推定法の研究について

人は日常生活で相手とコミュニケーションを行う際，相手の言語情報とともに非言語情報をもとに円滑なコミュニケーションを行う。顔の表情や姿勢などの非言語情報から人の感情を読み取る理論の研究は，Baron-Cohen の mind reading system[1]に代表されるように盛んに行われている。工学の分野では，Ekman が提唱する喜び，怒り，悲しみ，嫌悪，驚き，恐怖からなる基本6感情モデル[2]や Russell の覚醒度（Arousal）と快適度（Valence）の2軸から構成される感情円環モデル[3]の応用がある。Ekman らは，感情判断は身体の姿勢よりも顔の表情を見て行うと指摘している。顔の表情による感情推定モデル化の研究は多数行われており，Gelder[4,5]によると，2009年までの感情分析の95％の研究は顔の表情である一方，身体の感情表出に関する研究は5％であると述べているが，顔の表情と身体の姿勢の両方について分析を行った結果，感情によっては身体の姿勢がより感情表出情報を持つ可能性を示している。また，Bull ら[6]は会話においては動作などの非言語情報が同期している点を重視している。

姿勢は身体が静止している座位，立位，臥位の状態，運動している状態（動作）の両方を含む。姿勢に関する研究では静止状態での分析が多く，立位姿勢の分析，座位（着座）姿勢の分析が行われている。動作研究では，物理量として身体部位の関節の位置，速度，移動ベクトルなどを用いて分析が行われている。ここでは，立位姿勢，着座姿勢について主に述べる。立位姿勢に関しては，Bianchi-Berthouze らが立位姿勢における各身体部位の位置，角度と感情との関係分析[7]を行った。しかし，身体部位の測定に装着式センサを用いているため，実時間の感情推定法の構築まで至っていない。着座姿勢に関しては，渡辺ら[8]は長時間の着座時における人間の支持形態の変化について，上体の前傾・後傾，臀部の前縁・後縁，脚部の投脚・垂下・膝組からなる組み合わせ12種類を抽出し，分析を行っている。小林らは飲食店の着座姿勢の特徴として，脚を組む，肘をつく，胴体の傾き（前傾・垂直・後傾）があることを明らかにした。

姿勢の感情判断において，立位姿勢に関して，Kleinsmith らは，あらかじめ用意した定型とゲーム操作時の不定型の立位姿勢と感情の分析を行っている。感情判断に関しては，「快適度」，「覚醒度」，「力量度」，「防御度」の4因子を抽出し，それらの因子と関節部位の位置，角度との関係を分析している。歩行動作に関しては，Karg[9]は「覚醒度」，「快適度」，「支配度」という感

---

*　Tatsuya Shibata　東京電機大学　情報環境学部　情報環境学科／
システムデザイン工学部　デザイン工学科　教授

情判断因子を抽出し，各身体部位の位置，角度，速度などと感情判断との関係分析を行い，感情判断の自動推定手法を構築した。着座姿勢に関しては，鶴岡らは椅子への座面全部の体圧分布と主観評価に正の，背もたれ中央部に負の相関があることを示し，Kolichは体圧分布と身体特性から座り心地を予測するシステムを構築し，藤巻は体圧分布のパターン変動と座り心地との関係分析を行っている。柴田[10]は環境心理学の分野で利用されるSD法を用いて，パイプ椅子やソファに着座した姿勢を側面から見た場合の感情判断因子を分析することにより，着座姿勢の感情判断因子との類似点，相違点を明らかにした（図1）。さらに，因子得点の分布により感情判断因子と身体の部位や状態との関係を明らかにし，感情判断を自動推定するモデルおよびシステムを構築している[11]（図2a）。

感情判断をするためのセンサ技術に関しては，接触式か非接触式かで分類ができるが，感情判断の実時間測定をするために安価なセンサの利用も重要となる。接触式センサとして，Kargは光学式モーション・キャプチャー・システムを，Bianchi-Berthouzeらは機械式モーション・キャプチャー・システムを用いて，立位姿勢と感情の関係を分析している。しかし，センサを通して立位姿勢から感情判断を推定できる一方，センサ自体が高価かつ装着する欠点がある。非接触式センサとして，着座姿勢に関しては，MotaとPicardが興味の推定で椅子上に均一に分布する圧力センサを用いている。センサが面的に必要なため高価になる傾向がある。柴田らの研究では，安価な圧力センサや加速度センサによる着座姿勢計測装置を用いた感情判断推定システムを構築している。現在は，非接触型のセンサが主流となり，次節で述べる。

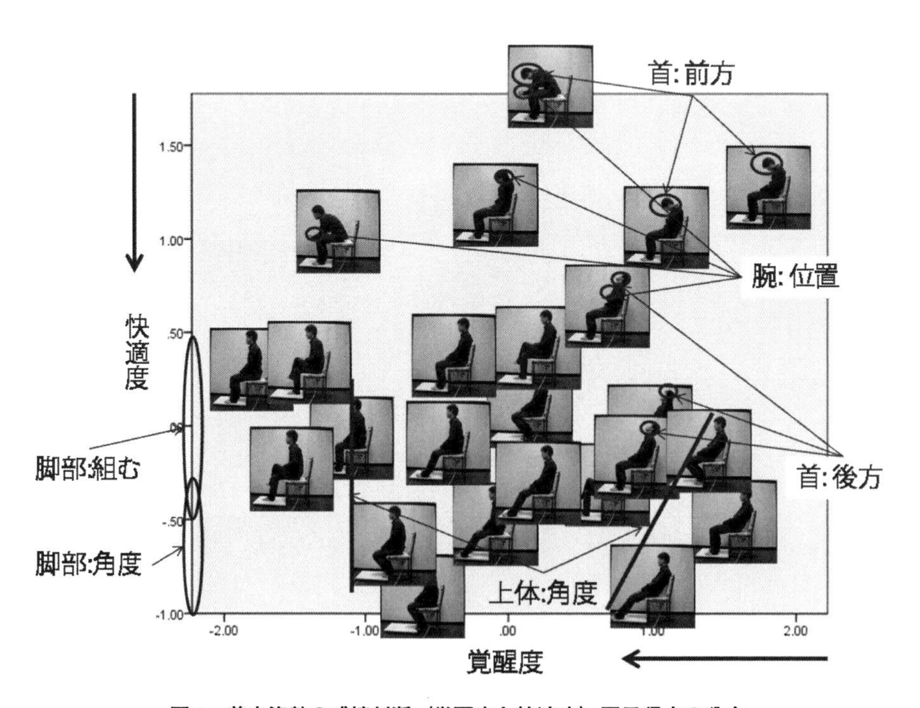

図1　着座姿勢の感情判断（覚醒度と快適度）因子得点の分布

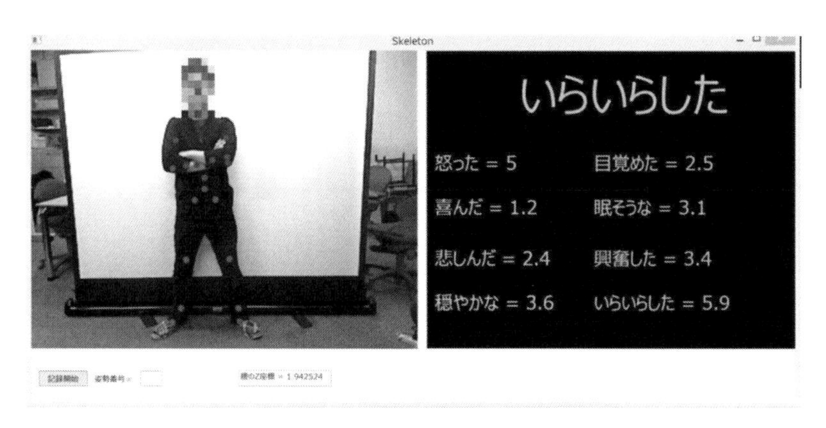

(a) 感情判断推定システム画面

(b) 計測身体部位（x, y, zの座標値獲得）

図2　立位姿勢の感情判断推定法と計測身体部位

2　立位・着座姿勢の測定デバイスと測定方法

測定デバイスには接触式・非接触式，個人・多人数，安価・高価などで分類可能である。姿勢計測に用いられたセンサについて説明する。

2. 1　圧力センサ

圧力センサは荷重（圧力）を電気信号に変えることによって圧力を数値化する。足元，椅子の座面，背もたれなどに圧力センサを設置することにより，間接的に脚や胴体の角度などを測定することができる（図3）。ただ，実際の身体の角度などを計測しているわけではないので精度としては劣る。例として，Nintendo社のWiiボードは圧力センサを内蔵しており，Bluetoothでデータ通信が可能である。無線通信により，非拘束，非接触で安価に姿勢を計測可能にした。身体の向きには依存しない利点がある。

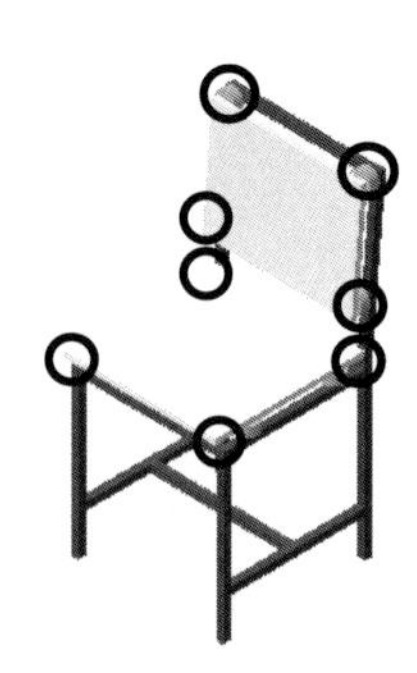

図3 圧力センサ内蔵着座姿勢計測システム

2. 2 加速度センサ

3 軸加速度センサはセンサの重力方向（重力加速度）のベクトルをセンサの座標系 x，y，z 軸方向に分解し角度を測定する。出力は電圧に変換される。例として，Nintendo 社の Wii コントローラに加速度センサが内蔵され，Bluetooth でデータ通信が可能である。無線通信により，非拘束，非接触で安価に首，腕などの角度の測定を可能にした。現在は加速度センサ IC に無線機能を加えた小型の加速度センサ（図 4）があり，測定精度が高いデータが得られ，身体部位間のオクルージョン（重なり）の影響は受けない。接触式のため実時間の感情判断推定には向いていない。身体の向きには依存しない利点がある。

2. 3 モーション・キャプチャー・システム

光学式，機械式など方式はいろいろある。光学式は身体の関節部分にマーカを装着し，複数のカメラでトラッキングし，関節部分の時系列 3 次元座標値を獲得する方法である。関節の静止状態の座標値や時系列座標値を速度や動作方向ベクトルに加工して得られた値と感情との関係分析が可能となる。初期の姿勢研究では比較的高価な装着式の利用が多く，高精度で関節の 3 次元座標値を獲得できる。Microsoft 社の Kinect の出現により，高精度を求めなければ安価な非装着式が主流になりつつある。身体の向きに依存しない利点がある。

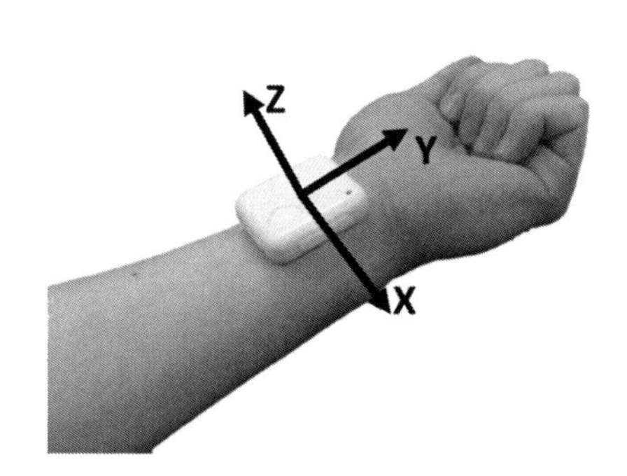

図4 腕の状態を計測するための 3 軸加速度センサ

2. 4　Kinect

Kinect（図5）はMicrosoft社が開発したデバイスで，RGBカメラ，深度センサを内蔵する。モーション・キャプチャーのデバイスに分類されるが，非接触で身体の関節部分の時系列3次元座標値を取得できる点に特徴がある。ただ，奥行き方向のみ，深度センサを利用する。非接触式なため実時間の感情判断推定に向いている。また，多人数の身体の関節座標値が取得可能なため，複数人の処理も可能である。高価ではない。ただ，オクルージョンに対してロバスト性に欠ける面もある。カメラと身体の向きにより同じ姿勢でも座標値が変わる欠点がある。

2. 5　カメラ（機械学習による画像処理利用）

カメラと身体の向きにより同じ姿勢でも座標値が変わる欠点がある。

2. 5. 1　OpenPose

OpenPoseとは，カーネギーメロン大学のZhe Cao氏らが開発した深層学習を用いて複数人物の関節部位の座標値を実時間で検出するライブラリである。汎用的なカメラを用いて身体の関節部の2次元座標値（＝ピクセル座標値）を獲得可能である（図6）。Kinectとの相違点は，特殊なデバイスが不要である点，関節部分の奥行方向の座標値は獲得できない点にある（ただし，2台以上のカメラを導入すれば，身体の関節部の3次元座標値は獲得可能である）。複数人の処理も可能で，学習精度に依存するがオクルージョンに対してKinectよりロバスト性は高い。画像上の2次元座標値であるため，精度はモーション・キャプチャー・システムよりは劣る。

(a) Kinectセンサ

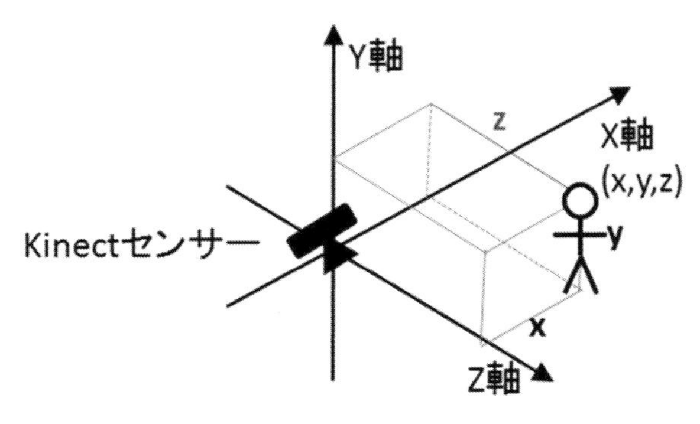

(b) Kinect座標系

図5　Kinectと利用時の配置と座標系

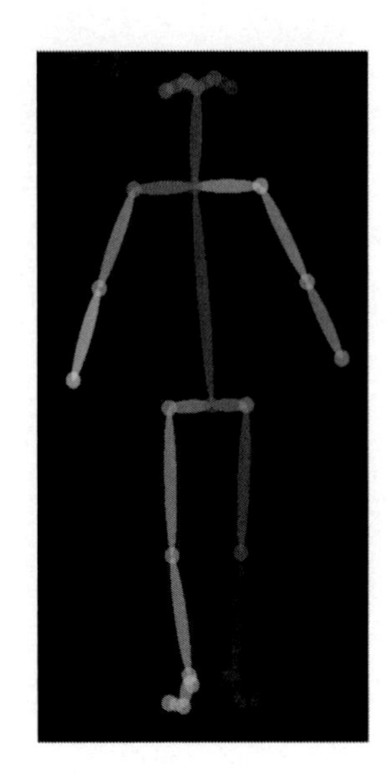

図 6　OpenPose による関節部位計測結果とスケルトン

2. 5. 2　PoseNet

PoseNet（JavaScript と TensorFlow による機械学習モデル利用）は，Google 社が開発した Web ブラウザで実時間に身体の関節部の 2 次元座標値を獲得できる。特徴はカメラ付きデバイスでブラウザを起動し，ブラウザ上で身体の関節部の 2 次元座標値を獲得できるため，利用するデバイスのプラットフォームに依存しない点にある。画像上の 2 次元座標値であるため，精度はモーション・キャプチャー・システムよりは劣る。

3　姿勢における感情判断の分析

3. 1　心理量による分析

立位・着座のサンプル姿勢を見せ，感情語による 5〜7 段階評価や感情の有無を数値化（心理量と呼ぶ）し，上記のデバイスで取得した物理量との関係を分析・モデル化する。深層学習を用いる場合は感情の有無を 1，0 で行う。サンプル数が少数の場合は，撮影方向（側面，正面），性別（男性，女性），椅子の種類（パイプ椅子，ソファー）で結果が異なる場合もあるので統一する必要がある。感情の心理量を因子分析で分析すると，姿勢の種類や被験者の属性などによっては変わるが，「快適度」，「覚醒度」，「力量度」，「防御度」（あるいは「支配度」）という因子が抽出される。

柴田らの研究では，着座姿勢では「覚醒度」，「快適度」，「支配度」が抽出され，「覚醒度」は「眠そうな」，「目覚めた」などの身体活動に関係する感情，「快適度」は「幸せな」，「悲しんだ」などの快・不快に関係する感情，「支配度」は「いらいら」，「緊張した」など能動的に支配する・受動的に支配されるに関する感情とした。因子得点の分布や重回帰分析の結果から「覚醒度」は主に胴体および首の角度，「快適度」は主に脚および首の角度，「支配度」は主に腕の状態および臀部の位置との関係が示唆された。着座姿勢に関しては角度や部位（腕など）の状態によって，感情を判断していると推測できる。

3. 2　センサによる物理量

立位姿勢に関する研究では，Bianchi-Berthouzeらが機械式モーション・キャプチャー・システムを用いて立位姿勢における各身体部位の位置，角度と感情との関係を明らかにし．立位動作に関しては，Kargは光学式モーション・キャプチャー・システムを用いて歩行動作における各身体部位の位置，角度，速度などを求め，歩行時の感情判断との関係を明らかにしている。柴田らは実時間感情判断推定システムを構築すべく，Kinectから得られる身体の関節部分の3次元座標値と感情判断の関係の分析・モデル化を行っている。

着座姿勢に関する研究では，椅子への座面全部の体圧分布と主観評価，体圧分布のパターン変動と座り心地との関係，椅子の座面の圧力センサの圧力分布と興味との関係を明らかにしている。圧力センサから脚の状態，胴体の角度を間接的に測定し，加速度センサから腕の状態，首の角度を間接的に測定している研究もある。

4　姿勢における感情判断分析・モデル構築法の例

4. 1　既往研究手法

分析方法については，建築計画や環境工学の景観デザインの分野でSD法による因子分析の因子得点を心理量とし，景観における要因の有無を0，1に置き換え，心理量と要因との関係を分析する数量化I類法，また，建物，緑，空などを物理量（数量）化し，心理量との関係を分析する重回帰分析などがある。感性情報処理の分野では，正準相関分析を用いて，心理量による心理空間と物理量による物理空間を同一情報空間に統合することにより，形容詞などの言語とメディア情報としての画像を結びつけるモデルの構築法が開発され画像検索に応用された。画像認識の分野では，Support vector machine（SVM）を用いて分別器を構築し，非線形モデルにすることで認識精度が向上したという研究報告がある。

4. 2　線形モデルを用いた姿勢の感情判断の分析・モデル化への適用例

4. 2. 1　立位姿勢への適用例

立位姿勢においては，例えば，Kinectを用いて各身体部位のx，y，z座標値を取得するシステムを構築する。例えば，可動域が広い身体部位を選定し，頭，左右の手，左右の肘，左右の肩，腰，左右の膝，左右の足の12か所とする。腰を原点とした相対座標を取得し，立位姿勢の物理量（腰を除く11か所のx，y，z相対座標値）を使用する（図2b）[11]。

4. 2. 2　着座姿勢への適用例

着座姿勢においては，身体の向きに依存しない，机と身体，腕どうしのオクルージョンの影響がないことが重要である。その影響がない圧力センサや 3 軸加速度センサの利用例を述べる。ソファの背もたれ，座面，脚部の各 4 か所，計 12 の圧力センサと左右の前腕および頭部後方に装着した 3 軸加速度センサを利用する。圧力センサでは，背もたれ部では胴体の傾斜，座面では臀部の位置，脚部では脚部の傾斜を，3 軸加速度センサで首や腕の状態を推定する[10]。

4. 2. 3　線形モデルを用いたアプローチ例

姿勢の感情語による心理量とセンサから取得される物理量を多変量解析で分析，同時に機械学習手法の一つとして回帰式がモデルとして利用可能である。実時間で感情判断を推定する線形モデルを用いた重回帰分析について説明する。姿勢をカメラで撮影しサンプル画像を作成すると同時に，圧力センサと 3 軸加速度センサのセンサ値を 30 秒間記録・測定する。そして，被験者に姿勢画像を見せ，感情語で 7 段階評価を行い，評価値を学習用データとする。学習用データを用いて因子分析を行い，姿勢から表出される感情判断因子を抽出する。感情判断因子得点とセンサ値との関係を重回帰分析で定量的に分析を行う。重回帰分析の利点は，標準偏回帰係数から感情判断評価値と物理量との関係が分析できる点，線形モデル式により未知の姿勢の感情判断が推定できる点にある。サンプル数が少ない場合，モデルによる推定精度を上げるためには決定係数を高くする必要がある一方，過学習が生じて未知のサンプルの推定精度が落ちる欠点がある。実時間でセンサ値を自動で獲得し，回帰式から感情判断推定値が獲得できる。例えば，感情判断推定値が一番大きい感情語をシステム画面に表示し，直立状態の時など感情判断推定値がある値以下の場合は感情語を表示しないと決めることができる[11]。

4. 2. 4　非線形モデルを用いたアプローチ

Gelder らは SVM を用いて立位姿勢の感情推定を行っている。また，Karg は①ニューラル・ネットワーク，②ベイジアンネットワーク，③ SVM の組み合わせによる機械学習手法の 3 種の機械学習で精度評価を行い，手法による大きな違いはないと報告している。

4. 3　現段階での最新アプローチ

姿勢の映像を多数撮影，感情語の有無を数値化し，OpenPose などのライブラリを用いて身体の関節部位や顔の部位の 2 次元座標値を取得する。さらに深度センサや複数カメラを用いれば身体の関節部位の 3 次元座標値は取得可能になる。ただ，身体の向きによっては，同じ姿勢の部位の 3 次元座標値は異なるので，学習あるいは相対座標化で回避する工夫は必要となる。顔の表情の感情推定と同様に，姿勢データ（心理量と物理量）が蓄積されれば，深層学習法を用いれば推定精度の高いモデルは構築可能である。また，姿勢には経験や文化による解釈の違いや性別による姿勢の違いが存在するので分けて学習する必要がある。他のモダリティも含めて学習すれば，より感情判断の推定精度の高いシステムは構築可能であろう。

文　　献

1）S. Baron-Cohen, "Mindblindness", MIT Press (1995)
2）P. Ekman, *Am. Psychol.*, **48** (4), 384 (1993)
3）J. A. Russell, *J. Pers. Soc. Psychol.*, **39** (6), 1161 (1980)
4）B. D. Gelder, *Philos. Trans. R. Soc. Lond. B Biol. Sci.*, **364** (1535), 3475 (2009)
5）B. D. Gelder *et al.*, *Proc. Natl. Acad. Sci. USA*, **102**, 16518 (2005)
6）R. Bull *et al.*, *Br. J. Psychol.*, **92** (2), 373 (2001)
7）A. Kleinsmith & N. Bianchi-Berthouze, *LNCS*, **4738**, 48 (2007)
8）渡辺秀俊ほか，日本建築学会計画系論文集，**60** (474), 107 (1995)
9）M. Karg *et al.*, *IEEE Trans. Syst. Man Cybern.*, **40** (4), 1050 (2010)
10）柴田滝也，日本建築学会計画系論文集，**78** (689), 1687 (2013)
11）小笠原啓太，柴田滝也，日本感性工学会論文誌，**15** (3), 345 (2016)

第6章　視線計測技術

蜂巣健一*

1　まえがき

アイトラッキングは，どこを見ているか，厳密にいうと，眼球の向きを測定する技術である。この技術は，およそ半世紀にわたり，主に学術研究の分野で育まれてきた。2000年頃，技術的な革新があり，より簡単に測定できるようになるとともに，被験者の負担も軽くなって，取得データの精度も格段に改善された。その頃から，アイトラッキングを使った学術論文の数が飛躍的に伸びた。さらには，学術研究に留まらず，マーケティングリサーチやインターフェースでの応用も加速度的に広がっている。

2　眼球運動とアイトラッキング

アイトラッキングは，被験者が，対象物の上を視線がどのように移動するかについて計測する。人間の目は，どこかに注目するまで絶えず動いている。目の動きには，サッカード，停留，滑らかな追跡など，10種類以上のタイプがある。その中で，何かをじっと見つめるために視線が留まっている状態を"停留"と呼ぶ。また，停留間の移動を"サッカード"と呼ぶ。停留において視線が留まっている時間は約100〜600 msec，この間に脳は目から受けた視覚情報を処理する[1)]。

サッカードは，停留から停留までの非常にスピードの速い視線移動である。また，サッカードの平均時間は約20〜40 msecである。この間，視線の情報は脳に伝達されない。人間の目は，約200度の視野を持っているが，網膜の明るさを検知する細胞の大部分は，中心窩と呼ばれる部分に位置している。色を認識できるのは，この中心窩だけである。中心窩は，視覚のわずか1〜2度しかカバーしていない（これは例えば，腕の長さほど先の，親指の爪の大きさぐらいである)。脳に高解像度の視覚情報を届けられるのは，この中心窩の細胞だけである。

人の認知可能なエリアは，中心窩による視野，すなわち，中心視野よりやや広く，例えば，横書きの文字列を読むときには，右に12〜15文字，左に3〜4文字，すなわち，約18文字分の知覚可能なエリアが中心視野のまわりに非対称的に存在するということを示している。中心視野の外側にある周辺視野では，低解像度のイメージを見ることができる。周辺視野は低解像度だが，動きやコントラストを判別することはできる。目を休めている時，目を動かすことなく，ものを

---

* Ken Hachisu　トビー・テクノロジー㈱　代表取締役社長

見ることもできる。しかしながら，多くの場合，脳は中心窩の外側にある複雑な情報はほとんど処理することができない。そのため，中心窩による中心視野を知ることは有効である[2)]。

さらに，周辺視野からの不鮮明な視覚情報は，中心窩からの視覚情報と比べてより多くの処理が必要となるため，周辺視野より中心窩からのデータに集中する方が効率的である，と脳は考えている。視線が停留すること（目標物上に留まるか，目標物にとても近づくこと）は，それがはっきりと見えているということを意味する。視線が商品棚の商品パッケージに停留する，あるいは近づくことがなければ，商品は見られることがない，例えば，その商品パッケージに書かれたテキストは読まれなかったといえる。アイトラッカーは，中心視野の移動や停留した点を記録する。視線の動きを分析することで，消費者行動を明らかにすることができるかもしれない。通常，停留の長さは，脳が目からの視覚情報を解釈するだけではなく，情報処理や認識処理をする時間でもある。例えば，リーディング調査においては，なじみのある言葉の方があまりなじみのない言葉に比べ，停留の長さが短いということが証明されている。また，停留点の数は，見つけやすさを表す。例えば，検索プロセスが効率的な商品パッケージの方が，停留点の数が少ないということになる。

3　アイトラッキングという技術

図１に示すのは，アイトラッキングの技術構成と手法である。近年，アイトラッキングでは，主に角膜反射法という方法が用いられている。イルミネーターで近赤外線を発光して角膜に照射

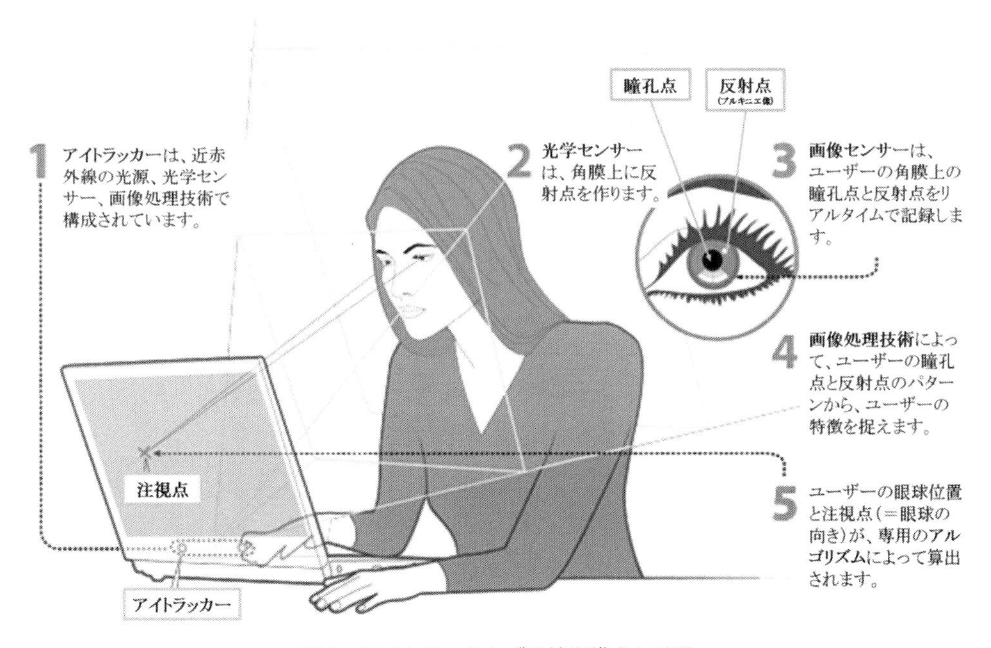

図１　アイトラッキングの技術構成と手順

し，その角膜の様子をセンサーで捉えて解析するというものである（図1の1）。角膜に近赤外線を照射する目的は2つある。1つは瞳孔点を捉えることであり，もう1つは反射点を作ることである。

角膜反射法の場合，近赤外線が角膜に届かないと話にならない。まずは眼瞼（まぶた）を避けるため，イルミネーターをやや下側に配置することが望ましい。下側に配置しないと全く機能しないという訳ではないが，視線データの取得率が格段に落ちる可能性がある。目が細い，目が小さい，というレベルでは大きな問題にならないが，眼瞼が重くなっている高齢者などでは支障がある可能性がある。また，逆さまつ毛，マスカラなども近赤外線の照射を妨げ得る。

アイトラッキングの場合，瞳孔点，すなわち眼球の位置を捉えることができなければ始まらない。瞳孔を捉える方法には，明瞳孔法，暗瞳孔法の2つがある。明瞳孔法は，カメラの“赤目現象”と同じで，瞳孔を明るくすることで瞳孔の位置を捉える方法である。逆に暗瞳孔法は，瞳孔を暗くすることで瞳孔の位置を捉える方法である。明瞳孔法は，白人などの虹彩の色が薄い人に向いていて，暗瞳孔法は，アジア人などの虹彩の色が濃い人に向いている。すなわち，アジア人でも，月齢の低い幼児の場合は明瞳孔法の方が向いている。歴史的に，欧米メーカーは明瞳孔法に強く，アジア系メーカーは暗瞳孔法に強い，という傾向があるが，一人でも多くの人の瞳孔点を捉える，すなわちロバストネスを高めるためには，ユーザの眼球の状態に応じて明瞳孔法と暗瞳孔法を使い分ける必要がある。さらには，使用するデバイスに応じて，近赤外線の当て方，イルミネーターの数や位置など，用途に応じたシステム構成が必要となる。

仮に，明瞳孔法あるいは暗瞳孔法を用いて，動き回る瞳孔点を捉えることができたとしても，それだけでは眼球の向きはわからない。眼球の向きを割り出すためには，近赤外線の照射によってできるもう1つの点，基準点（反射点，あるいはプルキニエ像）が必要になる（図1の2）。角膜上の2点，動き回る瞳孔点と動かない基準点の位置関係を捉える（図1の3）ことで，眼球の向きを計算することができる。ただし，この2点は“円”の上にあるのではなく“球”の上にある。しかも，その“球”は人によって大きさが異なる。眼球の向きを正確に計算するためには，前提として，その人の眼球の大きさを想像しないといけない。そのためには，3Dモデルのデータベースと，そのデータベースの中から最適な3Dモデルを選ぶための補正（キャリブレーション）が必要となる。すなわち，何点かポイントを見てもらい，それぞれのポイントのときの眼球の状態を踏まえて，3Dモデルを特定する（図1の4)。瞳孔点と基準点，2点の位置関係と，選ばれた3Dモデルをベースに，専用のアルゴリズムを用いて眼球の向きを計算する（図1の5)。この一連のプロセスにより，60 cm先であれば直径1 cm単位で，腕の長さほど先であれば親指の爪の大きさぐらいの精度で，どこを見ているかを探り当てることが可能になる。

この精度に悪影響を与えるものとして，眼鏡が挙げられる。近年，対策と改善が進んでいるが，いまだ課題は残る。例えば，眼鏡によって眼球の大きさを誤認識することがある。乱視や遠視用の眼鏡の場合この傾向が強まる。また，直射日光などにより眼鏡のレンズが全反射してしまえば，眼鏡の向こうの眼球の様子を捉えること自体ができなくなる。コンタクトレンズも悪影響を避けられない。ソフトコンタクトレンズであれば，角膜全体を覆い，ほぼ固定されているため，影響は少ないが，ハードコンタクトレンズの場合は，眼球とともに動くので誤認識の元になる。また，カラーコンタクトレンズで着色型のものも，角膜の正しい状態を把握する妨げとなり，精度に悪影響を与える。

アイトラッキングの場合，眼球の動きだけでなく，頭の動きも影響する。かつては，顎台などを使用して，頭を固定しないと眼球の向きを計算できなかったが，現在は，頭を固定しなくても，頭の動きも考慮して眼球の向きを計算することができる。頭を固定しなくても視線を計測できるようになったことで，人の自然な動きを大きく妨げることがなくなったといえる。

4　アイトラッキングによる「ユーザビリティ調査」と「技能伝承」

インターフェースは，そのユーザビリティを少しでも改善することが常に求められる。すでに，多くのユーザビリティ調査でアイトラッキング技術が活用されているが，調査対象は多岐にわたる。Webサイトやスマートフォンなどに留まらず，銀行のATM，チケット券売機，キオスク端末など，公共の場のインターフェースや，コールセンター，制御盤，家電，オフィス機器，車など，単一の画面には収まらない広義のインターフェースにまで及ぶ。

従来，ユーザビリティ調査は，実際にインターフェースを操作してもらって，その様子をビデオで録画したり，直接観察したり，あるいは，言葉で尋ねることで，使いやすくないのはどこか，どう使いにくいのかを見出してきた。近年は，アクセスログ解析も進化し，画面上でのユーザ行動をかなり細かく把握することが可能になっている。しかしながら，たとえ言葉で尋ねても，ユーザが自分の行動を記憶していない，たとえ記憶していても間違って記憶している，そもそも意識すらしていない場合も多く，そうなると状況を把握することは難しくなる。また，例えば，Webサイトの場合，最初のページや離脱したページでは，ユーザが何もクリックしていないため，アクセスログがなく，何が起きたのか把握することはできない。マウスの動きも視線の動きとは全く相関していない可能性が高い。さらに，単一の画面に収まらないインターフェースになると，ユーザの注意や関心を客観的に測る方法は限られる。

一方で，一般消費者ではなく，例えば，作業者が対象になる場合，人に操作される「インターフェース」だけでなく，インターフェースを操作する「人」を調べたいというニーズがますます強まっている。具体的には，熟練者や成績優秀者と初心者を比較し，差分を抽出し，分析することで，熟練者や成績優秀者がなぜそうなのか，を見出していく。この差分は，暗黙知であることが多く，熟練者や成績優秀者自身が意識していない，意識はしていても憶えていない，あるいは，言葉にできなかったり，しづらかったりするために，言葉によるインタビューでは抽出できないことが多い。アイトラッキングを使えば，その差分を抽出するだけでなく，映像や画像など，可視化をして，ビデオマニュアルや既存マニュアルの見直しなど，形式知につなげることも可能になる。

5 アイトラッキングを活用した「視線入力」

短期には，アイトラッキングを使った「ユーザビリティ調査」によって，“インターフェース”が改善され，場合によっては，「技能継承」によって，インターフェースを操作する“人”の方も改善されていくと思われるが，中長期には，それだけでは十分ではなく，インターフェース自体を根本から見直す，すなわち，「視線入力」が必要になってくると思われる。

アイトラッカーが記録する，中心視野の移動や，停留した点は，調査だけではなく入力としても活用できる。前述の通り，アイトラッキング技術を使えば，60 cm 先で直径 1 cm という精度で，どこを見ているかがわかる。すなわち，直径 1 cm 程度のボタンであれば，そのボタンを○秒間見ていたらクリックしたことにするとか，瞬きしたらクリックしたことにすると定義することで，眼球の動きでパソコンを操作できるようになる。

弊社は，2004 年から，福祉の分野でアイトラッキング技術を活用したパソコンを提供している。図 2 にその一例を示す。ALS（筋萎縮性側索硬化症），SMA（脊髄性筋萎縮症）などの運動ニューロン疾患（MND），脳性まひ，脳卒中などの脳血管障がい，筋ジストロフィー，レット症候群，脊髄小脳変性症・多系統委縮症，せき髄損傷など，手足の自由がきかない，発語できない方を対象としている。手足の自由がきかず発語できなくても脳は正常に機能していて眼球は動く，という人は少なからず存在する。アイトラッキング技術を活用したパソコンがあれば，眼球の動きでパソコンを操作でき，そのパソコンを車いすに装着することで移動もできる。さらにパソコンに発語させて，他の人とコミュニケーションをとることもできる。

ただ，アイトラッキング技術を福祉ではなく，マスマーケットで活用しようと考えると話は変わる。福祉の分野では，眼球しか動かないというユーザが多数存在するため，眼球の動きだけで全ての操作を行わないといけない。マスマーケットの場合には，眼球以外の，例えば，手足も使えるため，眼球の動きだけで全てをやり切る必要はない。アイトラッキング技術は眼球に向いた

図 2　福祉分野におけるアイトラッキング技術の活用

操作にのみ使い，他の操作は他の入力技術に委ねるというのが常道である。

一例を挙げると，アイトラッキング技術は，何かをポインティングするのにはとても向いている。一定の分解能であれば，正確にポインティングすることが十分に可能である。しかしながら，例えば，決定や実行といったコマンドには向いていない。福祉の分野では，○秒間見続けたり瞬きしたりということで決定を行うが，マスマーケットにおいて，視線入力による決定を強いると，ユーザにとって過度の負担となるし，日常的な使用に耐えられないと思われる。

アイトラッキング技術は，以下のような操作に向いている。まず「セレクト」が挙げられる。何かを選択する時に視線を用いるのである。選択した後のクリックは，タッチ，音声など，他の入力装置で行うのが望ましい。視線で決定させようとすると，特定の箇所を数秒間見続けたり，瞬きしたり，不自然な操作が必要となるため，おすすめしない。「スクロール」や「パーン」など，画面を上下左右にスライドさせる操作にも向いている。画面の上側を見ると上方向にスクロールし，下側を見ると下方向にスクロールする。読み進めるのも読み返すのも自然に行うことができる。

次に，画面の左側を見ると左方向にパーンし，右側を見ると右方向にパーンする，という操作も可能である。テキストを読んだり，Webサイトをブラウジングしたりするのにとても便利である。「スクロール」や「パーン」の場合，自動で操作するのが良いときと悪いときがある。ついては，オートに加えてマニュアル，すなわち，例えば，何か他のボタンを押していないと「スクロール」や「パーン」をしないというように，オートとマニュアルを切り替えられるようにするのが望ましい。それは，オートであるがためにデバイスが本人の意思に反した動きをすることを防ぐためである。

さらに，アイトラッキング技術は「ズーム」にも便利である。ズームをする場合には，どこを中心にズームインするか，決めないといけない。この中心を決める作業をマウスで行おうとすると，右クリックをしながらドラッグするということを何度か繰り返す必要があり，操作が面倒である。アイトラッキング技術を使えば，中心としたいところを見ていると，中心としたいところが中心にきて，そこを中心にズームインをする，という一連の操作を直感的かつスムーズに行うことができる。地図の操作などにとても便利である。加えて，アイトラッキング技術ではないが，頭の動きをトラッキングし，視線の動きと頭の動きを組み合わせることで，中心の決定とズームイン／ズームアウトを直感的に行うこともできる。

また，複数の作業を同時に行う場合，複数の画面を開いて画面を一覧したり，特定の画面に切り替えたりするのは煩わしい操作である。そんな時も，アイトラッキング技術を使えば，作業したい画面を見ることで，直感的に「画面切り替え」を行うことができる。

以上の操作は全て，視線だけで行うことも可能である。しかしながら，前述の通り，視線だけで完結するのはユーザに大きな負担をかけかねない。また，視線で操作しようという意思がないのに，デバイスが視線を拾って勝手に動作してしまうのは避けないといけない。よって，他の入力方法と組み合わせるマルチモーダルとするのが一般的である。

では，アイトラッキング技術は，どのようなデバイスに向いているのだろうか。アイトラッキング技術は，デジタルサイネージのような不特定多数のユーザを対象にするものには向いていない。現時点では，複数の人や視線を捉えることを想定していない。さらには，一人ひとりに対して，補正（キャリブレーション）を行う必要もある。すなわち，1デバイスに対して1ユーザであれば，どのようなデバイスでも実装の可能性があると思われる（図3～6）。

想定されているのが，ノートブックやAIO（オールインワン）パソコンである。アイトラッキング技術を実装すれば，前述のような「セレクト」「スクロール」「パーン」「ズーム」「画面切り替え」を視線入力で行うことが可能になる。マウスによる能動的な入力が不要になるので，操作がより自然になり，作業の効率性向上や生産性向上が期待できる。

次に想定されるデバイスはタブレットである。雨で傘をさしている時，混み合う電車の中で吊革につかまっている時，手提げ鞄を持っている時，子供を抱いている時など，片手がふさがっている時，タブレットやファブレットなどはスマートフォンと違い，残った片方の手だけでは操作できない。タッチするにも，デバイスを握りながら，唯一自由であろう親指だけでは画面のいろいろなところをタッチするのは難しい。加えて，静かな場所や混み合う場所など，音声認識やジェスチャー操作など，他の方法がふさわしくない場合も多い。その点，アイトラッキング技術を用いれば，第3の手ともいえる，視線でポインティングして親指で画面のどこかをタッチして決定する，ということが可能である。

図3　ポータブルアイトラッカー

ソフトウェア開発キット（SDK）と組み合わせることにより，視線入力アプリをすぐに開発できる。視線データ分析も可能である。

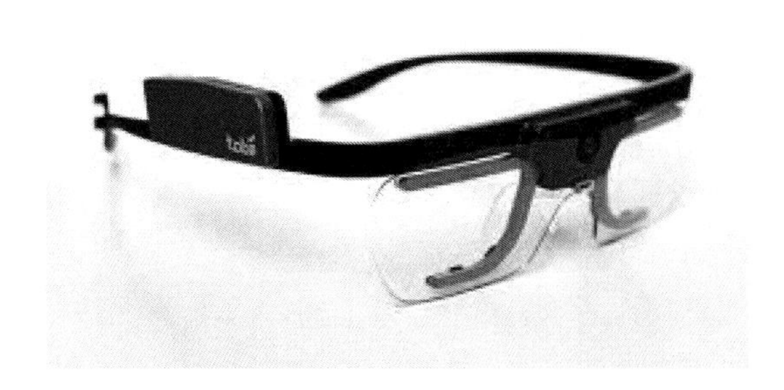

図4　グラス型アイトラッカー

従来の眼鏡型アイトラッカーのような目障りな突起物がなく，スタイリッシュなデザインの次世代モバイル・アイトラッカー。被験者に負担をかけずに自然な振る舞いのなかでデータ収集ができる。

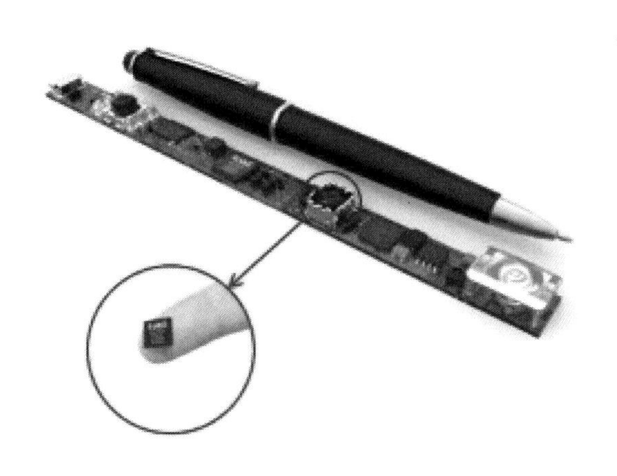

図5　組込型アイトラッキングシステム
産業用のインテグレーションのための組込型アイトラッキングシステム。ゲーム，コンピュータ・インタラクション，医療，自動車，セキュリティなど，様々な分野の製品への組み込みを手軽に行うことができる。

図6　アイトラッキング技術を利用したコミュニケーション装置
録音した会話，メッセージ，音声・音楽などをスキャンまたはタッチするだけで再生できる拡張・代替コミュニケーション装置。

さらには，両手がふさがっている場合も有効である。医療現場では，施術のために両手がふさがっていたり，手術室の細菌汚染防止のため両手を使えなかったりする場合がある。両手がふさがっているために，ジェスチャー操作は難しいし，マスクをしていることも多いため音声認識も難しい。その場合，視線を入力に使えるととても便利である。医療に限らず，両手を使う作業は数多くあり，その場合に視線を入力に使えるのは有用である。

自動車の運転も，両手がふさがる一例である。カーナビゲーション・システムは，運転者の正面にあるとは限らない。かなり下方で，見にくく操作しづらい場所にあることが珍しくない。

カーナビゲーション・システムのディスプレイは，遅かれ早かれ，ヘッドアップディスプレイに置き換わり，フロントガラスの内側付近に投影されることになる。そうなると，カーナビゲーション・システムをタッチで操作するのはさらに難しくなる。そこで，視線入力を使えば，ヘッドアップディスプレイを視線でポインティングし，ハンドル上の決定ボタンや音声認識で決定する，というのが自然な操作である。両手がふさがっているので，ジェスチャー操作はあまり向いていないと思われる。自動車の運転の場合，眼球の動きを計測するメリットは，カーナビゲーション・システムに留まらない。よそ見や居眠りなどを検知し，その状況に合わせて自動車自体が警告したり減速したりして，運転者をサポートする動きをすることも可能になる。

6 おわりに

アイトラッキング技術は学術研究で育まれ，その後，マーケティングリサーチに広がった。時を経ずして，インターフェースとしての活用が始まり，いま，福祉からマスマーケットに広がろうとしている。業務用機器，ノートブック，タブレット，ウルトラブック，ウェアラブル端末，自動車など，ありとあらゆるデバイスに広まっていくことで，膨大な視線データが蓄積されていく。やがて，視線計測データに留まらず，他の生理計測データ，脳計測データなども追加されていくだろう。倫理面も整備しながら，データが正しく活用され，人々の生活を豊かにしていくことが期待される。

文　　献

1） K. Rayner, Eye Movements in Reading and Information Processing: 20 Years of Research（1998）
2） R. Pieters & M. Wedel, Informativeness of eye movements for visual marketing: Six cornerstones（2007）

第７章　角膜表面反射光および瞳孔径の計測・解析技術

中澤篤志*

「目は口ほどに物を言う」と言われるように，目には注意や意図，心の動きなど，人の認知行動に関わる明示・暗示的な多くの情報が表出される。現在，計測・利用ともよく利用されているのは，人がシーン中のどこを見ているかという視線（注視点）情報だが，目からはそれ以外にも多岐の情報を抽出することが可能である。本章ではこの試みの中で，我々が研究を行ってきた２つの技術を紹介する。１つは黒目（角膜）の表面反射光から周りの環境を推定しようとする角膜イメージング法（corneal imaging）であり，もう１つは目の瞳孔径の変化から人の内部状態を推定する試み（pupillary response）である。

1　人の目の構造と幾何モデル

まず人の眼球の構造について理解したい（図 1)。外界からの光は黒目（角膜）から入射し，レンズ（水晶体)・瞳孔を通った後，網膜で結像し捉えられる。人は水晶体の焦点距離（曲率）を調節することで任意の奥行きに焦点を合わせ，詳しく物を見ることができる。網膜には光を感じる視神経が分布しており，結像した光を捉え脳に送る。すなわち網膜とは，デジタル機器の CCD や CMOS に相当する。ただし，網膜内における視神経の分布密度は一様ではなく，中心窩（fovia）の周辺２度程度により多く存在しているため，人は中心窩でのみ像を細かく捉えることができる。外界からこの中心窩を結ぶ線が「視線（viewing axis)」である（図 1(c))。視線は眼球の光軸方向（黒目の正対方向（optical axis)）と一致すると考えられがちであるが，実際には黒目は若干顔の内側方向を向いている。その差は約 2～5 度程度であるが個人差があるため，眼球の画像から正確な視線を得るためには個人パラメータ（personal offset angle，κ 値）を得る必要がある。現在の視線検出技術は，この瞳孔の位置を赤外カメラなどで捉え，その位置とシーン画像（環境画像）の位置をマッピングすることで，注視点を得るという原理に基づく。

2　角膜表面反射光の計測と解析

視線とは，目の方向から人の注目領域を捉えるものである。一般的には，目の方向を捉えるカ

*　Atsushi Nakazawa　京都大学　大学院情報学研究科　知能情報学専攻　准教授

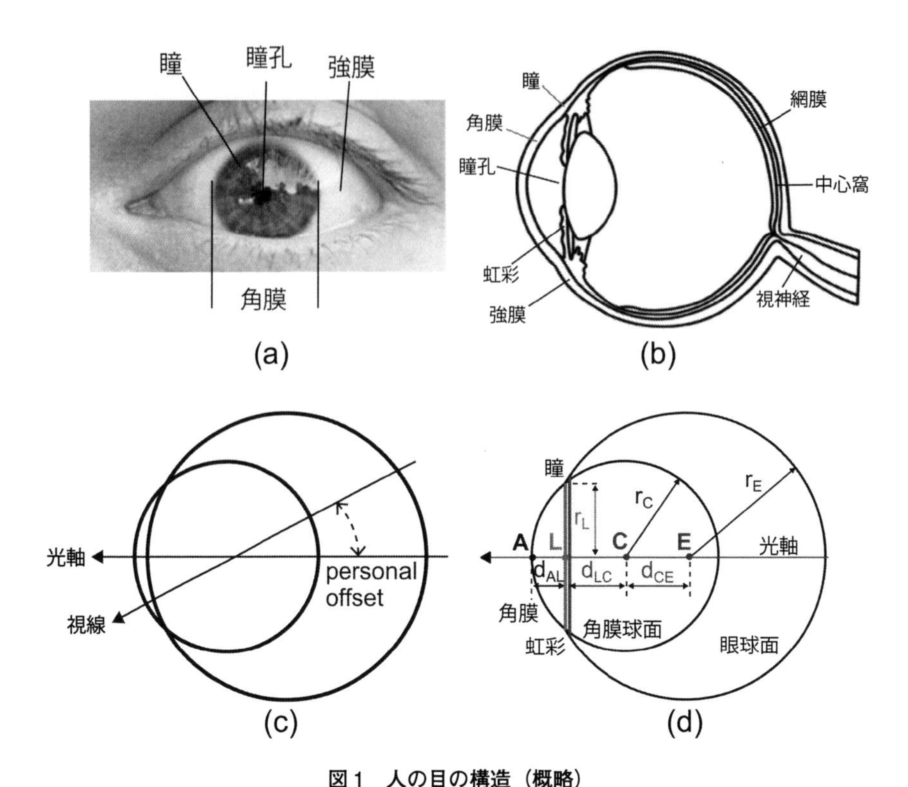

図 1　人の目の構造（概略）

(a) 正面図，(b) 断面，(c) 眼球の幾何モデルと視線。2 つの球面（眼球と角膜球面）が合わさった形となる。光軸と視線は若干異なっており，その差は個人差がある。(d) 眼球の幾何モデルとパラメータ。

メラ（アイカメラ）と見ている環境を捉えるカメラ（シーンカメラ）からなり，それらの幾何的な対応付けを行うことで注視点を推定する。

一方，より直接的な方法として，目の表面（角膜）に写った反射画像から周りの環境の情報を得ようとする試みもある。この一連の研究は角膜イメージング（corneal imaging）と呼ばれ，Nishino らによって初めて提案された[1]。角膜イメージング法では，眼球を図 1(c)，(d) のような 3 次元幾何モデルとみなす。眼球は単一の球面ではなく，角膜部分の球面（角膜球面：corneal sphere）と眼球本体（眼球面：eyeball sphere）の 2 つの異なる球面から構成した方が良く近似できる。この近似モデルはいくつかのパラメータからなるが，個人差や年齢差は小さいため，ほぼ同一（r_L = 5.6 mm，r_C = 7.7 mm）のパラメータを用いても差し支えない[2]。目に規定サイズの 3 次元形状モデルを導入することはさまざまな利点がある。1 つは，目の撮影画像から眼球の 3 次元姿勢の復元が可能になることであり，もう 1 つは，そこから光線の逆計算を解くことで，環境光の情報を得られることである。以下に順を追って説明する。

① 目の 3 次元姿勢復元目画像から目の 3 次元位置・姿勢を復元する

まず，投影された人の黒目（瞳）輪郭から目の位置・姿勢を推定する。瞳（黒目）は円なので，そのカメラ（image plane）に投影された輪郭は楕円となる。このとき，人の目の光軸方向は以下で表すことができる。

$$\boldsymbol{g} = [\sin\tau\sin\phi \; -\sin\tau\cos\phi \; -\cos\tau] \tag{1}$$

ただし，r_{max}, r_{min} を楕円の長軸および短軸とすると，τ は瞳の奥行き方向の傾きを表しており，$\tau = \pm\arccos(r_{min}/r_{max})$ である。ここから，目の３次元モデルを用いることにより，角膜球面の中心を求めることができるため，画像に対する角膜球面のモデルを得ることができる。

②　環境光線マップの復元

角膜球面の３次元モデルが得られると，カメラに入射した光を逆追跡し（図２(1)），反射の計算を経ることで，環境光線マップを得ることができる（図２(2)～(4)）。ここから，人の目が撮影された環境光の３次元光線マップを再構成することが可能となる（図３）。

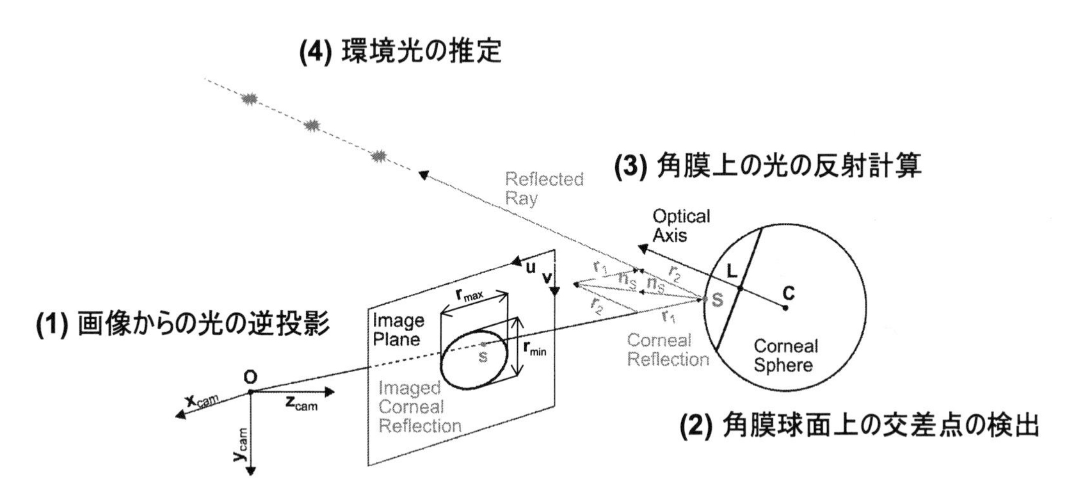

図２　目画像からの環境光の推定手法

画像（image plane）に写った点から角膜球面上の反射光を逆に追跡することで，環境光を推定できる。

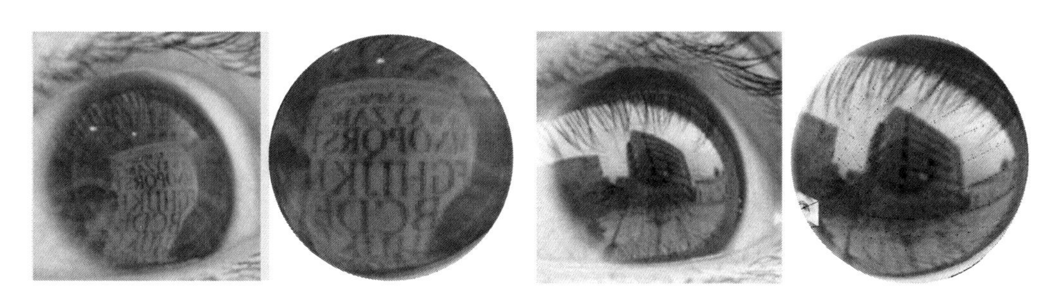

図３　目画像と復元された環境光の３次元光線マップ

2. 1　応用例

上記の手法を利用することで，人の視線や周辺環境に関するさまざまな応用研究を展開することができる。以下で，いくつかの事例を紹介する。

2. 1. 1　周辺環境の超解像復元

単一の目画像から得られるシーン画像は，目領域の画像解像度の限界や，目の非線形の反射などの理由から，画質（解像度）は限られたものである。これに対し，Nitschkeらは複数の角膜表面反射画像を組み合わせ，超解像処理をすることで高精度なシーン画像を復元可能であることを示した[3)]。具体的には，撮影された複数の角膜表面反射画像から3次元光線マップを復元し，それらを位置合わせ，透視投影画像にマッピングする。ここから，超解像復元処理を施すことでシーン画像を高精度で復元する。図4で分かるように，単一の画像では認識不可能だったシーンや顔，文字などの細かな特徴が，10枚程度の画像を組み合わせた超解像処理で高精度に復元されることが確認できる。

図4　角膜表面反射からのシーンの超解像復元

(a) シーン画像，(b) 顔画像，(c) 目画像，(d) 角膜表面反射からのシーン復元結果（単一画像），(e) 角膜表面反射からのシーン復元結果（10枚の画像による超解像処理），(f) シーン画像（正解画像）。

2. 1. 2　視線の検出

角膜イメージング法では光の角膜表面反射を逆追跡することでシーンを復元する。つまり，人の視線方向から来た光が角膜表面上のどこで反射したかが分かれば，角膜表面反射画像上で人の視線（注視点）を推定することができる。この角膜表面反射画像の点は gaze reflection point（GRP）と呼び，解析的に求めることが可能である。我々は，角膜イメージングカメラという角膜表面反射を撮影するウェアラブルカメラを使って，角膜表面反射上の注視点を推定する技術を開発した（図 5）[4]。

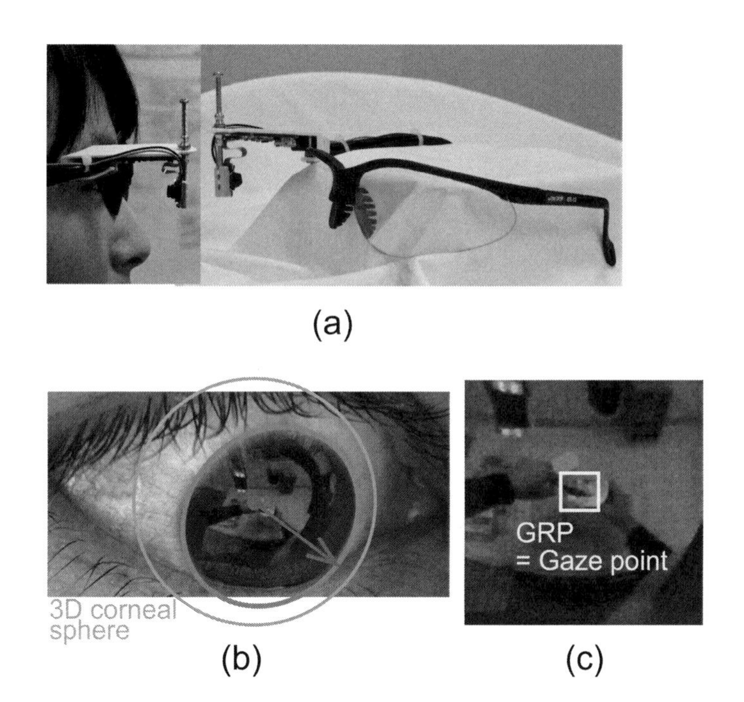

図５　角膜表面反射からの注視点推定

(a) 角膜イメージングカメラ，(b) 目画像からの角膜球面の推定，(c) GRP と注視点推定。

2. 1. 3　セキュリティ・プライバシ

ここまで見てきたように，角膜表面反射にはシーンのさまざまな情報が写っている。これは，撮影者および被撮影者の意図しなかったものであり，偽造や犯罪捜査などに利用できる半面，セキュリティ／プライバシ問題となる可能性がある。以下では，現在提案されているいくつかの事例を紹介する。

(1)　偽造写真の検出

Johnson らは，角膜表面反射画像が偽造写真（合成写真）の検出に利用可能であることを示した[5]。近年，デジタル画像処理の発達により，複数の人物があたかも同じ場所に居たような合成写真を作ることが容易に可能になっているが，この研究では，複数人物が写っている画像の目領域から光線環境を復元し，それらの同一性を評価することで，画像中の人物が合成されたものであるか否かを判断する手法を提案している。

(2)　顔の検出と認識

Jenkinsらは，撮影した顔画像から得られた角膜表面反射に写った顔が人によって識別可能であることを示した[6]。これは，いわゆる「自撮り」画像などから，撮影環境の周りに居た人物などの同定が可能であることを意味する。

(3)　シーン画像とのマッチング（位置合わせ）

我々の研究では，あらかじめ撮影されたシーン画像と角膜表面反射画像を画素単位で位置合わせする手法を提案している[7]。角膜形状モデルとしては，球面モデルに加え，より人の角膜形状に近いとされている非球面モデルを導入し，位置合わせ精度を比較している。これにより，角膜表面反射画像から，そのシーンがどこで撮影されたかを特定する可能性が示された。

3　瞳孔径の計測と解析・人の内部状態推定への応用

次に，目の画像から人の内部状態を推定する研究の一例として，瞳孔径変化を利用する手法について解説する。人の瞳孔は瞳（黒目）の中心にある穴であり，人は外界の光をここから取り入れて環境を見る。瞳孔は黒い瞳色（暗褐色）の場合は角膜の色素のため可視光下では難しいが，赤外光環境下（赤外光照明／赤外カメラ）では，赤外光領域はメラニン色素を通過するため容易にその輪郭を確認できる（図6）。人の瞳孔径は時々刻々と変化しているが，主には外界から入射する光量の調節のために働く。つまり，入射光量が大きくなると閉じ（pupil contradiction），少なくなると開く（pupil dilation）。しかし瞳孔径を制御する機構は光量のみでなく，焦点調節やそれに伴う輻輳作用，視差，年齢などにも影響を受ける。視覚調整系に反応する瞳孔径調節との関係を図7に示す[8]。

ここで提示されたモデルでは，目から入力された光量，ぼけ具合，視差などを入力とし，それ

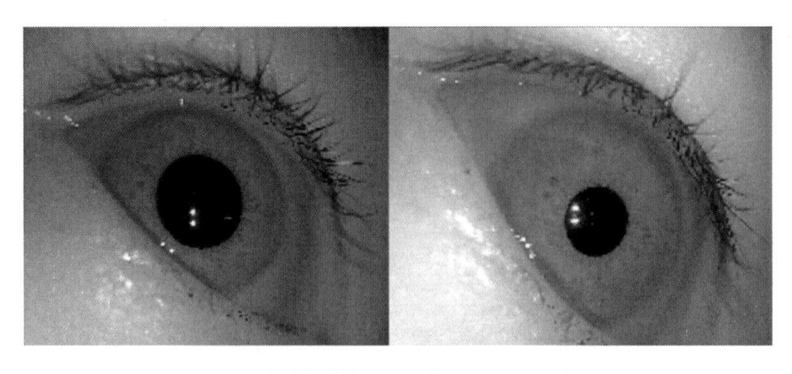

図6　赤外光環境下で観察される人の瞳孔

瞳孔部分は，赤外光は通過するため黒く見える。左は瞳孔が拡大した状況，右は縮小した状況。

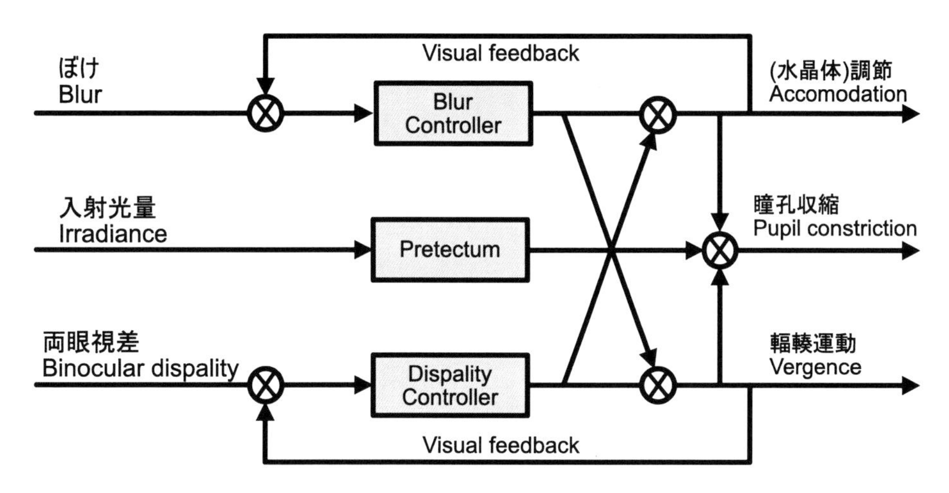

図７　視覚による瞳孔径調整モデル
（文献７より一部翻訳して引用）

らに対応する調整系が互いに相互作用／フィードバック作用し，瞳孔径の制御を行うモデルが提案されている。

一方，瞳孔は視覚調節のみでなく，心理状態からも影響を受けることも知られている。Bradleyらは，不快な画像を見ることによるストレスにより散瞳が起こることを明らかにしている[9)]。具体的には，不快な画像，普通の画像，楽しい画像の３種類の画像を被験者に見せると，不快な画像，楽しい画像を見た際の瞳孔径が，普通の画像を見た際の瞳孔径よりも大きくなる。また，飯島らの研究によると，瞳孔径はストレスの指標として知られるアミラーゼ値と相関があるとしている[10)]。その他，視覚的興味[11)]，記憶想起行動[12, 13)]，注意[14)]などとも関連が見られる。このような人の内部状態と呼応する瞳孔径の変化は，自律神経（交感・副交感神経系）の影響によるものと理解されている。具体的には，緊張などに関連する交感神経の活性は瞳孔の拡大を励起し，リラックス／眠気などに関連する副交感神経の活性は瞳孔の収縮を生じさせる。人の内部状態による瞳孔径の変化は，視覚調節による変化に比べて相対的に小さなものであるが，近年これを生理指標として利用しようする試みが数多く行われている。その理由として，

① 感情をもつコンピューティング（affective computing）などへの社会的な関心の高さ
② 計測の間便さ：侵襲・接触を必要とするセンサが不要であり，赤外／可視光カメラなどで計測可能であること
③ 即時性：心拍などに比べ反応が比較的即時的であり，モニタリングやインタフェースなどの利用で有用である

などがあると考えられる。以下では，このような瞳孔反応を用いた例として，我々が行った視覚操作タスクでの瞳孔反応を用いたタスク難易度推定[15)]について述べる。

3. 1　視覚操作タスクでの瞳孔反応を用いたタスク難易度推定

操作タスクなどのタスクの難易度は，瞳孔径変化，具体的には難易度が上昇するほど瞳孔径が大きくなることが，近年の研究で明らかになっている。Jiang らの研究では，target pointing task（TP タスク：スタートからゴール範囲内にポインタを移動させるタスク）を行わせた場合，その瞳孔径変化はフィッツの法則に従うことが示されている。フィッツの法則とはもともと，ターゲットまでの距離（D），ゴールの大きさ（W）と target point task の難易度（ID）との相関を以下の式で表したものである。ただし，ここでは難易度はタスクに必要な時間により評価する。

$$ID = \log_2\left(\frac{D}{W} + 1\right) \tag{2}$$

すなわち，操作時間はターゲットまでの距離が長いほど，ターゲットのサイズが小さいほど長くなるという関係を表している。Jiang らはこの関係が，瞳孔径変化（瞳孔径の拡大）がフィッツの法則と同様の結果をもたらすことを示した。これは，瞳孔径変化から認知的負荷（タスクの難しさ）を推定することが可能であることを意味する。一方で，彼らの研究では瞳孔径変化は 1 回の試行では小さく，有意な差を検出するためには多くの試行が必要である。これに対し我々は新たに「通路移動タスク（pointer maze task)」を提案し，その間の瞳孔径変化を調べた。通路移動タスクとは図 8（上）に示すようにスタート地点からゴール地点までを，結ばれた通路の間を外に出ないようにポインタを移動するというタスクである。TP タスクに比べて高い集中を要するため，瞳孔径変化も大きくなることが予想される。このタスクの難しさは通路の幅 W と通路の長さ D によって規定される。経路幅および経路長を変化させながら被験者にこのタスクを行わせたところ，経路幅に応じて瞳孔径が変化することが確認できた（図 8（下））。具体的には，経路幅が小さいほど瞳孔の拡大が生じる。このタスクの難易度 ID を閉路幅の逆数 $1/W$ で定義すると，瞳孔径変化率 P と難易度の変化は以下の式で近似できる。

$$P = -\frac{a}{ID} + b \tag{3}$$

ただし a, b（> 0）は個人パラメータである。また，タスクの遂行時間 T と瞳孔径変化率の間には以下の関係が成り立つ。

$$P = -\frac{a}{2^{\frac{T-d}{c}} - 1} + b \tag{4}$$

ただし c, d（> 0）も同様に個人パラメータである。ここから，経路幅および経路長で規定される通路移動タスクの難易度と瞳孔の関係には有意な差があり，個人内での視覚操作タスクの負担感が瞳孔径変化により計測することが示された。

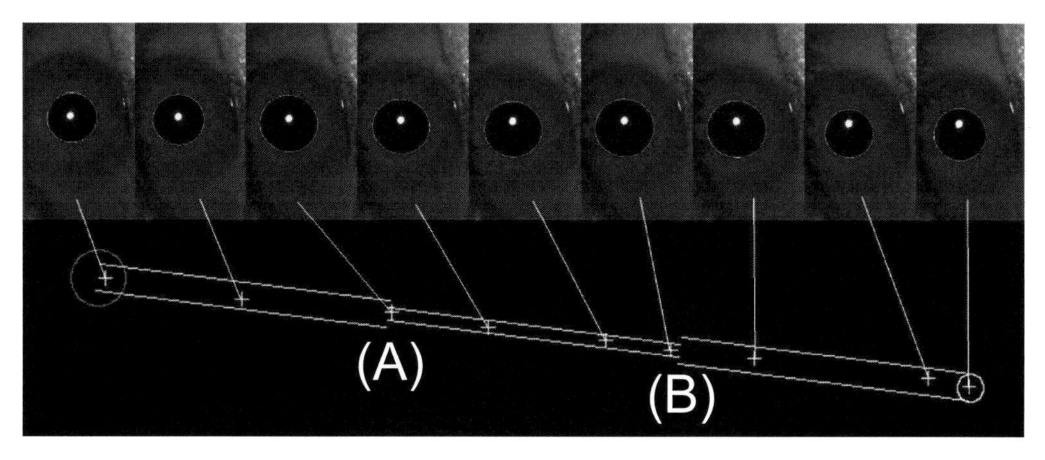

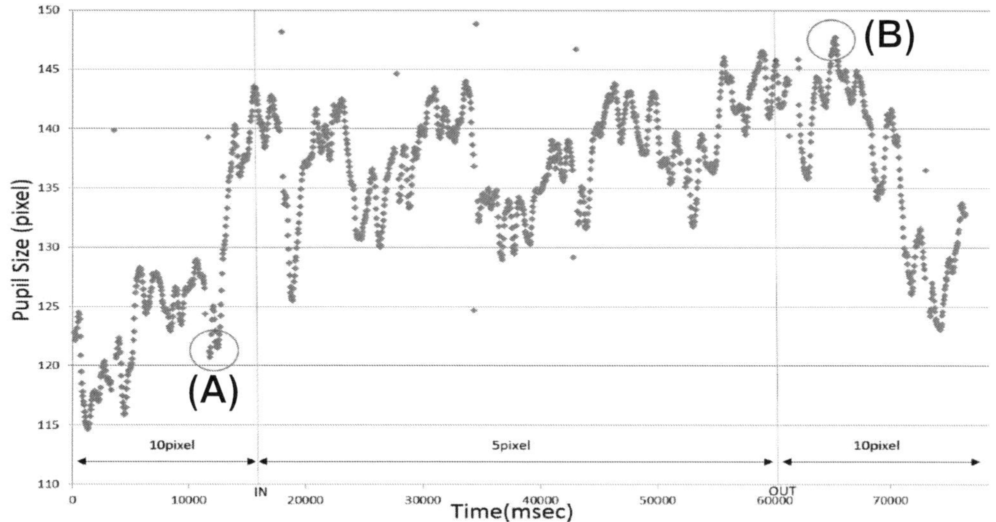

図8　通路移動タスクと瞳孔径変化

ユーザーはスタート領域からゴール領域まで，通路の間を境界に触れないようにポインタを動かす。通路幅が狭い（区間（A）～（B））では瞳孔径が拡大することが確認できる。

4　まとめ

本稿では，いわゆる視線検出以外に人の目から得られる情報として，眼球表面反射光および瞳孔径の掲出技術および利用技術について，我々の取り組みを含め概略をまとめた。具体的には，眼球表面反射光は人の周りの環境光情報を獲得することができるため，さまざまな計測での利用とともに，セキュリティやプライバシ問題を内包する。近年のイメージングデバイス（カメラ）の高性能化とともに，人の顔画像から撮影者／被撮影者が意図しなかった情報が抽出されるなどの問題が起こる可能性が高まっている。瞳孔径については，人の内面の状態を予測するという意味でさまざまな興味深い知見が得られており，実応用が期待されるところである。一方で，実験室環境で環境（光源環境など）を統制した中では，人の内部状態を反映した瞳孔反応が見られるものの，依然光源環境の変化や対象物体までの距離の変化など，瞳孔径変化に反応するノイズ要因も大きく，実利用まで至っていない。今後のさらなる研究が期待される。

文　献

1) K. Nishino and S. K. Nayar, *Int. J. Comput. Vis.*, **70** (1), 23 (2006)
2) R. S. Snell and M. A. Lemp, Clinical Anatomy of the Eye, 2nd edition, Blackwell Publishing (1997)
3) C. Nitschke and A. Nakazawa, Super-resolution from corneal reflections, In: 23rd British Machine Vision Conference (BMVC), p.22.1 (2012)
4) A. Nakazawa and C. Nitschke, Point of gaze estimation through corneal surface reflection in an active illumination environment, In: Proc. European Conference on Computer Vision (ECCV), p.159 (2012)
5) M. K. Johnson and H. Farid, Exposing digital forgeries through specular highlights on the eye, In: Proc. International Workshop on Information Hiding (IH), p.311 (2007)
6) R. Jenkins and C. Kerr, *PLoS One*, **8** (12), e83325 (2013)
7) A. Nakazawa *et al.*, *J. Opt. Soc. Am. A*, **33** (11), 2264 (2016)
8) D. H. McDougal and P. D. Gamlin, *Compr. Physiol.*, **5** (1), 439 (2011)
9) M. M. Bradley *et al.*, *Psychophysiology*, **45** (4), 602 (2008)
10) 飯島淳彦ほか，生体医工学，**49** (6), 946 (2011)
11) E. H. Hess and J. M. Polt, *Science*, **143** (3611), 1190 (1964)
12) D. Kahneman and J. Beatty, *Science*, **154** (3756), 1583 (1966)
13) M. H. Papesh *et al.*, *Int. J. Psychophysiol.*, **83** (1), 56 (2012)
14) C. M. Privitera *et al.*, The pupil dilation response to visual detection, In: Electronic Imaging 2008, International Society for Optics and Photonics, p.68060T (2008)
15) A. Matsumoto *et al.*, Estimation of task difficulty and habituation effect while visual manipulation using pupillary response, In: Video Analytics, Face and Facial Expression Recognition and Audience Measurement, p.24 (2016)

第8章　精神性発汗のメカニズムと換気カプセル型発汗計の開発

大橋俊夫*

1　発汗の仕組み[1~3)]

皮膚には手のひらと足の裏を除いて体毛と呼ばれる毛が生えている。こうした皮膚を有毛部という（図1)。この体毛の出ている毛孔には，汗ではなく，脂肪分を分泌する皮脂腺と呼ばれる外分泌腺が開口している。有毛部の汗はこの毛孔とは異なった皮膚紋理の谷間に分泌されてくる。この汗は皮膚温度が上昇した刺激で生じ，分泌された汗が蒸発する時の気化熱を利用して皮膚表面を冷却し，体温を調節するために働いており，温熱性発汗と呼ばれている。一方，手のひらや足の裏に体毛がなく無毛部と呼ばれ，有毛部の皮膚に比べ皮膚表面の角化層が極めて厚いのが特徴である。この場所の汗は暑い時にかくのではなく，精神的に緊張したような時に分泌されるので精神性発汗と呼ばれている。この無毛部に発汗された汗は直ちにその皮膚の角化層に吸収され，無毛部の皮膚のクッションを維持するのにも利用されている。

この汗腺にも図1に示すように2種類あり，特に腋窩や陰部の体毛の出口に汗を分泌してい

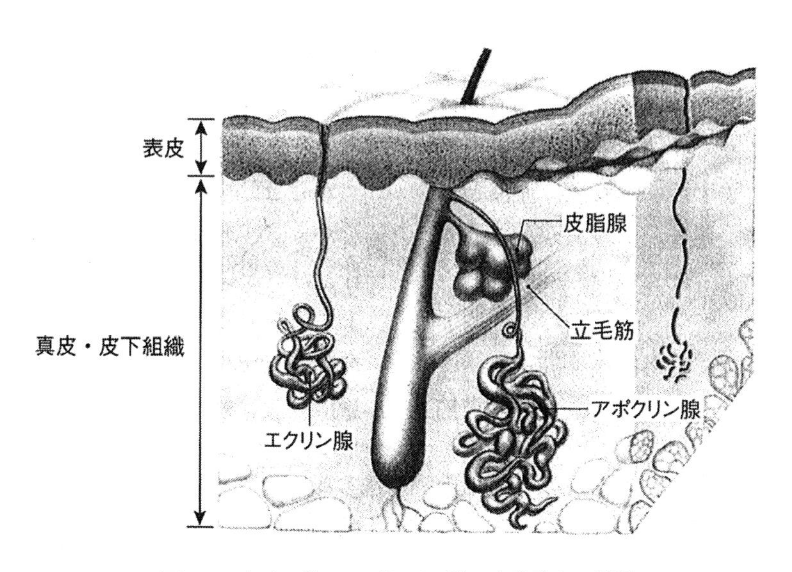

図1　エクリン腺，アポクリン腺，皮脂腺との関係

* Toshio Ohhashi　信州大学　医学部　メディカル・ヘルスイノベーション講座　特任教授

る汗腺をアポクリン腺という。ここに分泌される汗は，他の皮膚に見られる汗と違って汗腺細胞の一部がちぎれて，細胞の内容物が出てくる。内容物にはたんぱく質が含まれているので，体の表面に付着している細菌やカビなどが増殖して異臭を放ち，腋臭の原因となる。それに対し，精神性発汗や温熱性発汗に関与している汗腺がエクリン腺である。この汗腺はすべてが働いているのではなく（不能汗腺と呼ぶ），機能している汗腺（能動汗腺と呼ぶ）の数は，暑い地方で育った人は多く，寒い地方で幼少期を過ごした人は少ないことが知られている。しかも，体表での分布も均一ではなく，衣服の外に露出している額や首に多く，精神性発汗を担う手のひら，足底に多数分布している。

2 コリン作動性交感神経支配[1~3]

エクリン腺は，真皮の汗を作り出している腺部（分泌部）と，出来上がった汗の内容物を調整しながら皮膚の表面まで運び出す導管部からなる。分泌部には，自律神経の一つである交感神経の中でも生体の防衛反応に関与する特殊なコリン作動性交感神経が密に分布する。この神経は興

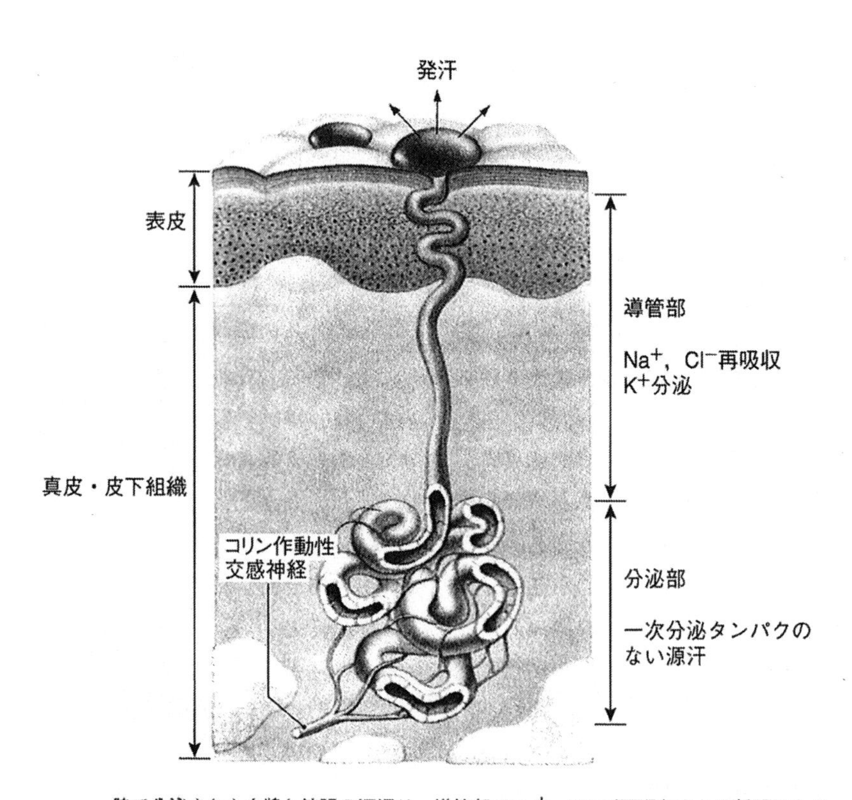

腺で分泌された血漿と等張の源汗は，導管部でNa^+，Cl^-が再吸収されて低張になる。

図2 エクリン腺の機能と構造

奮すると神経の末端からアセチルコリンを分泌し，汗の産生を促す。この神経は同時に汗の産生を維持するために汗腺の血流を増加させるためにこの神経末端に共存している特別なペプチドホルモン（vasoactive intestinal peptides：VIP や calcitonin-gene related peptides：CGRP）を分泌する。

エクリン腺の汗の産生の仕組みは次のように出来ている。脳から汗を産生するようにコリン作動性交感神経を介してエクリン腺の細胞に命令がくると，汗腺細胞のエネルギーATP を使って Na^+を管腔側に汲み出す。すると，管腔側が電気的にプラスに偏ってくるので，それを電気的に平衡にするために，細胞から Cl^-が出てくる。この Na^+と Cl^-が結合すると導管内の浸透圧が上昇し，細胞を介して水分が導管内に出てきて汗が産生される（図 2)。

3　精神性発汗

緊張したり，入学試験などで答案を書くとき鉛筆を強く握ったりすると，たとえ環境の温度が低くても手のひらの無毛部に汗が出てくる。しかし，手背部の有毛部には汗はかかない。この汗を精神性発汗と言う。この汗は温熱性発汗と違って，刺激が加わるとすぐに出てきて，発汗量は極めて少なく，しかも皮膚表面の角化層に吸収される。このように温熱性発汗とエクリン腺は同じでありながら，反応特性は著しく異なる。これらの特徴をまとめたものが表 1 である。精神性発汗はこうした特性を利用して「うそ発見器」として利用されている。しかし，手のひらの汗の量を定量的に測定することは技術的に難しかったので，手掌部と手背部との間に流れる微弱な電流（これを精神電流現象 galvanic skin response：GSR と呼ぶ）を指標として評価してきた。

表 1　精神性発汗と温熱性発汗との機能・構造の特性

精神性発汗	温熱性発汗
(a) 手掌部，足蹠部を主体としたエクリン腺	左記以外の全身皮膚に分布するエクリン腺
(b) 皮膚紋理で形成される皮膚頂上部に開口 (皮膚角化層に迅速吸収)	皮膚紋理で形成される皮膚狭谷部に開口 (蒸発に都合よい)
(c) 単位面積当たりの汗腺数が多く，導管部が長い	皮膚の場所によって汗腺数に差異があり，導管部が短い
(d) コリン作動性交感神経 ＜骨格筋血流の増加をともなう運動性充血現象と連動？＞ ＜前頭前野・扁桃体・海馬＞	コリン作動性交感神経 視床下部の体温調節中枢
(e) 把持効率を高める ＜タッチングの効果に関与＞ ヒト・サルに限定された発汗現象 防衛反応と連関した発汗現象 ＜逃避運動に関与か＞	体温の恒常性維持
(f) 潜時が極めて短い	潜時が長い
(g) 多数の汗腺より少量分泌	全身の汗腺より多量分泌

今回，私共が手掌部の微量な発汗現象を定量的に測定できる装置を開発した背景はここにある。

4　精神性発汗の中枢機構[4, 5)]

千葉大学名誉教授の本間三郎先生のグループでは本装置を用いて，ヒトの手掌部発汗量の中枢機構を脳波のモーメント解析法と fMRI 撮影と皮膚交感神経の神経活動記録を併用して解析した。その結果の典型例が図 3 である。被験者に複雑な計算を含む暗算負荷を加えた時の交感神経活動と手掌部の局所発汗量を記録したものがパネル A である。交感神経活動を定量化した記録波形（パネル A の中段）から分かるように，精神的な暗算負荷が加わると皮膚の交感神経活動興奮が発生し，それから 2～3 秒遅れて手掌部の発汗現象が出現してくることが確認できる。パネル B はやや複雑な問題を質問した時の皮膚交感神経活動波形と手掌部発汗量を示す。こうした精神的負荷刺激においても暗算負荷と同じように皮膚交感神経活動から遅れること 2～3 秒後に，手掌部の発汗が著明に出現してくる。パネル C はパネル A と同じように暗算負荷刺激を加えた時の皮膚交感神経活動波形，その定量化データ，手掌部発汗量ならびに F3，ならびに F4 領域の脳波活動の平均加算した波形を示す。これから分かるように，暗算刺激を開始して約 4 秒で皮膚交感神経活動がピークに達し，その交感神経活動から約 2 秒程度遅れて手掌部発汗が出現する。さらに皮膚交感神経活動のピークの約 2～3 秒前に F3，F4 領域で著しい脳波活動が生じている。こうした刺激実験を 3 名の被験者で行い，脳波モーメント解析により，どの領域で脳波活動が変動すると手掌部発汗につながるのかをまとめたものが図 4 である。これらの脳

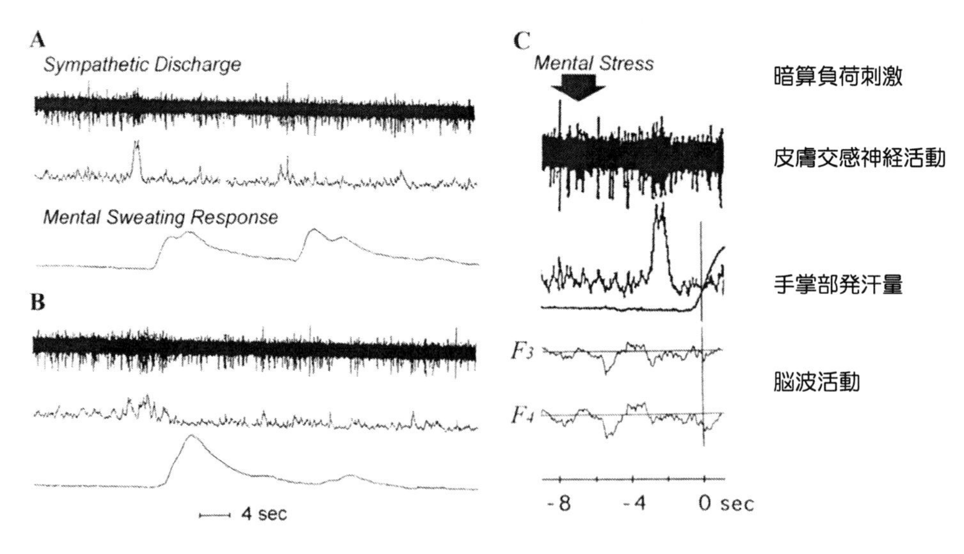

図 3　暗算（A）あるいは想起問題（B）のヒトコリン作動性交感神経活動，その定量化曲線，手掌部発汗量，F3/F4 部位の脳波活動の典型例
（文献 4 より引用）

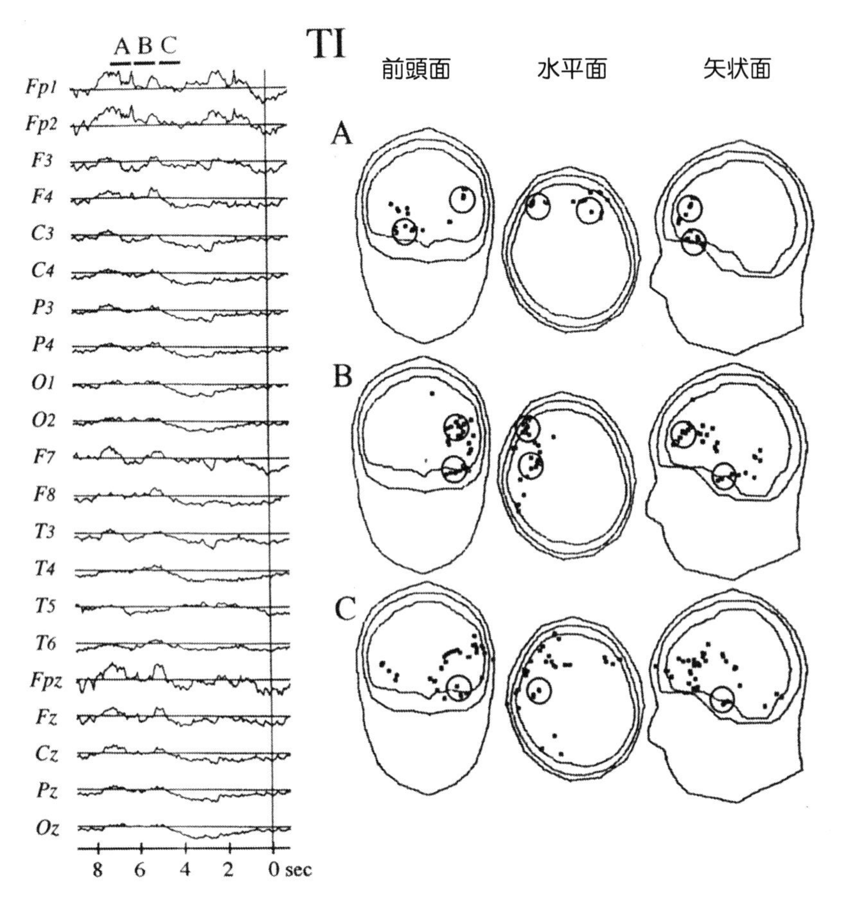

図４　暗算負荷時の手掌部発汗発現前 10 秒間の脳波活動典型例と時間 A，B，C における脳波モーメント解析結果

（文献４より引用）

波モーメントの解析結果と同一被験者の fMRI イメージ画像を重ね合わせたものが図 5A である。これから分かるように２人の被験者とも扁桃体ならびに海馬付近で脳波モーメント変化が著明に誘起している。さらに一部の被験者では前頭前野の興奮も脳波モーメント解析が関与している。事実，千葉大学の朝比奈止人らのグループもこの手掌部発汗連続記録装置を用いて亜急性の辺縁系脳炎による扁桃体障害によって特異的に手掌部の発汗現象と皮膚の交感神経活動が抑制されることを確認している。さらに治療によって脳炎症状が改善されると扁桃体領域の fMRI 所見も手掌部の発汗量も炎症前の状態に復してくる。

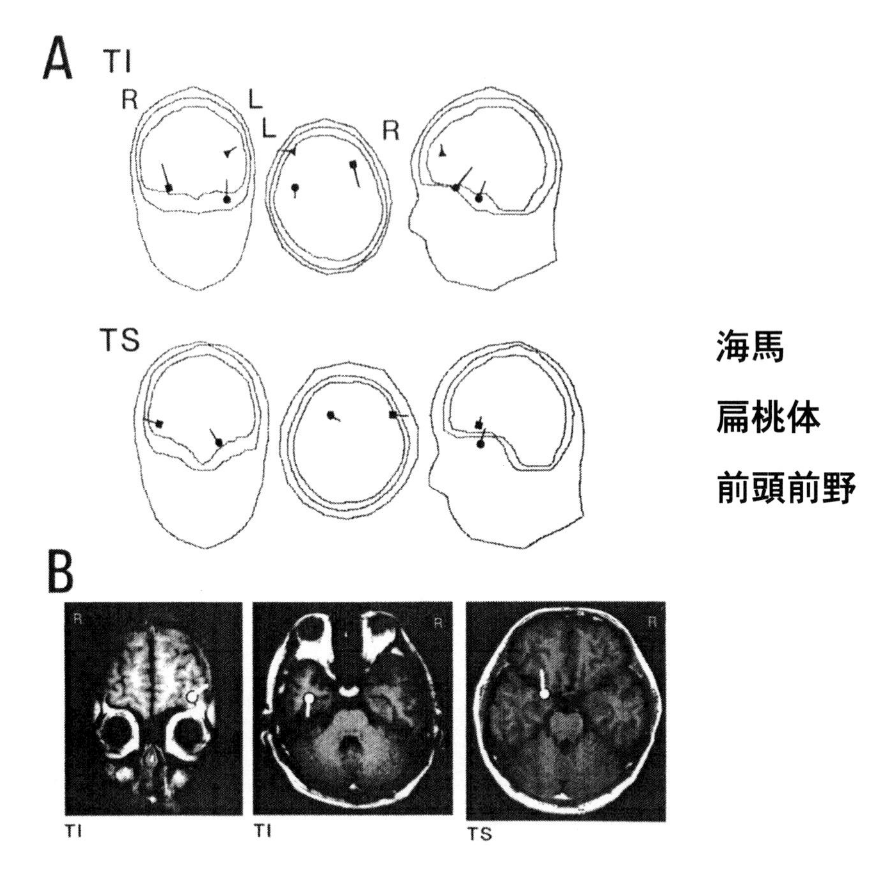

図５　暗算負荷時の脳波モーメント解析結果（A）と２名の被検者（TI と TS）の fMRI 画像に脳波モーメント解析結果を重複した物（B）
（文献４より引用）

5　我々が開発した手掌部発汗量連続記録装置の概略

我々が開発した局所発汗量連続記録装置の電気回路図を示したのが図６である。基本的な回路特性は次の３つにまとめることができる。

(1)　皮膚表面に装着したカプセル内に分泌された発汗をシリカゲルで乾燥させた空気中に取り込み，それを皮膚接着面の上に用意した上室に誘導し，そこで高感度の湿度センサーで相対的湿度を記録する電気回路。

(2)　上室に同時に設置した温度計から上室を流れる乾燥空気の温度変化を記録し，その値を用いて相対湿度を絶対湿度に算出する電気回路。

(3)　絶対湿度量（単一時間に分泌された汗の量）をデジタル量からアナログ量に変換してペンレコーダーに記録する増幅電気回路。

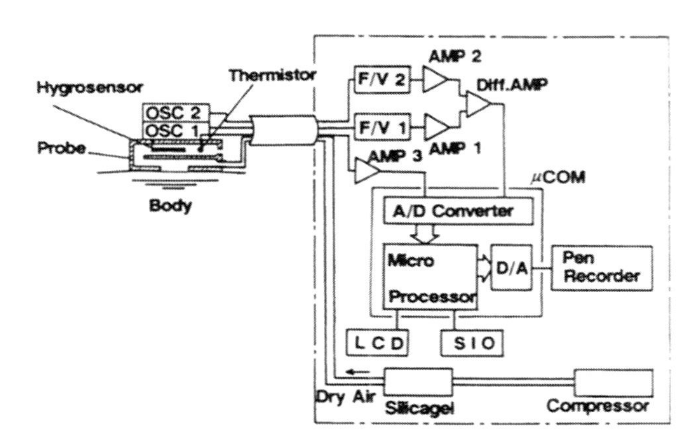

図６　局所発汗量連続記録装置の回路図
（文献１より引用）

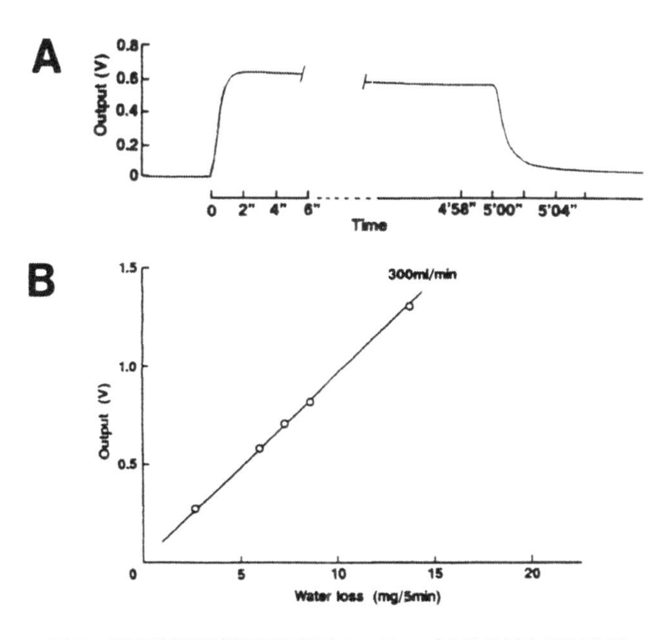

図７　局所発汗量連続記録装置のステップ応答特性と校正曲線
（文献１より引用）

これらの装置の応答特性と校正曲線を示したものが図７である。上段Ａが乾燥主気を流入あるいは遮断することによって得られた装置のステップ応答特性の典型例を示している。皮膚に装着したカプセルの小型化とも相まって極めて早いステップ応答を示す。下段は水分を含ませたろ紙を用いた人工皮膚モデルによって得られたこの装置の校正曲線である。極めて正確な校正曲線が測定温度20～40℃の範囲で認める。本装置と従来汎用されてきた換気カプセル法でヒトの手

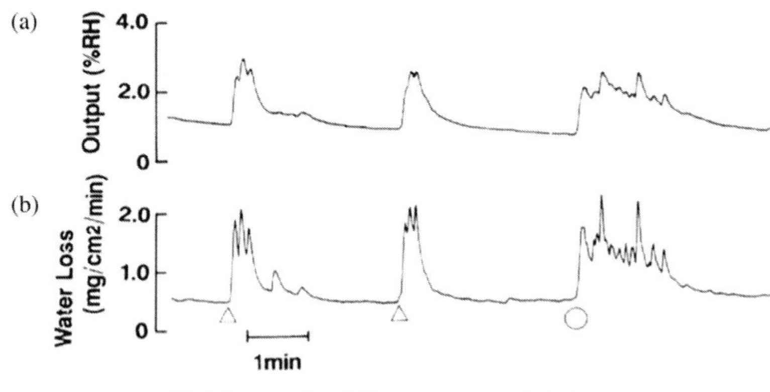

図 8　旧来型換気カプセル法（a）と我々の装置（b）による手掌部発汗現象の測定典型例
（文献 1 より引用）

掌部発汗量を連続記録した典型例を比較したものが図 8 である。深呼吸を 3 回あるいは 1500 からの 7 の連続引き算を負荷する暗算の結果からわかるように，従来の換気カプセル法に比して，本装置による測定では発汗波の波形がより正確に記録できる。

6　手掌部発汗量と手掌部発汗現象の同時記録装置の開発

次に，この手掌部発汗量連続記録装置と簡易型の皮膚用マイクロスコープを組み合わせて手掌部局所の発汗現象とその発汗量を連続的に記録する装置を作製した（図 9）。図から分かるようにこの新しい装置は，手持ちの皮膚マイクロスコープのプローブの側孔に乾燥空気を導入し，その局所の水分変化量を局所発汗量連続記録装置で測定しながら皮膚表面からの発汗現象を同時に撮像するシステムである。この装置を用いて手掌部発汗現象の典型例を撮像したものが図 10 である。ヒトの栂指表面の状態を撮影している。エクリン腺からの導管開口部が皮膚紋理の頂上に規則正しく並んでいるのが観察できる。反対側の手掌を最大握力で 10 秒間握ると，観察している導管の出口から汗の分泌が観察され，1 秒足らずで導管出口全体を覆うような発汗が認められる（図 10 の B，C）。手掌部のエクリン腺導管出口より分泌した汗は 1 秒以内に導管出口周囲の角化層に吸収される。このようにして観察した能動汗腺の発汗現象数と局所発汗量連続記録装置で記録した発汗量を同時記録すると，局所発汗量連続記録装置で得られた手掌部発汗量はその局所に存在する能動汗腺からの発汗現象数によく一致する。

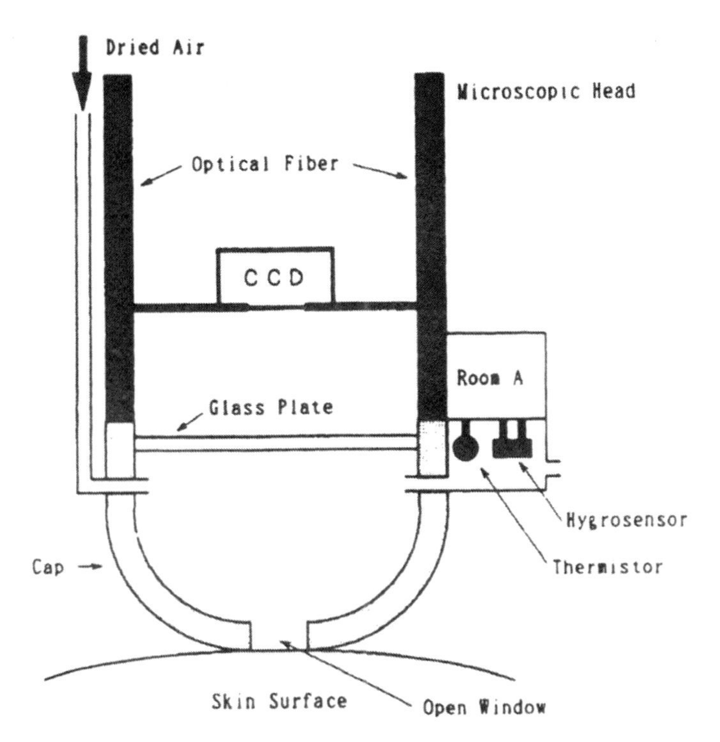

図９　手掌部発汗量と発汗現象同時記録装置
（文献１より引用）

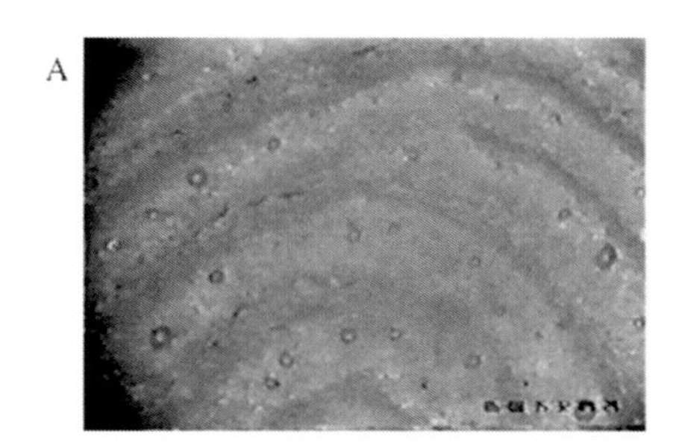

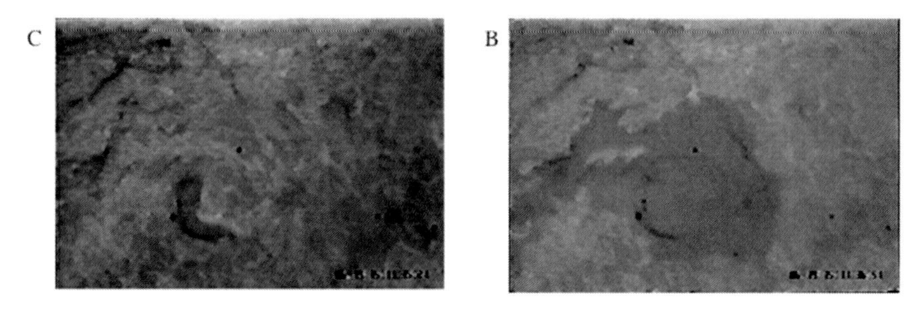

図10　最大握力時の対側手掌部発汗現象の典型例（A：刺激直後，B：刺激３秒後，C：刺激４秒後）
（文献１より引用）

7　ヒトの手掌部発汗現象におけるかまえ反応と順応現象

図 11 に示すように，ヒトの手掌部発汗量を厳密に観察してみると，被験者に暗算の負荷を説明している段階からすでに手掌部発汗が起こり始めている。すなわち，精神性発汗と呼ばれる現象を評価する際に，このかまえ反応を十分に考慮してそのデータ処理をしなければいけないことが分かる。さらに手掌部発汗現象をヒトで引き起こす適性刺激として最大握力による把持刺激，ゆっくりとした深呼吸運動刺激，さらに暗算負荷刺激を用いてこのかまえ反応と繰り返し刺激による発汗反応の漸減現象（順応現象）の特性を検討した。かまえ反応はいずれの刺激においても最初の負荷実験において極めて著しく，繰り返して説明すると 2 度目以降ではその反応は著明減少する。それに対して手掌部局所の発汗量は手掌の把持刺激や深呼吸という運動刺激では順応現象はほとんど認められず，1 分間隔で繰り返し負荷刺激を行ってもほぼ同じ程度の発汗量を得られる。それに対して精神的負荷刺激にあたる暗算刺激においては，極めて顕著な順応現象が認められ，負荷を繰り返すたびに発汗量が低下する。

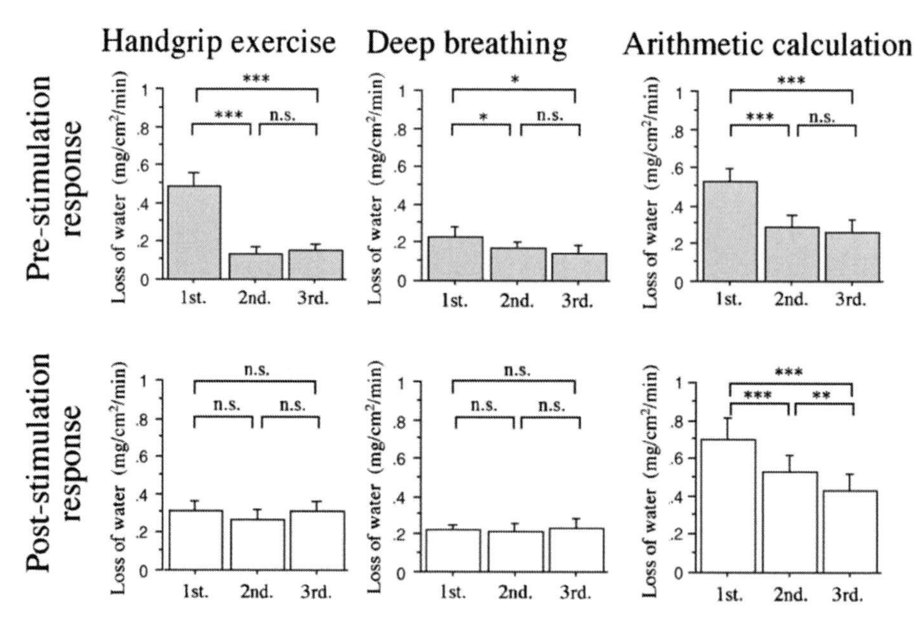

図 11　手掌部発汗現象における「かまえ」反応と順応現象
（文献 6 より引用）

8　発汗計開発の歩みと保険適用

生理学を専門としていた大橋が発汗計の開発に着手したのは 1981 年。長野工業高等専門学校の坂口正雄名誉教授（現在）と共に始めた研究である。最初の発汗計が厚生労働省から医療器具として認可されたのは 1991 年。民間企業との共同開発を経て，1998 年，坂口と共に最初の大学発ベンチャー㈱SKINOS を立ち上げ，本格的な市販化に着手した。同年，日本発汗学会を設立，理事長として日本の発汗研究を先導してきた。スキノス（SKINOS）という名称は，皮膚（SKIN）に大橋と坂口のイニシャル「O」と「S」を加えて命名したものである。その後，技術の改良を進め，2007 年に長野県坂城町にある㈱西澤電機計器製作所に製造販売を移管した。2017 年 12 月には念願だった保険適用が実現し，2018 年 4 月からは，臨床検査法の一つとして医療現場での利用が始まった。そして同年 5 月，大学発ベンチャー㈱スキノスを立ち上げ，現在に至っている。

文　　献

1)　T. Ohhashi *et al.*, *Physiol. Meas.*, **19**, 449（1998）
2)　坂口正雄ほか，電気通信学会論文誌，**J68**, 511（1985）
3)　大橋俊夫，宇尾野公儀，精神性発汗現象―測定法と臨床応用―，ライフメディコム（1993）
4)　S. Homma *et al.*, *Neurosci. Lett.*, **305**, 1（2001）
5)　M. Asahina *et al.*, *Int. J. Phychophysiol.*, **47**, 87（2003）
6)　M. Kobayashi *et al.*, *Auton. Neuro. Basic Clin.*, **104**, 58（2003）

第9章　動画像による非接触心拍計測とストレス・情動の推定

津村徳道*

はじめに

現代人は日々様々なストレスにさらされながら生活している。ストレスが慢性化すると体や心に悪影響が及ぶ危険があるため，それが大きな病気や事故につながる前に対処しなければならない。ストレスを評価する際に最もよく用いられる方法は質問紙による自己報告法である。ストレスの原因となるストレッサーやストレス反応を測定する質問紙が多く開発されている。しかし，これらに正確に回答するためには，回答者自身の正確な自己分析が必要になってくる上，回答者自身の意図で得点をコントロールすることが可能なため，困難な面もある。さらに，その労力自体が回答者へ余計なストレスを加える原因になることもある。

そこで，心拍変動の周期から，交感神経系の活性のバランスを判断し，ストレス負荷の様子をみることが可能であることから，カメラを用いた非接触の心拍変動計測システムが注目されている。この手法では非接触で行うため被験者に不快感を全く与えることなく計測が可能である。MITのグループの研究では，通常のRGBカメラにシアン（C）とオレンジ（O）の2つの感度を追加した，5バンドカメラを用いた心拍変動計測手法によるストレス計測が提案されている[1)]。しかし，特殊な5バンドカメラは現状実用性に欠けており，一般的なRGBカメラを用いた手法の精度の向上が求められている。

そこで，本章では，5バンドカメラと同様の心拍変動計測に関する精度を，生体光学に基づく解析により通常のRGBカメラで実現する。肌のRGB画像からメラニン，ヘモグロビン色素と陰影成分を分離し，分離されたヘモグロビン色素成分画像を利用している。また，陰影成分も分離していることから，照明変動（陰影成分の変化）にロバストな計測を実現しているため，屋内や野外における実用的なシーンにおいて今回紹介する手法は活用可能である。

1　5バンドカメラを用いた非接触心拍計測法（従来法）

まず，先行研究における特殊な5バンドカメラを用いた非接触心拍計測手法[1)]について述べる。

＊　Norimichi Tsumura　千葉大学　大学院工学研究院　融合理工学府　創成工学専攻
イメージング科学コース　准教授

1. 1　撮影環境

通常のRGBカメラにシアンとオレンジの2つのセンサを追加した5バンドのデジタル一眼レフ（DSLR）カメラを用いて，30 fpsで撮影を行う。距離は3.0 m，解像度は720×960に設定し，顔全体が含まれるように位置を調整する。5バンドカメラのRGBの感度は一般的なDSLRカメラと同じである。2分間撮影を行い，その間被験者にはカメラ正面を向いて静止して頂く。照明に関する制限は設けず，一般光源下で撮影を行う。

1. 2　関心領域の決定

顔画像の連続写真（動画像）から脈波を抽出する際に使用する関心領域（Region of interest：ROI）を決定する。撮影して得られたRAW画像をデモザイキング[2]してRGBOCの5つの画像と，カラー画像を取得。得られたカラー画像用いて顔画像の特徴点抽出を行う[3]。これにより，1枚の顔画像から図1のように20個の特徴点が抽出できる。右目の外端から左目の外端までのx座標の距離をWとし，顎の特徴点から縦に2W，横にWの辺をもつ長方形を設定し，瞬きによる影響を受けないように目の周辺領域25％は除外する。この処理によって決定したROIを図2に示す。

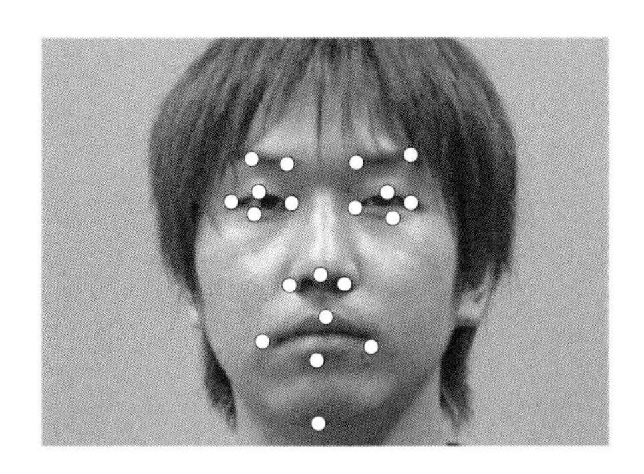

図1　特徴点抽出結果

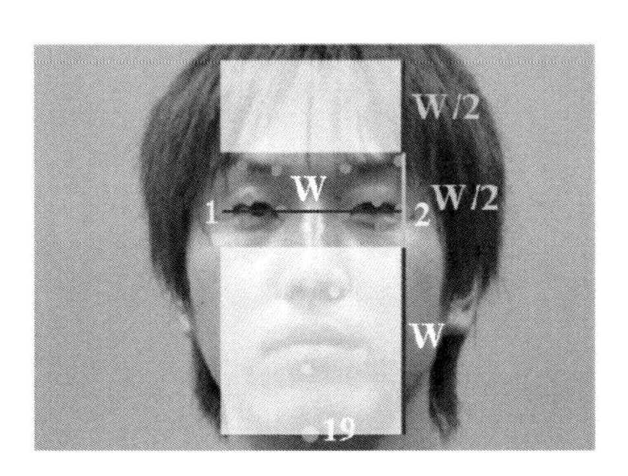

図2　ROIの決定

1. 3　信号取得と前処理

1.2 項で決定した ROI 領域の画素の平均値を RGBOC の 5 バンドそれぞれについて算出し，時間軸に並べることによって 2 分間の信号を 5 つ得る。この 5 つの信号から脈波を抽出する。得られた信号のうち R バンドの信号を図 3 に示す。

5 つの信号は後にピーク検出を行いやすくするために傾き除去を行い[4]，各信号をハミング窓を用いてバンドパスフィルタにかける。通過させる周波数は 0.75 Hz から 3 Hz までとする。これは，心拍数にして 45 から 180 までの情報に制限することによって脈波以外の情報を可能な限り除去するために行う。図 3 の信号に対して傾き除去を行った後の信号と，バンドパスフィルタを適用した後の信号をそれぞれ図 4，図 5 に示す。

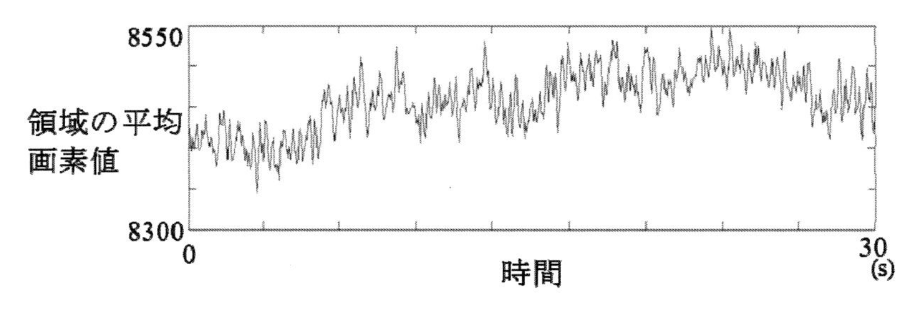

図 3　領域の平均画素値の時間変化（R）

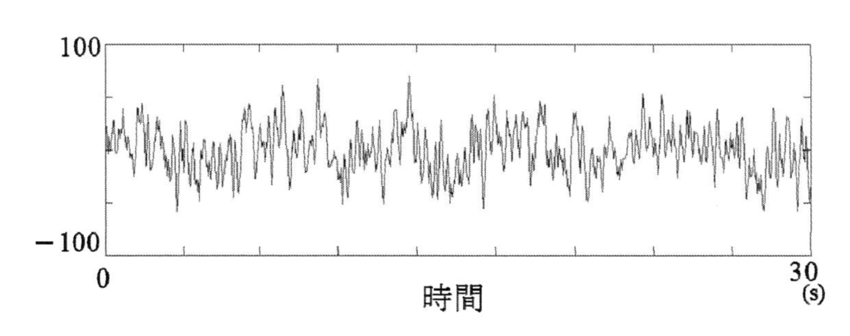

図 4　傾き除去処理後の信号（R）

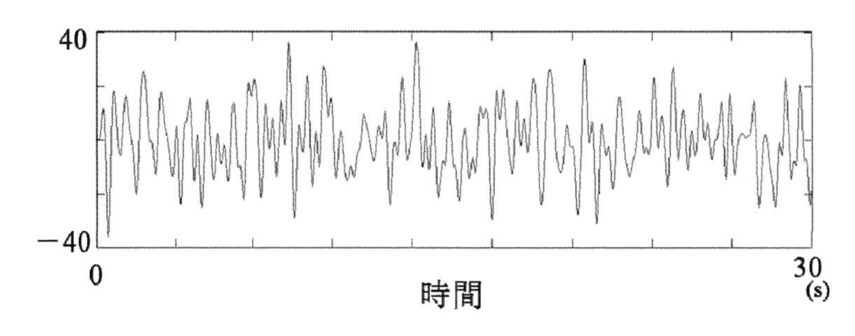

図 5　バンドパスフィルタ適用後の信号（R）

1．4　時間軸の独立成分分析

バンドパスフィルタにかけられた５つの信号に対して，時間軸に独立成分分析を適用して信号の分離を行う。独立成分分析のアルゴリズムはJADEを使用する[6]。今回の場合は，ヘモグロビン量の変化による色変化や，顔の動きの変化，照明の変化などの原信号が混合し，RGBOCにおいてそれぞれ別の重み付けがされて記録されると仮定する。図６に独立成分分析によって分離された５つ信号のうち脈波と思われる信号を示す。

独立成分分析では，分離された５つの信号のどの信号に脈波が現れるかが決まっていない。図６に示すように，目視で脈波を判断することは可能だが，自動化する必要がある。そのため，得られた５つの信号のフーリエパワースペクトル解析を行い，0.75 Hzから３ Hzの間に最も大きなパワースペクトルが現れている信号を脈拍だと判断することで自動化が可能である。

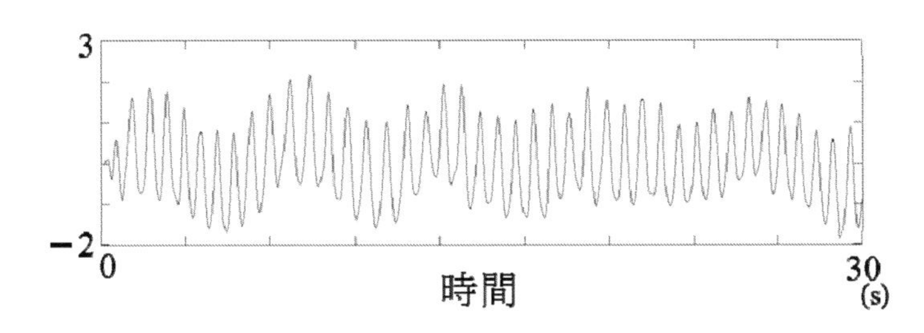

図６　独立成分分析結果（脈波と思われる信号）

1．5　ピーク検出

ピーク検出には，山登り法を用いる。また，誤検出を防ぐために，ピークとピークの間の間隔が0.4秒以内の場合，より振幅が大きい方をピークとして記録するように実装した。また，独立成分分析後の信号は脈拍が反転して現れることがあるため，それを補正するプログラムとして，山のピークと谷のピークの平均値の絶対値を比較し，より大きい方を脈拍のピークとして記録する処理を行う。先行研究でこの手法による精度の向上が確認されている[1]。

1．6　精度検証

カメラの撮影と同時に，接触型の心拍計を用いて脈波を計測する。本研究ではポリグラフ（日本光電：RMT-1000）を用いて，心電図の計測を行い，得られた心電図の波形に対して，非接触式で利用した手法と同じ手法でピーク検出を行った。また，誤検出や検出漏れがないように，目視で波形とピークを確認し，閾値などの調整の上で補正を行った。得られた脈波波形と，ピーク検出の結果を図７に示す。

カメラで計測される脈波は，心臓が拍動してから顔に血流が届くまでにタイムラグがあるため，波形のピークが記録される時間の誤差を精度検証に用いることができない。そのため，ピークとピークの間の間隔（脈波間隔）から求められる指標を，精度検証に利用する。検証の指標に

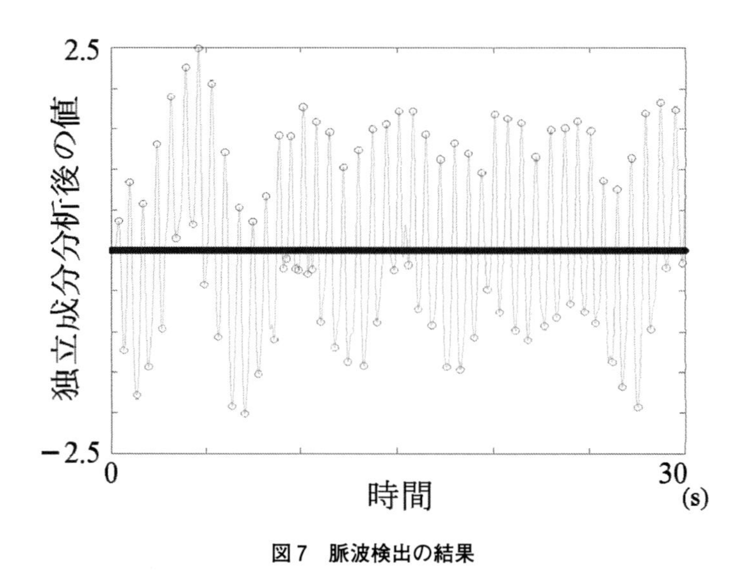

図７　脈波検出の結果

は，心拍数（HR）と心拍変動スペクトログラムを用いる。心拍数は，脈波間隔の平均値を 60 から割ることによって求めることができる。

1. 7　心拍変動スペクトログラム

心拍変動スペクトログラムは，心拍変動周波数の時間軸の変化を可視化したものである。60 秒間を 1 つの区間としてその間の変動周波数を解析し，その区間を 1 秒ずつずらして計 60 回解析を行うことによって，変動周波数の時間変化を捉えることが可能となる。変動周波数の解析には，Lomb-ピリオドグラム[7]を使用する。変動周波数に影響を与える要因は大きく分けて 2 つある。1 つは呼吸変動，もう 1 つは血圧変動である。呼吸変動は，リラックスしている際に 0.15 ～0.4 Hz の間に現れる。血圧変動はストレスを感じている際もリラックスしている時にも 0.05 ～0.15 Hz の間に現れる。図 8 に一般的な心拍変動スペクトログラムと神経活性に関係を示す。図 8 の右上の心拍変動スペクトログラムのように，呼吸変動が大きく観測される場合には，副交感神経が活性化し，リラックスしている状態だと判断できる。逆に，図 8 の右下の心拍変動

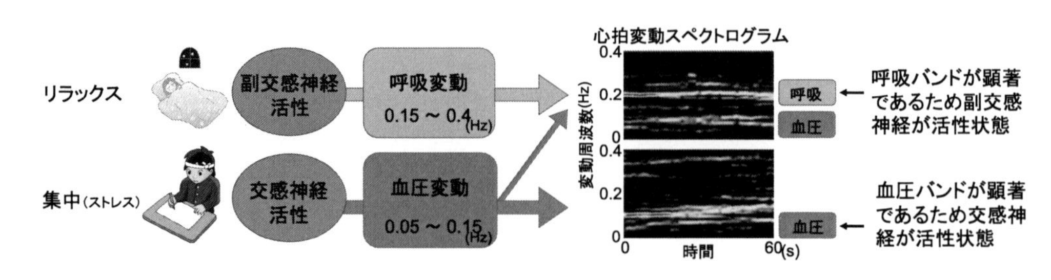

図８　一般的な心拍変動スペクトログラムと神経活性の関係

スペクトログラムのように呼吸変動が観測されず，血圧変動のみが現れている場合は，交感神経が活性化しており，ストレス負荷がかかっている状態だと判断できる。このように，呼吸変動と血圧変動のバランスによって，心拍変動スペクトログラムからストレス状態を観測することができる。

2　RGBカメラを用いた色素成分分離に基づく非接触心拍計測法(提案法)

ここで紹介する提案方法は，従来手法によってカメラセンサが認識している脈波が，顔表面のヘモグロビン濃度の変化によるものだと仮定し，ヘモグロビン成分を効率的に計測する。津村らの手法[8]によって顔画像の色素成分分離を行い，ヘモグロビン成分画像を取得することができる。そのヘモグロビン成分画像の濃度時間変化を脈波として検出する。

2. 1　色素成分分離手法

顔画像に対して独立成分分析の技術を適用するために，観測信号である画像のRGB値と皮膚の色素濃度との関係を明らかにする[8]。

人間の皮膚のモデルを図9に示す。人間の皮膚は多層構造をとっており，大きく表皮，真皮，皮下組織に分けられる。皮膚にはメラニン，ヘモグロビン，ビリルビンなど様々な色素が含まれ，皮膚の色調はこれらの色素により左右される。これらの色素の中でもメラニン，ヘモグロビンによる変化が皮膚の色調に大きく影響している。メラニン色素は表皮に，ヘモグロビン色素は真皮に毛細血管が張り巡らされているため真皮に多く存在している。したがって，表皮をメラニ

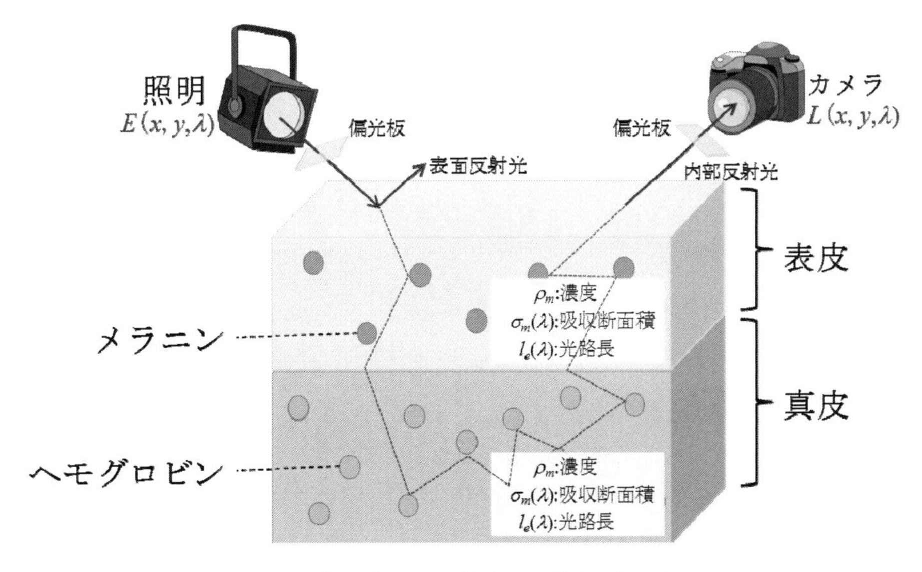

図9　皮膚モデルおよび皮膚に入射する光の動き

ン層，真皮をヘモグロビン層と仮定することができる。さらに，メラニン色素とヘモグロビン色素は，空間的に独立の分布をしていることが知られている。

皮膚に入射する光は，皮膚表面で反射される表面反射光と，皮膚内部に入射した上で内部で散乱を繰り返した後に皮膚外に射出した内部反射光に分かれる。表面反射光は皮膚の色素に影響されず，光沢などの光源の色を表現する反射光である。一方，内部反射光は皮膚内部の色素により吸収や散乱を繰り返し，皮膚外に射出した光であるため，皮膚の色を表現する反射光である。

以上の仮定を基に観測信号である画像の RGB 値と皮膚モデルの関係式が作られる。本研究では，皮膚の色を示す内部反射光のみを観測信号として扱うため，図 9 に示すように，小島らが提案したアルゴリズムに従い，カメラと光源の前部分に偏光板を設置し，偏光板がそれぞれ直交になるように設置することで表面反射光を除去した，内部反射光のみの画像を撮影する[9)]。

2. 2　空間軸の独立成分分析

メラニン色素は表皮，ヘモグロビン色素は真皮に個別に存在していることから，2 つの色素は空間的に独立に分布していると仮定することができる。さらに，皮膚画像の各チャンネルの画素値において Modified Lambert-Beer 法則が成立すると仮定すると，画素値の対数をとり，画像空間から濃度空間へ変換することで，線形の関係式を得ることができる。以上より，メラニン色素とヘモグロビン色素を独立信号とみなすことにより，図 10 に示すように，独立成分分析により RGB 画像（画素値 v_1，v_2，v_3）からヘモグロビン画像，メラニン画像を分離することができる。

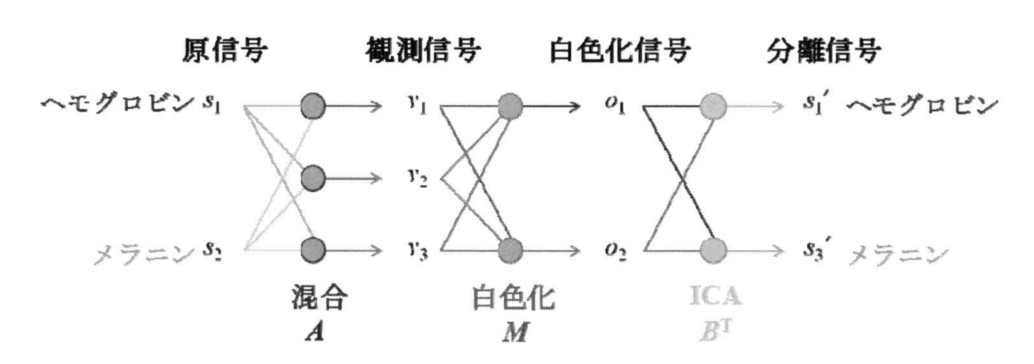

図 10　皮膚モデルに対する独立成分分析の流れ

2. 3　顔画像に対する色素成分分離

独立成分分析による皮膚の色素成分分離を，撮影した顔画像に対して実行した結果を示す。撮影した顔画像を図 11 に示す。画像は，表面反射光が除去された内部反射画像である。メラニン色素成分色ベクトル，ヘモグロビン色素成分色ベクトルは顔画像に置いて皮膚の凹凸による陰影のない小領域から推定する。そして，推定した色素成分色ベクトルを用いて顔画像に色素成分分

図 11　内部反射画像

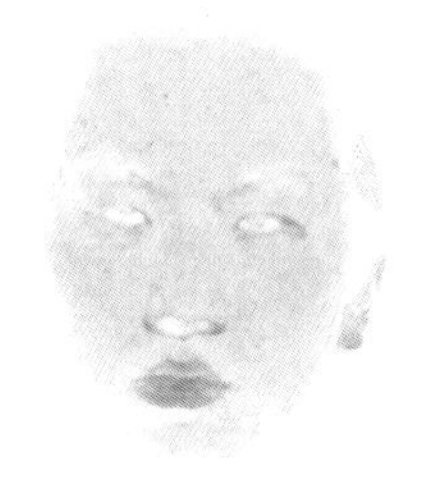

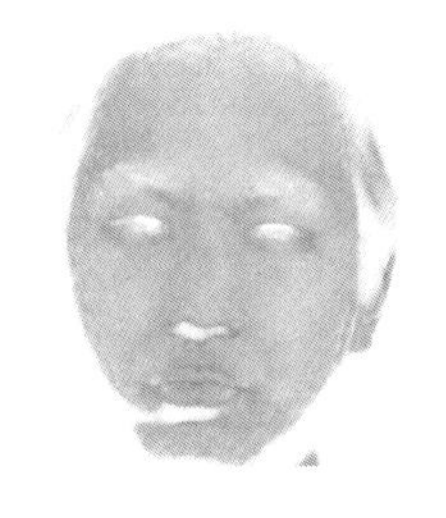

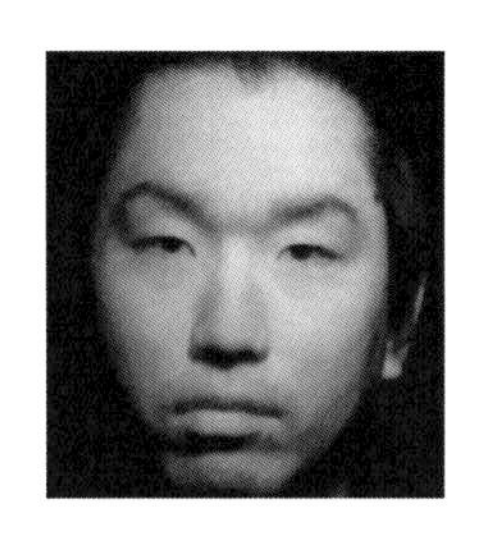

(a) ヘモグロビン色素画像　(b) メラニン色素画像　(c) 陰影画像

図 12　独立成分分析による色素成分分離の結果

離を適用する。顔画像の画素値を色素成分色ベクトルに射影し，色素成分分離を実行した結果を図 12 に示す。

2. 4　脈波検出方法

上で述べた色素成分の分離処理を，撮影した RGB 画像全てに対して実行する。分離されたヘモグロビン成分画像における，ROI の画素平均値の時間変化を取得する。1.2 項で述べた手法と同様に，RGB カラー画像から特徴点抽出を行い，額と口回りの領域を決定する。そして，ヘモグロビン成分画像の ROI に対応する平均画素値の時間軸の変化を信号として記録する。図 13 に取得した信号を示す。さらに，先に述べたバンドパスフィルタと同様の処理を適用し，得られた信号を図 14 に示す。この処理によって取得した信号に対してピーク検出を行い，得られた脈波間隔から心拍数と心拍変動スペクトログラムを計算する。

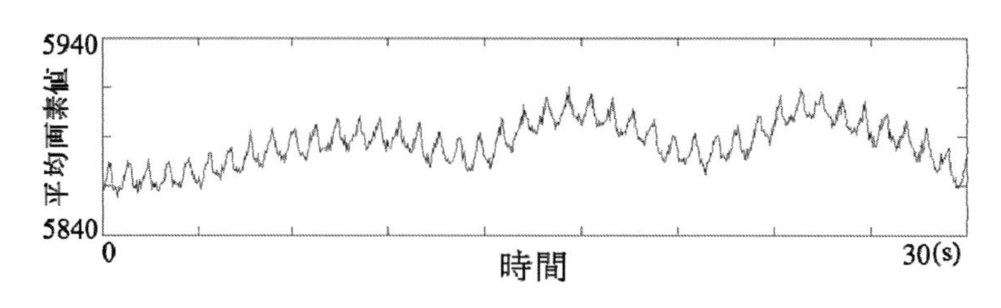

図 13　ヘモグロビン画像平均画素値の時間変化

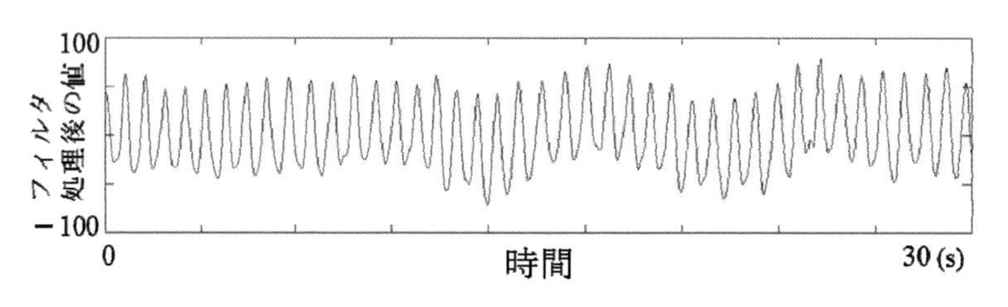

図 14　フィルタ処理後の信号

3　実験（RGB カメラを用いた提案法の有効性の検証）

3. 1　実験手法

20 代の男子学生 4 名に対しストレス負荷実験を行った。5 バンドカメラとポリグラフを用いて同時に計測を行い，得られた心拍変動スペクトログラムを比較して精度を検証する。実験は各被験者に対して安静状態とストレス状態の計 2 回行う。撮影は 3 m の距離から 5 バンドのデジタル一眼レフカメラを用いて行った。色素成分分離の結果とも比較を行うため，人工太陽灯を使用し，暗室下で撮影を行った。表面反射を除去するため，カメラと人工太陽灯の前に偏光板を設置している。

1 回目に安静状態での撮影を行った後，2 回目のストレス状態の撮影では被験者に暗算を行って頂いた。手や顔は動かさずに，4000 から 7 を連続して減算し続ける，という作業を全員に共通して行って頂いた。4 桁を毎回頭の中で復唱する人，下 2 桁のみで暗算を行う人などいたが，どの被験者もこの作業にストレスを感じたと実験後に話した。

3. 2　実験結果

3. 2. 1　色素成分分離による脈波の抽出

先に紹介した色素成分分離を，5 バンドカメラから取得した RGB カラー画像（bmp 形式）に対して適用し，脈波を取得した。拍動間隔から心拍変動スペクトログラムを算出した。取得した心拍変動スペクトログラムの一部を図 15 に示す。

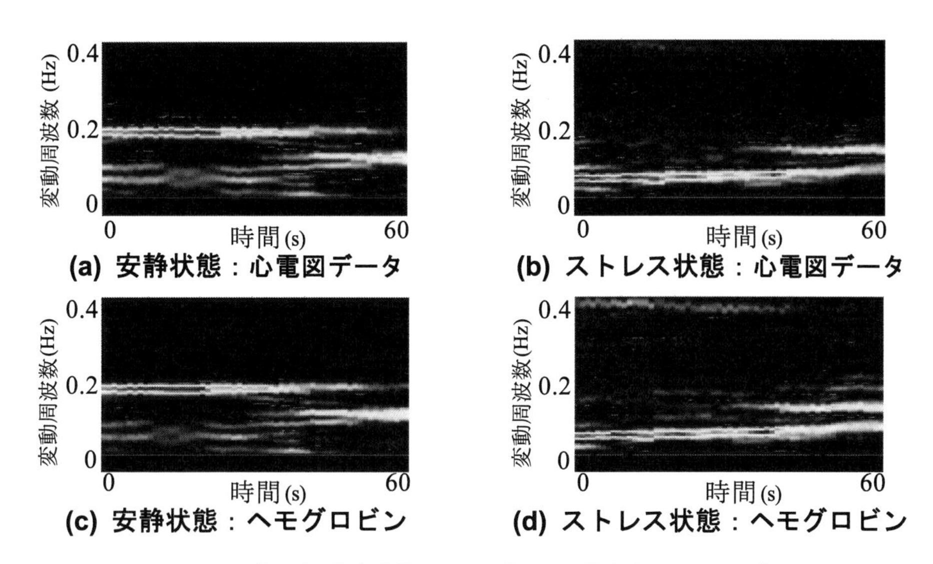

図 15　ヘモグロビン色素分離により取得した心拍変動スペクトログラム

3. 3　考察

本研究を行うにあたって，先行研究の McDuff らの手法に習い 5 バンドカメラを使用したが，McDuff らの手法と大きく異なる点がある。McDuff らが 5 バンドカメラの 5 つの信号のうち，グリーン（G），シアン（C），オレンジ（O）の 3 つの信号を用いて時間軸の独立成分分析を行うことによって心拍変動を精度良く取得することができていた。しかし，RGB の信号のみでは心拍変動スペクトログラムに関して，ストレス状態と安静状態を判定するのに十分な精度を得ることができていなかった。

しかし，今回提案する手法では，図 15 に示すように実用的な RGB 画像から，ストレス状態と安静状態を判定するのに十分な精度で，心拍変動スペクトログラムを得ることができた。また，提案する手法では，陰影成分を除去していることから，屋内や屋外における照明変動にロバストに計測することができるため様々な分野への応用が可能である。下に紹介する情動（感情）のモニタリングもその応用の 1 つの例である。

4　情動（感情）のモニタリング

より良い製品やサービスを生み出していくためには，消費者がそれをどのように感じているかを調査し，改善していくことが非常に重要である。調査の際に消費者が本来感じたものとは異なる回答を行う可能性があるが，消費者に評価されていることを感じさせずに感情を推定可能であれば，正確な評価を得ることができる。生理的反応を伴う感情は情動と呼ばれ，レーザー計測機器を用いて生理的反応を計測することで感情の推定は可能である[10]。しかし，レーザー計測機器は一般的に普及していないため実用的ではない。そこで本研究では，上で紹介したように，

RGBカメラを用いて撮影した顔の動画像に色素成分分離を適用し生体情報を計測することで，実用的で正確な感情の推定を行う。

4.1 実験

20代の学生7名に対して，amusement，anger，disgust，fear，sadness，surpriseの6つの情動を喚起する映像[11]を視聴させた際の顔の動画像をRGBカメラにより撮影する。撮影環境を図16に示す。撮影した顔の動画像に対し色素成分分離を行うことで，ヘモグロビン色素画像を作成する。図17に示すヘモグロビン色素画像の平均画素値の時間変化は，顔面皮膚血流の変化量を表す信号と考えられるため，信号から脈拍間隔を検出することができる。

検出した脈拍間隔を時間領域解析，周波数領域解析および非線形解析することで25種類の特徴量を取得する。解析区間は平常状態として映像視聴前に30秒間，および情動状態として映像視聴中に最も情動が喚起された場面から30秒間とする。また，関心領域を額および頬に設定し，それぞれの領域の皮膚血流量も特徴量として平常状態を10秒間撮影した動画像群および情動状態を10秒間撮影した動画像群から取得する。

情動状態の特徴量から平常状態の特徴量を減算して得た計27種類の特徴量の変化量を用いて，k近傍法による感情分類を行う。教師データは全特徴量から7割を10回ランダム選択し，

図16　情動喚起映像を視聴する被験者の顔画像の撮影環境

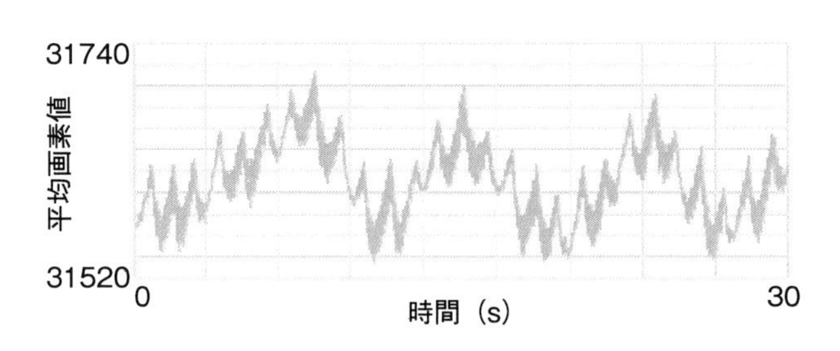

図17　計測した顔面皮膚血流の変化量

残りの3割のデータを分類した際の分類成功率の平均を分類精度とする。また，分類精度向上のため，個別最適化法によって全27種類の特徴量から9種類の特徴量を選択し分類を行う。

4. 2　実験結果

全特徴量を用いて6情動を最も分類精度が高い$k=4$で分類した際の分類精度を図18に示す。fearの分類精度が著しく低いが，これは映像刺激によってfearを正しく喚起できなかったためだと思われる。分類精度を上げるため，fearを除外し個別最適化法によって選択された，平均脈拍間隔，心拍数の標準偏差，フーリエ解析から得たHF，AR法から得たLFおよびLF/HF，頬の血流変化量，pNN50，TINN，SD2の9種類の特徴量を用いて$k=4$とした際の分類精度を図19に示す。94%の精度で5情動を分類できていることがわかる。

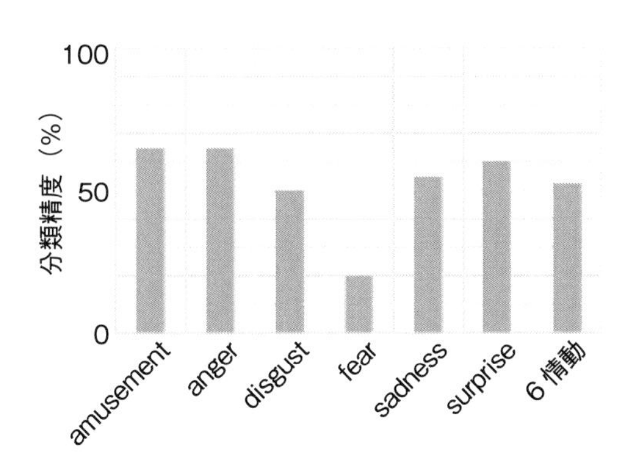

図18　全特徴量を用いた際の分類精度

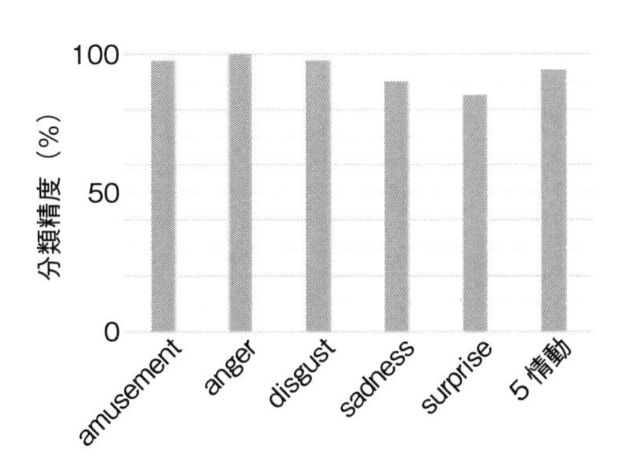

図19　特徴選択後の分類精度

4. 3　まとめと今後の課題

被験者に情動喚起映像を視聴させた前後の顔動画像に対し，色素成分分離を適用することで生体情報を取得し，それらを解析して得た特徴量を用いてk近傍法による感情分類を行った。さらに，個別最適化法による特徴選択を行うことで分類精度が向上した。今後は，異なる情動喚起刺激の使用によるfearの分類精度向上およびプログラムの高速化によるリアルタイム処理を目指す。

おわりに

本研究では，実用的なRGB画像から，生体光学に基づく色素成分分離の手法を用いることによって，ヘモグロビン色素を分離した顔画像を作成し，顔表面の血流変化を的確に捉えた。捉えた顔表面の血流変化から，高い精度で心拍変動を計測することに成功した。また，計測された心拍変動波形などから有効な特徴量を抽出することにより，5種の情動（感情）を平均94％の精度で分類することができた。

今後の課題として，リアルタイム化を目指しプログラムの高速化を行うことがあげられる。また，ストレスや感情モニタリングの他に，異性に魅力を感じたときに心拍変動がどう変化するかなど，魅力と生体情報の関連を調べる研究など，多方面に応用研究を展開していく予定である。

文　　献

1) D. McDuff *et al.*, *IEEE Trans. Biomed. Eng.*, **61** (10), 2593 (2014)
2) 紋野雄介，田中正行，奥富正敏，単板撮像素子を用いたワンショット撮影によるマルチスペクトル画像生成，画像の認識・理解シンポジウム（MIRU2011）
3) B. Martinez *et al.*, *IEEE Trans. Pattern Anal. Mach. Intell.*, **35** (5), 1149 (2013)
4) M. P. Tarvainen *et al.*, *IEEE Trans. Biomed. Eng.*, **49** (2), 172 (2002)
5) 赤穂昭太郎，カーネル多変量解析，岩波書店（2008）
6) J.-F. Cardoso and A. Souloumiac, *IEE Proceedings F* (*Radar and Signal Processing*), **140** (6), 362 (1993)
7) 正規化Lombピリオドグラム，http://www.mathworks.com/matlabcentral/fileexchange/22215-lomb-normalized-periodogram
8) N. Tsumura *et al.*, *ACM Trans.Graph.*, **22** (3), 770 (2003)
9) N. Ojima, T. Minami, and M. Kawai, Transmittance measurement of cosmetic layer applied on skin by using processing, In: Proceeding of The 3rd Scientific Conference of the Asian Societies of Cosmetic Scientists, vol.114 (1997)
10) H. Kashima and N. Hayashi, *PLoS ONE*, **6**, e28236 (2011)
11) W. Sato *et al.*, *Soc. Behav. Personal.*, **35**, 863 (2007)

第10章　ビデオカメラによる遠隔非接触的自律神経・血圧情報モニタリング

吉澤　誠[*1]，杉田典大[*2]

1　はじめに

心拍数変動や血圧変動は，それらの周波数スペクトルなどから非侵襲的に自律神経系の活動状態を表す指標を得るために利用されてきた。通常，心拍数変動や血圧変動を得るためには，心電計，脈波計，あるいは連続血圧計などの接触式センサが必要である。最近市販されるようになった腕時計型センサのような健康モニタリング用ウェアラブル・センサには，光電脈波計を利用しているものが多い。しかし，特別なセンサを常時身に付けることは煩わしく，毎日意識して装置を操作する必要があるような健康管理法は習慣化しにくい。

これに対して，ごく普通のビデオカメラで身体を撮影した映像信号から，遠隔・非接触的に脈波信号が得られることが注目されている[1,2]。映像信号から得られる脈波を映像脈波と呼ぶ。これは，血液中に含まれるヘモグロビンが緑色光をよく吸収するという性質を利用して，皮膚を撮影したカラー映像信号の緑色成分の平均値の時系列として得られるものである[3~6]。映像脈波からは，従来の光電脈波信号から得られる心拍数情報ばかりでなく，映像信号が2次元的情報であるという特徴に基づいて得られる血圧に相関する情報も得られる。

著者らが開発中のシステム「魔法の鏡」[1,2]では，血圧と相関のある情報を得るために，心臓の位置を基準とした近位部と遠位部で取られた2つの映像脈波の間の位相差を利用している[7~9]。通常，頬と掌の間，または頬と額の間を使用する。これまで，対象者自身が顔または手をスクリーン上で静止したインジケータに合わせるように動かして静止するか，あるいは，顔または手を静止させた状態で，分析者が映像内の対象の身体部分を判断してマウスなどで領域を選択することが必要であった。また，血圧と相関のある情報を得るための著者らが提案した別の方法として，掌などの身体の1箇所の映像脈波だけを使用する方法[10]があるが，この方法でも，対象領域の検出や追尾が必要となる。

このシステムの広範な応用を目指すには，手順を単純化するために関心領域（ROI）の選択を自動化することが望ましい。そこで本稿では，与えられた画像から顔と手を検出し，最適化手法を用いてそれらを自動的に分離する手法について解説した後，自律神経指標と血圧相関値算出の

＊1　Makoto Yoshizawa　東北大学　サイバーサイエンスセンター　先端情報技術研究部　教授

＊2　Norihiro Sugita　東北大学　大学院工学研究科　准教授

実例を示す。

2　映像脈波抽出システム

2. 1　映像脈波抽出の原理

皮膚下の血液中のヘモグロビンは，波長495～570 nmの緑色の可視光をよく吸収するため[11)]，顔や掌などを撮影したカラー映像信号（赤・緑・青）のうちの緑色輝度成分を，肌における十分広い領域で平均した値の時系列から脈波信号が抽出できる。これを映像脈波と呼ぶ。映像脈波からは，1拍ごとの心拍間隔時系列（心拍数変動）が得られる。心拍数変動が得られれば伝統的な方法でいくつかの自律神経指標[12)]が得られ，ストレスの評価などができると言われている。また，後述するように，心臓から近い顔の映像脈波と心臓から遠い掌の映像脈波の位相差や，あるいは映像脈波の歪み時間から血圧と相関のある情報をも連続的に得ることができる。

一方，可視光ではなく赤外光を皮膚に照射しても，その反射光から心拍同期成分を抽出することができる。これは，血中ヘモグロビンの吸収特性ではなく，皮下に侵入した赤外光が心拍に同期した皮下組織の動的な歪みによって散乱し，変調を受けたものを映像信号の強弱として捉えたものと考えられている。

2. 2　映像脈波抽出システムの構成

著者らが開発中のシステムは，Windows OS上のVisual C++とOpenCVで作成されており，

①　映像信号入力

②　自動的ROI設定と追尾

③　映像脈波抽出

④　血行状態表示

⑤　自律神経指標・血圧相関値算出

のような手続きで解析している。

2. 3　映像信号入力

本システムでは，コンピュータの内蔵カメラや外部接続のWebカメラからオンライン・実時間で映像脈波を抽出するか，あるいはすでに記録された低圧縮率の動画ファイル（AVI，MP4，MPEG，WMVなど）からオフラインで映像脈波を抽出することができる。圧縮率が高いと脈波抽出が困難となる。動画ファイルの場合，オフラインで解析するため30 fps以上のサンプリングができるが，カメラ入力の場合には，コンピュータの性能によるが，8ビット（256階調）で640 × 480の画素数の場合，22～30 fps程度のフレーム周波数で動作する。

2. 4　自動的 ROI 設定と追尾 [13, 14]

図 1 は，同図 a)の元の映像から d)の顔部分と e)の手の部分を自動的に分離する手続きを示すものである。まず初めに，Viola Jones 法[15]を用いて顔部分を検出し，同図 c)の楕円 A)のような顔の境界を設定する。これには OpenCV の *DetectMultiScale* を用いている。次に，RGB 映像を色相映像（HSV）と色差映像（YCbCr）映像に変換する。それぞれの変数 H・S・V と Y・Cb・Cr に関する(1)～(4)式の条件を満足するものを，大まかに肌領域だと判定する。

$$H < H_{\mathrm{min}} = 25 \sim 30 \tag{1}$$

$$H_{\mathrm{max}} = 169 < H \tag{2}$$

$$Cr < Cr_{\mathrm{min}} = 127 \tag{3}$$

$$Cr_{\mathrm{max}} = 149 \sim 160 < Cr \tag{4}$$

しかし，対象者の周辺光の環境（照度や色相）は大幅に変わるため，その都度，Cr_{min} 以外の閾値の H_{min}，H_{max}，Cr_{max} は変更しなければならない。そうしないと，図 1b)の顔や手以外の髪の毛や背景の一部まで肌領域だと誤認してしまう。そこで，これら 3 つの閾値を同時に最適化するために Nelder-Mead 法[16]を使用した。その値を最大化したとき最適とみなす評価関数は，

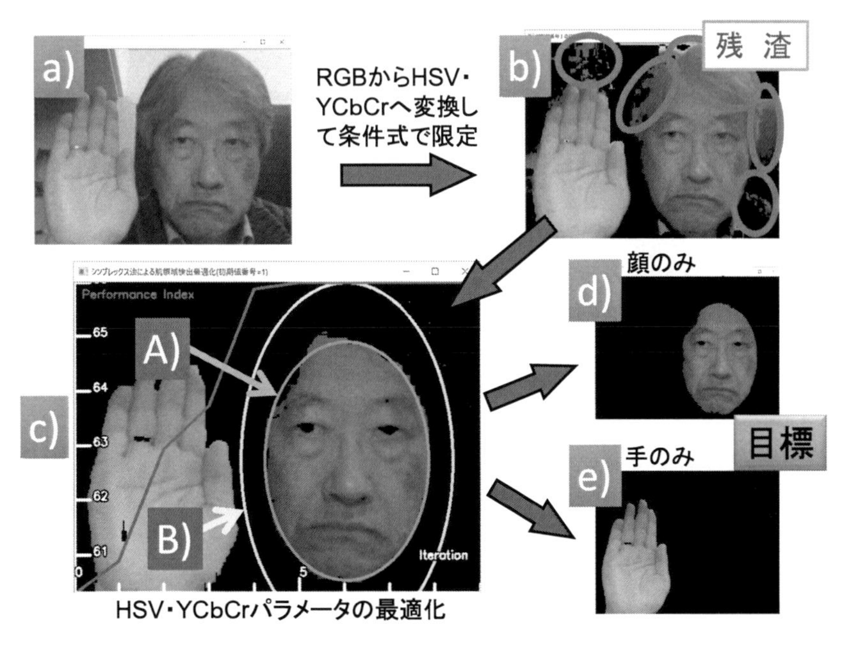

図 1　顔と手の領域の自動分離 [13]

図 1c) A)の楕円の内側に存在する肌とみなした領域の画素数と，図 1c)の楕円 A)と，それと同一中心を持つ楕円 B)の 2 つの楕円の間のドーナツ状の領域に存在する肌以外だとみなした領域の画素数の和である。この評価関数が最大になったとき，顔領域と顔以外の領域の境界が最適に選ばれる。したがって，楕円 B)をマスクすれば，それ以外の肌領域は図 1e)のような手の部分として自動的に定められる。手だけの画像に対して，OpenCV の *FindContours*, *InitTreeNodeIterator*，および *FitEllipse2* を使用して楕円フィッティングすることにより，図 2 の C)と D)のような，手の輪郭部分とその内側の掌部分を自動的に設定できる。

一旦，閾値の H_{min}，H_{max}，Cr_{max} が最適化されると，各フレームで毎回計算量が多い Viola Jones 法による顔検出を行うことは不要である。すなわち，肌領域に限定した映像に対して図 3a)の桃色楕円のように，OpenCV の CamShift 法[17]により，顔部分の色相に近い領域をフレーム毎に追尾する。この計算量は小さいので各フレームで実行可能である。図 3 の b)と c)に示された部分のように，Lucas-Kanade 法[18]を使用することによって，顔領域の比較的高い周波数での振動を抑制するように，追尾された楕円領域が安定化される。さらに，1 秒毎に Viola Jones 法を用いて両眼部分を検出し，それより下を図 3b）の頬部分（近位部），それより上を図 3c)の額部分（遠位部）として定め，それぞれの矩形領域内の肌領域のみの部分の映像脈波を図 3 の d)と e)のように抽出する。

2. 5　映像脈波抽出

映像脈波を具体的に抽出するためには，関心領域内の肌領域の各画素の G 信号の値を加算平均し，その値を各フレームで求める。すなわち，フレーム番号を $k = 1,2,3,\cdots$，関心領域内の肌領域の画素数を縦 I 個，横 J 個，第 i 行第 j 列の画素の G 信号値を $X_{i,j}(k)$ [階調] としたとき，

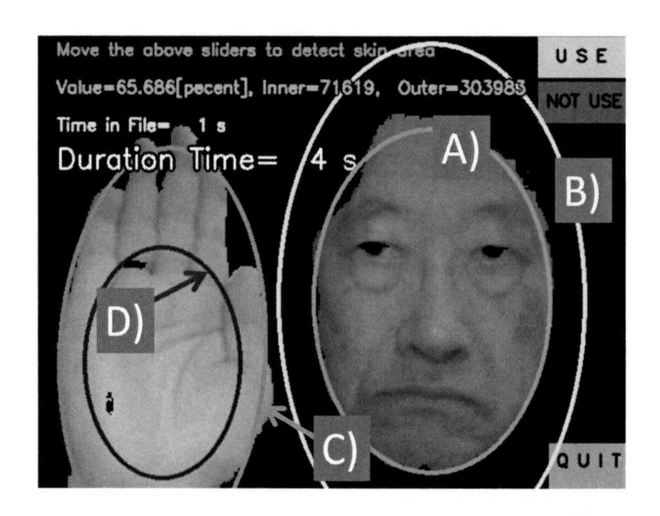

図 2　手の輪郭部分とその内側の掌部分の自動的設定 [14]

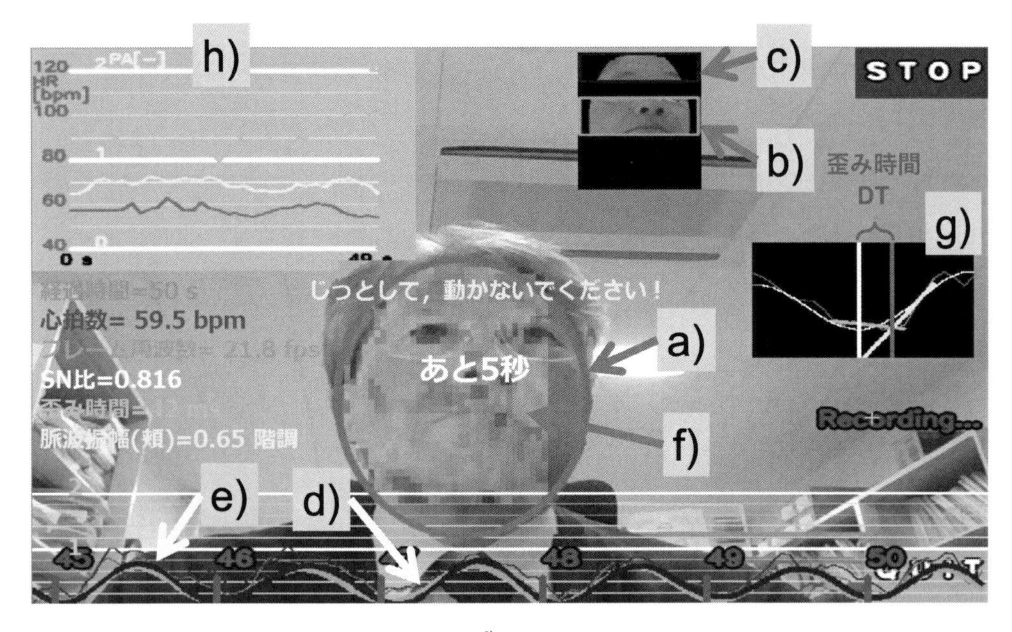

図 3　血行状態ディスプレイ「魔法の鏡」[2)] の表示例（https://youtu.be/pX2TU0DiCVU）

a）CamShift 法で顔検出したことを表すインジケータ，b）近位部の解析対象領域（頬），c）遠位部の解析対象領域（額），d）領域 b）の映像脈波，e）領域 c）の映像脈波，f）Lucas-Kanade 法によって体動補償をした顔領域における血行状態を表す動的なモザイク表示，g）歪み時間（DT）の計算過程表示，h）心拍数（HR），DT，脈波振幅（PA）の履歴。

$$x(k) = 255 - \frac{1}{IJ}\sum_{i=1}^{I}\sum_{j=1}^{J} X_{i,j}(k) \tag{5}$$

の値を求める。最大階調 255 から加算平均値を引いている理由は，血圧波形と同様に，心臓の収縮期に値が増加し，拡張期に減少するように表示するためである。通常，周辺光の変化によって急激な基線変動が生じる場合があり，これを除く必要がある。線形な低域通過フィルタでは除去が困難なため，映像脈波信号のフレーム間差分を取った信号 $d(k) = x(k+1) - x(k)$ に対して，適当な長さの時間窓 L [s] における統計的な飛び値除去操作（例えば標準偏差の何倍かを越えるものを除外）を行い，$d(k)$ をフレーム毎に累積する。すなわち，$x(k) = \sum_{n=1}^{k} d(n)$ とすることで，急激な基線変動が少ない映像脈波信号を得る。図 3 の e）と d）の波形の例は，この場合のフレーム周波数が $f_{Frame} = T^{-1} = 21.8$ fps であったため，時間窓の長さは $L = 128$ 個 $\times T = 5.87$ s であり，この窓のデータに対して，0.8～2 Hz を帯域幅とする FFT と逆 FFT を用いた帯域通過フィルタを通過させたものである。

図 1c）の楕円 A）と楕円 D）のそれぞれの内側の領域の画素の緑色（G）信号の輝度平均値のフレーム毎の時系列を，それぞれ，顔と手の映像脈波信号として得る。図 4 は，図 2 の楕円 D）（掌）の G 信号の映像脈波を，比較のため赤色（R）信号，青色（B）信号の時系列も同時に示

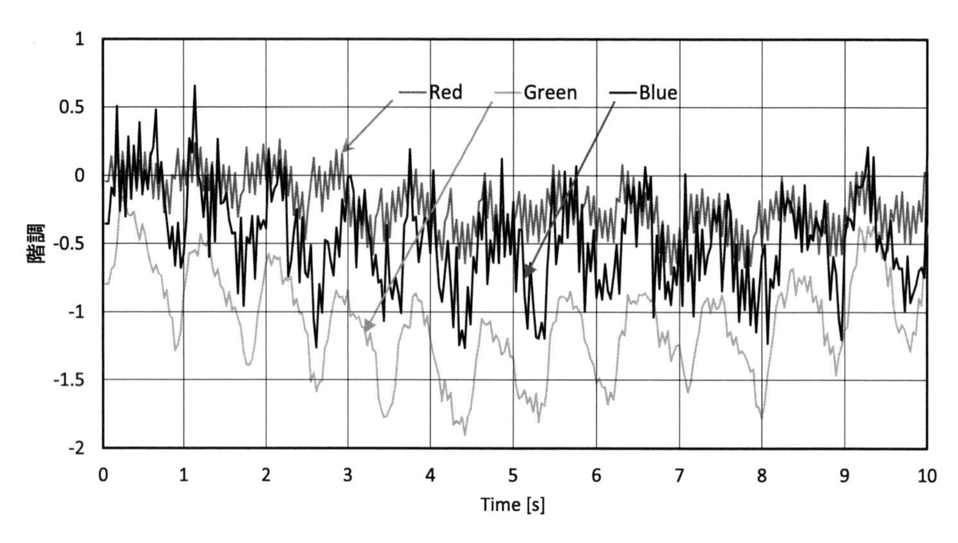

図４　図２の楕円 D）（掌）の領域の映像脈波

したものである。明らかに，Green は脈波らしい三角波となっているが，Red と Blue は高周波雑音が多く含まれていることがわかる。

2. 6　血行状態表示

図３の f)は，CamShift 法で検出した顔の領域を，Lucas-Kanade 法によって安定化して体動補償をした領域における血行状態を表す動的なモザイク表示の例である。これは，解析対象領域を 35 × 35 = 1,225 個に分割した各セグメント対して，上述したものと同じ帯域通過フィルタを通過させた信号の窓内の最小値を青に，最大値を赤に色変換（jet 変換[19)]）して表示したものである。

2. 7　自律神経指標・血圧相関値算出

脈波信号が正確に得られれば，心拍間隔時系列（心拍数変動）などから自律神経系の活動状態を表すいくつかの指標[12)]が得られる。しかし，普通のビデオカメラではフレーム周波数が 30 fps（サンプリング間隔 33 ms）であり，時間分解能が低すぎる。これを改善するために，心拍間隔を決定する脈波信号の拡張期から収縮期に変わる境界時刻（Foot）を，以下のようにしてできるだけ正確に求める。

いま，第 m 拍目の Foot を $t_{\mathrm{Foot}}(m)\,[\mathrm{s}]$ で表し，第 m 拍目において脈波の差分 $d(k)$ の符号が負から正に変化するフレーム番号を k_m で表し，その時の差分の値を $d(k_m)$ と $d(k_m+1)$ で表す。脈波が極値をとるときその微分値は 0，すなわち $d(k)\approx 0$ となるはずであるから，$t_{\mathrm{Foot}}(m)$ を，線形補間した直線のゼロ交差時刻として

$$t_{\mathrm{Foot}}(m) = (k_m - 1)T + \frac{k_m d(k_m + 1) - (k_m + 1)d(k_m)}{d(k_m + 1) - d(k_m)}T \tag{6}$$

のように求める。ここで $T = 0.033$ [s] はサンプリング間隔である。

各拍の Foot が求まれば，Foot 同士の間隔 FFI（Foot-to-Foot Interval）の時系列 $FFI(k) = t_{\mathrm{Foot}}(k) - t_{\mathrm{Foot}}(k - 1)$ が得られる。

自律神経系指標としてよく使われるのが交感神経系と副交感神経系のバランスを表すとされる LF/HF という指標[12]である。これは，不等間隔時系列である $FFI(k)$ を適当な補間関数で連続関数に変換した後，サンプリング周期 T_r[s] で再サンプリングすることで N（2 のべき乗）個の等間隔時系列データとし，FFT によって計算したパワースペクトル $\Phi(f_i)$ ($f_i = \frac{i}{NT_r}$ [Hz]；$i = 0, 1, 2, \cdots, \frac{N}{2} - 1$）を計算して，

$$LF/HF = \frac{低い周波数成分の和}{高い周波数成分の和} = \frac{\sum_{i \in 0.04 \le f_i \le 0.15} \Phi(f_i)}{\sum_{i \in 0.15 < f_i \le 0.4} \Phi(f_i)} \tag{7}$$

のように求めるものである。本システムの場合，$N = 128$ 個，$T_r^{-1} = 5.12$ Hz，$NT_r = 25$ 秒である。また，副交感神経系の活動を表すとされるのが [12]

$$CVRR = \frac{FFI(k)\ の標準偏差}{FFI(k)\ の平均値} \times 100\ [\%] \tag{8}$$

である。さらに，文献 20, 21 で提案された指標である μ_{PA} を求める。この指標は，脈波振幅 PA［階調］（拍内の脈波の最大値と最小値の差）の時系列に基づく指標であり，

$$\mu_{PA} = \ln\left(\frac{MF_{PA}}{HF_{PA}}\right) \tag{9}$$

で定義される。ここで MF_{PA} は，LF/HF の場合と同様にして等間隔時系列に変換した脈波振幅 PA の時系列のパワースペクトルのうち，$0.08\ \mathrm{Hz} \le f \le 0.15\ \mathrm{Hz}$ を満たす周波数の成分の和であり，HF_{PA} は $0.15\ \mathrm{Hz} < f_i \le 0.4\ \mathrm{Hz}$ を満たす周波数の成分の和である。μ_{PA} は，脈波振幅 PA に基づく値であり，血管の脈動の大きさに関係する量とみなすことができ，血管を調整する交感神経系の活動を反映する可能性がある。

文献 21 に示されているように，$CVRR$［%］を横軸に取り，μ_{PA} を縦軸に取った表示方法を採用すると，高齢者が左下に分布し，若年者が右上に分布することがわかっている。$CVRR$ と μ_{PA} の 2 つの指標から，

$$Age = 72.6 - 5.37 \times CVRR - 7.29 \times \mu_{PA} \tag{10}$$

に従って，自律神経に関係する年齢 Age を推定することができる。この式は，指尖光電容積脈波に基づくものであり，145 人の健常被験者の年齢を相関係数 0.774 で線形回帰推定する式である[21]。$CVRR$ と μ_{PA} が大きいほど若いということになる。

一方，映像脈波から血圧に相関する値を算出する方法として，次の 2 つがある。

ひとつは，心臓から見たときの近位部と遠位部の 2 つの映像脈波の位相差（脈波伝搬時間差；PTTD）を使う方法である。$t_{\mathrm{Foot}}^{\mathrm{Proximal}}(m)$ と $t_{\mathrm{Foot}}^{\mathrm{Distal}}(m)$ を，それぞれ近位部と遠位部の Foot 時刻としたとき，PTTD は，

$$PTTD(m) = t_{\mathrm{Foot}}^{\mathrm{Distal}}(m) - t_{\mathrm{Foot}}^{\mathrm{Proximal}}(m) \ [\mathrm{s}] \tag{11}$$

で求められる。Sugita ら[7]は，20 名の健常者について頬と掌の間の位相差あるいは額と掌の間の位相差が，連続血圧計で計測した収縮期血圧と相関係数が約 0.6 で正の相関をしたと報告している[8]。ただし，このときの位相差は，映像脈波の Hilbert 変換による瞬時位相に基づいて連続的に求めている。

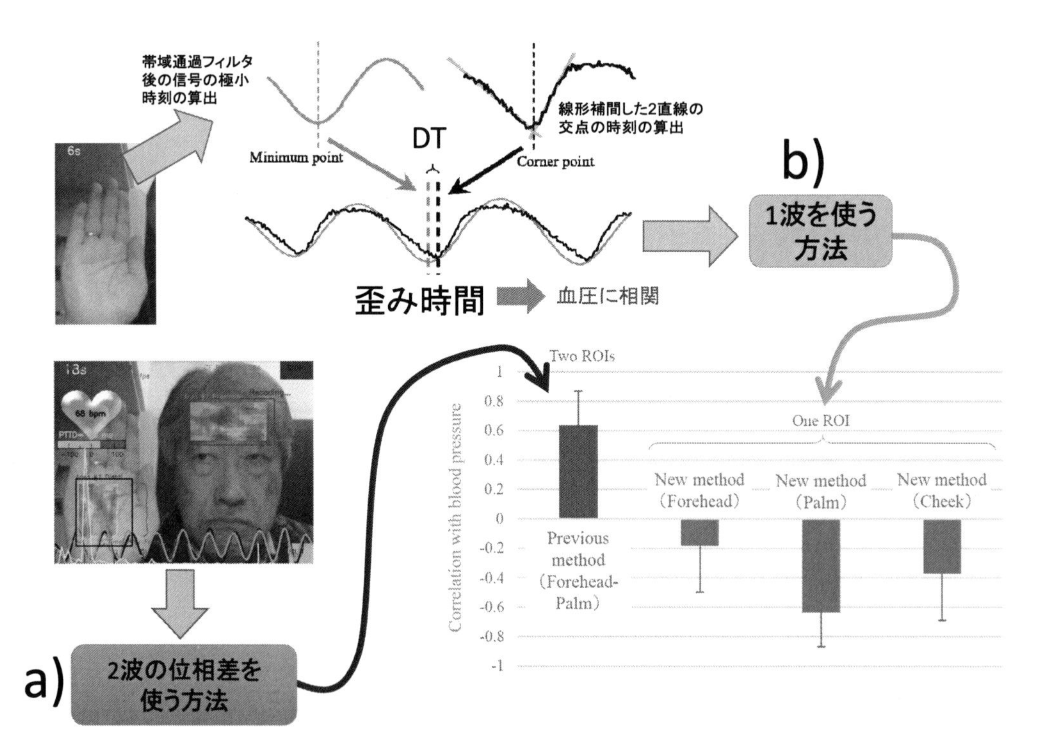

図 5　血圧情報を得る 2 つの方法[10]

2 波を使う方法と 3 つの領域における 1 波を使う方法の相関係数を比較（被験者 20 名）。

PTTDを得るためには，映像に身体の近位部と遠位部の両方が同時に映っている必要がある。これに対し，Sugitaら[10]は，図5a)に示されるように，身体の1箇所の映像脈波の拡張期から収縮期の境界（直線近似の交点）とその狭帯域の帯域通過フィルタ後の基本波の極値との時間差（波形歪み時間；distortion time；DT）が，同図b)のように対象が掌の場合には，収縮期血圧と相関係数約－0.6で負の相関をしたことを報告している。この方法の方が2箇所で計測する方法よりも簡単で実用的である。

3　実施例

図6は，61歳男性健常者の掌（遠位部）と頬（近位部）を解析対象として，温水シャワー（43℃，8分間）が映像脈波に与える効果を見たものである。同図a)およびb)が，それぞれシャワー前およびシャワー後の脈波信号である。各図の上段が脈波信号の生波形で，下段がそれを帯域通過フィルタ（通過帯域：0.5～1.5 Hz）に通したものである。ここで縦軸は，緑色輝度平均値が大きい（血液量が増加する）ほど上方になるように取ってある。すなわち，輝度平均値の最大値が255であり，（255－緑色輝度平均値）×1,000の値をプロットしている。各波形で，青色が手（遠位部）に対応し，緑色が頬（近位部）に対応する。また，桃色が瞬時心拍数であり，赤色が脈波伝搬時間差*PTTD*［ms］を示している。さらに，赤の点線で囲んだ部分は，下腹部を力みながら10秒間の息止めをした時間区間である。

同図から，息止めをすると脈波の基線がランプ状に増加したこと，また，呼吸が再開されると，基線が急に減少した後，さらに急に反発して増加し，その後減衰振動しながら呼吸停止前のレベルに収束したことがわかる。この基線の大きな変動は呼吸停止後の深呼吸に応じた呼吸運動に同期したものであると思われる。基線の上昇は緑色輝度値の減少に対応するものであるため，これは手および頬の皮下の毛細血管の血液量の増加，すなわち鬱血を意味している。同図の縦軸の最大値は，同図a)が5,000で同図b)が10,000であるため，手の基線の変化量は，シャワー前よりシャワー後で約2倍となったことがわかる。一方，シャワー後の頬の基線の変化量は途中で飽和した。このことは，手と頬の間で鬱血の量に相違があることを意味する。

さらに，呼吸停止時の変動区間を除き，シャワー前の脈波伝搬時間差*PTTD*は約30 msであるのに対し，シャワー後は60 ms程度である。また，呼吸停止時に*PTTD*は延伸し，その延伸量もシャワー前に比べてシャワー後で約2倍異なっている。

以上から，映像脈波は皮下血管の血液量の変化を敏感に反映するとともに，シャワーによる血管拡張による血液量の増加，すなわち血行促進を定量的に表すことができることが示唆される。

本システムからは，対象者の2か所（頬および額）の脈波信号に基づき，次のような多数の指標が得られる。

① 平均心拍数

② 血行の良さ（拍毎の脈波振幅の平均値）

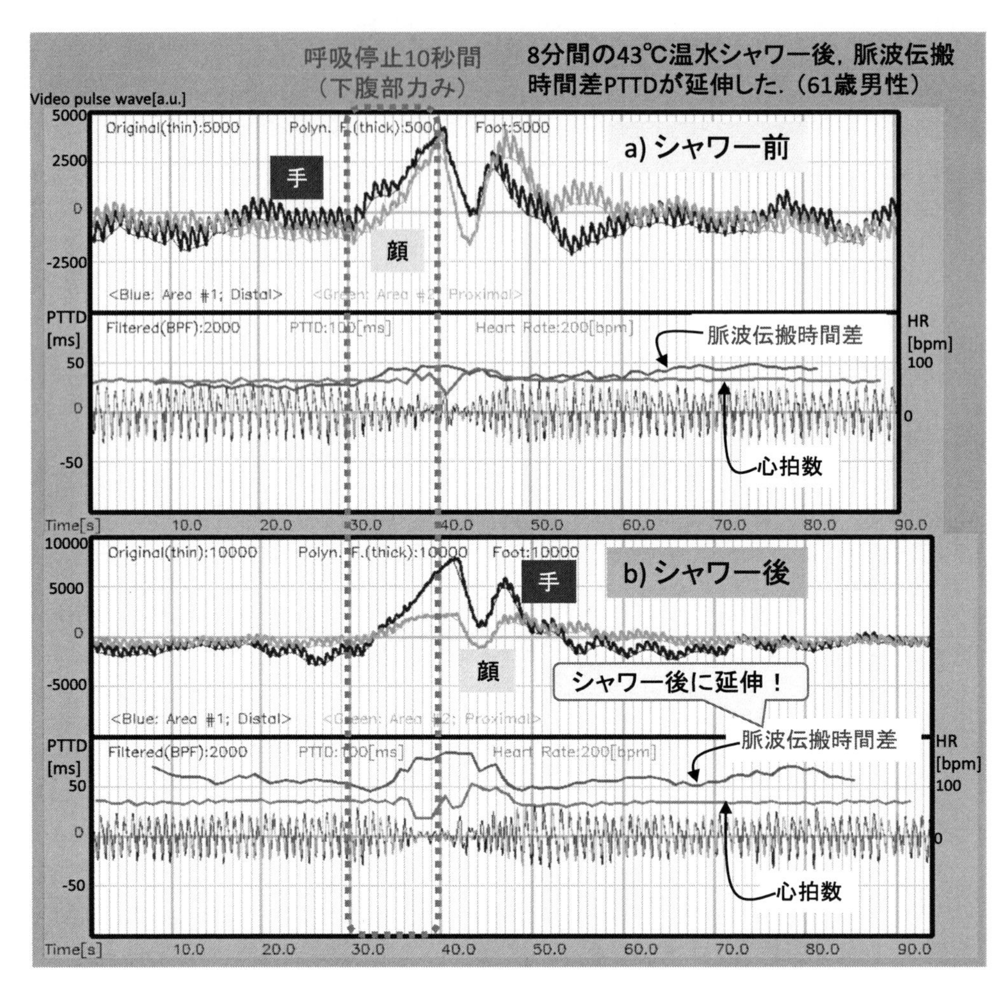

図6　温水シャワーが映像脈波に与える効果の一例

a）シャワー前，b）シャワー後。

③　自律神経バランス（LF/HF，(7)式）

④　血管調整指標（交感神経活動指標；μ_{PA}，(9)式）

⑤　心拍調整指標（副交感神経活動指標；*CVRR*，(8)式）

⑥　血圧相関値（歪み時間 DT および脈波伝搬時間差 *PTTD*）

⑦　計測雑音の指標（脈波信号の S/N 比および拍毎の脈波振幅の標準偏差）

⑧　自律神経年齢（(10)式）

これらをできる限りわかりやすく表示するために，図7のような *CVRR*-μ_{PA} 表示による自律神経年齢表示と①～⑧の諸量のレーダーチャート表示を行うと同時に，音声による結果の読み上げを行っている。ここで，脈波信号の S/N とは心拍周波数成分以上のパワースペクトルに対する心拍周波数成分の比である。

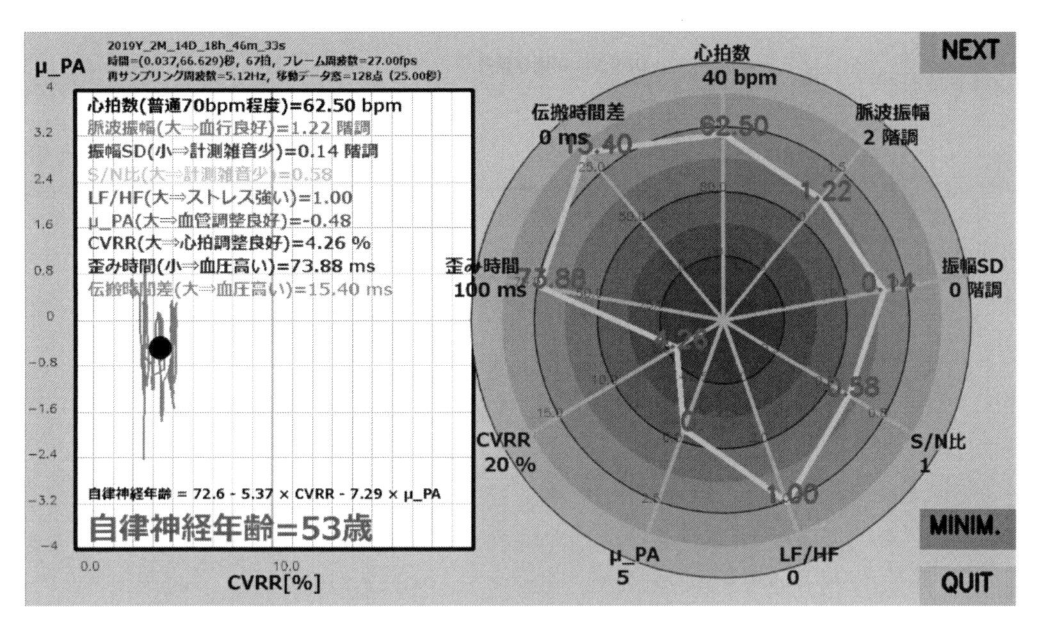

図 7　*CVRR*-μ_{PA} 表示による自律神経年齢表示と諸量のレーダーチャート表示

同図右半分のレーダーチャートは，平均心拍数，LF/HF，脈波伝搬時間差 *PTTD*，脈波振幅の標準偏差の 4 つの軸を原点に向かう内側方向に増加するように取り，それ以外の 5 つの指標は外側に向かう方向に増加するように取っている。このような向きに表示することにより，体調がよく，計測雑音が少ないほど多角形が大きくなるようになっている。

4　今後の展開

以上，ごく普通のビデオカメラでも，遠隔・非接触的に自律神経系指標や血圧に相関する値の連続的変化を抽出できることを示した。本システムでは，これらの指標がわかりやすく表示・記録されるため，日常的な体調の管理に応用することができると期待される。さらに，従来，血圧を計測するには何らかのセンサを身に付ける必要があったが，本システムを用いれば，遠隔的かつ非接触に意識することなく血圧相関値の変動を推定できる。これにより，日常生活のさまざまな場面での血圧変動がモニタできるようになり，脱衣所・風呂場・トイレなどでの血圧サージを検出することで，高齢者などの脳卒中や溺死を防止できる可能性があると思われる。

また，本手法は映像ファイルさえあれば有効であるため，例えばドライブレコーダに録画された運転者の映像から，運転者が死亡していても自動車事故の原因が体調によるものかどうかを検証できる可能性がある。その他，スマートフォンやカメラ付 AI スピーカなどのさまざまな商品への幅広い応用が期待できるとともに，将来的には，スマートフォン経由のクラウドサービス，赤外線領域も使った自動車運転者のリアルタイムでの体調管理などが可能となると予想される。

ここで紹介した手法は，すでに製品化が始まっており[22)]，さまざまな分野での活用と社会実装の促進が期待される。

謝辞

本研究の一部は，文部科学省・㈱科学技術振興機構平成25年度革新的イノベーション創出プログラム「さりげないセンシングと日常人間ドックで実現する理想自己と家族の絆が導くモチベーション向上社会創生拠点」の補助を受けたものである。謹んで謝意を表する。

文　献

1) M. Yoshizawa *et al.*, 38th Annual Conference of IEEE Engineering in Medicine Biology Society 2016, p.4763 (2016)
2) 吉澤　誠，杉田典大，光技術コンタクト，**55** (10), 4 (2017)
3) M. Poh *et al.*, *IEEE Trans. Biomed. Eng.*, **58** (1), 7 (2011)
4) Y. Sun *et al.*, *J. Biomed. Opt.*, **17** (3), 037005 (2012)
5) H. Monkaresi *et al.*, *IEEE J. Biomed. Health Inform.*, **13**, 1153 (2014)
6) J. Kranjec *et al.*, *Biomed. Signal Process. Control*, **13**, 102 (2014)
7) I. C. Jeong *et al.*, *J. Med. Syst.*, **40**, 77 (2016)
8) N. Sugita *et al.*, 37th Annual Conference of IEEE Engineering in Medicine Biology Society 2015, p.4218 (2015)
9) 高森哲弥ほか，脈波伝搬速度の測定方法およびシステム並びに撮像装置，特許第6072893号，2017年1月13日登録
10) N. Sugita *et al.*, *J. Med. Biol. Eng.*, **39** (1), 76 (2018)
11) 浜松ホトニクス，光による生体イメージング，http://www.hamamatsu.com/jp/ja/technology/innovation/trs/index.html
12) 浅井宏祐，自律神経機能検査 第4版，p.159，文光堂 (2007)
13) M. Yoshizawa *et al.*, 2018 IEEE 6th Global Conf. on Consumer Electronics (2018), DOI: 10.1109/GCCE.2018.8574732
14) M. Yoshizawa *et al.*, Remote and non-contact extraction techniques of autonomic nervous system indices and blood pressure variabilities from video images, 25th International Display Workshops, IDW 2018 (2018)
15) P. Viola and M. J. Jones, Proc. of the 2001 IEEE Computer Society Conference on Computer Vision and Pattern Recognition, vol.1, p.511 (2001)
16) J. A. Nelder, and R. Mead, *Comput. J.*, **7**, 308 (1965)
17) G. R. Bradski, Proc. of the Fourth IEEE Workshop on Applications of Computer Vision, WACV'98 (Cat. No.98EX201), p.214 (1998), DOI: 10.1109/ACV.1998.732882
18) B. D. Lucas and T. Kanade, International Joint Conference on Artificial Intelligence,

p.674 (1981)

19) Mathworks社, Jet colormap array, https://jp.mathworks.com/help/matlab/ref/jet.html

20) 吉澤　誠ほか, 自律神経機能測定装置, 特許第5408751号, 2013年11月15日登録

21) Y. Kano *et al.*, 36th Annual Conference of IEEE Engineering in Medince Biology Society 2014, p.1794 (2014)

22) 第4回ヘルスケアIT2019〜テクノロジーが変えるヘルスケアの未来〜, 映像情報メディカル, **51** (3), 70 (2019), https://www.eizojoho.co.jp/medical/pdf/201903m_report.pdf

第 11 章　顔面皮膚血流による情動センシング —味覚に伴う情動を中心に—

林　直亨*

情動，特に味覚に応じた情動を，顔面皮膚血流の応答から客観的に評価できる可能性が示されている。基本味や複合味を投与した際に，おいしいと感じると瞼の血流が増加し，まずいと感じると鼻の血流が低下するような，おいしい・まずいといった情動に伴う顔面皮膚血流の変化が報告されている。そこで，主に味覚刺激に伴う顔面皮膚血流の応答についての知見を紹介する。

1　はじめに

情動を客観的に容易に評価することは，さまざまな場面で有用である。食品の官能評価を簡易に実施できれば，消費者に好まれる製品を開発できる。実際には，官能検査には，訓練時間や多くの費用が必要となっている。あるいは，実時間での情動の評価ができれば，患者への応用も可能である。全身の筋が進行性に動かなくなる筋萎縮性側索硬化症では発話が不可能になるため，コミュニケーションが困難になる。こうした疾患患者の情動を早く読み取れれば，生活の質を多少なりとも向上することができよう。

情動を簡便に評価するには，質問紙などの主観的な評価法が用いられてきた。この方法では，情動を意図的に偽る，あるいは隠すことが容易であることから，客観性が担保されていないという短所がある。ヒトの情動を簡便に客観的に定量評価する方法は確立されていない。

情動に伴い，人類に共通で特異的な表情が観察されることを，世界各地の民族の表情についての調査に基づいて Darwin が示唆している[1)]。さまざまな情動，例えば怒り，悲しみ，恐れ，幸福感などに伴う表情が人類共通であることも示された[2)]。また，乳幼児にさまざまな基本味を与えても，味覚に応じて共通で特異的な表情が得られる[3)]。したがって，表情から情動を評価することが可能であろう。ただし，質問紙評価と同様に，表情を意図的に偽る，隠すことが容易であり，また定量化が難しいという欠点がある。

情動に伴って自律神経系（Autonomic Nervous System：ANS）が反応することが示されている。ANS の応答は自動的に現れる生体反応であり，質問紙や表情と違って，応答を偽ることは非常に困難である。そのため，情動を評価するために，複数の研究グループが身体のさまざまな部位の ANS 活動を評価してきた[4~6)]。

*　Naoyuki Hayashi　東京工業大学　リベラルアーツ研究教育院　教授

顔面皮膚血流（Facial Blood Flow：FBF）の変化から味覚やおいしさの程度を評価できると著者らのグループは予想した。理由は，①血流がANSによって調節されているので，短時間で応答が表出すると考えられること，②上記のようにヒトの表情が情動に特異的であることから，血流応答も共通で特異的であると類推されること，③情動を顔色，すなわちFBFの変化，で表す言語表現が多いこと，である。実際，情動刺激によって顔色が著しく変化する場合もある[7]。

神経解剖学的にも，情動がANSを介してFBFを変化させる可能性がある。情動の記憶と関連する扁桃体中心核の活動は，表情とANS両者に変化をもたらす[8]。情動に伴い扁桃体がANSにも何らかの指令を出すならば，顔面の血管はANSに支配されているので[9]，情動に応じた変化を示す可能性がある。もし，味覚やおいしさの程度に応じてFBFの応答に特異的な応答が観察された場合，FBFを用いて味覚を評価できると予想される。

ここでは，口腔内の感覚刺激に伴うFBFの計測法およびその応答を紹介し，FBFによって情動を判別することの可能性と限界，その生理メカニズムについて紹介する。

2　FBFの計測法について

皮膚血流の非侵襲的な計測には，レーザー血流計が用いられてきた。これは，照射したレーザー光のドップラーシフトから相対的な血流速度を求める手法である。光ファイバーのプローブを接触固定するだけなので，容易に利用可能であり，多くの研究で使用されている。ただし，血流を多くの部位で同時に計測するには，プローブを複数付ける必要がある。顔面の複数個所で計測するとなれば，被験者が不快感を訴えることが容易に予想される。

レーザースペックル血流画像化法（Laser Speckle Flowgraphy：LSFG）では，非接触で対象物の表面を観察することが可能である。FBFを多地点で観察するには適している。

LSFGの原理は以下のようになる。生体表面にレーザーを照射すると，散乱光が干渉して，ランダムな斑点模様を作る。この斑点模様は，生体表面の物質が動けば，その動きに応じて変化する。斑点模様の変化速度を各点について計算すれば，生体表面の物質の移動速度を多地点で同時に計測できる。静止した顔面を対象に得られたデータであれば，表面を移動する物質は血液である。したがって，計算された移動速度は血流の相対速度となる。スペックルから得られる血流イメージは，動く物体のベクトルの和となる。顔面皮膚表層の血流方向は一定ではないものの，それらの総和として相対値で表される。

顔全体を撮影することが可能なLSFGは市販されている。付属のソフトウェアを用いて血流イメージに変換することも容易である。筆者らは，前額部，瞼部，鼻部，頬部，上唇部，下唇部を主に関心領域としてきた。なお，顔以外の部位を計測することも可能である。動物実験であれば，脳表層の血流計測にも用いられている。

本測定原理から，測定部位を固定して測定しないといけないことと，絶対値の算出ができないことは欠点である。顔を固定しても，瞬目は大きなノイズとなり，瞼部の血流計測を行うのであれば対象者に閉眼させる必要がある。閉眼しても，眼球運動は消失せず，瞼部の血流には眼球の動きがノイズとして乗ってくる。したがって，こうしたノイズのないデータのみを解析する必要がある。すべて自動で解析してしまうと，血流以外の大きな誤差が血流のデータに混ざることがあるので，留意が必要である。

3　味覚に伴う情動に対する顔面皮膚血流の応答

味覚に伴う情動は FBF に特異的な変化をもたらすことが示されている[10]。健常成人に，5つの基本味（甘味，酸味，塩味，うま味，苦味）を投与すると，FBF が特異的な変化をする。主観的嗜好度が水（対照）と比較して高い甘味溶液を投与すると，瞼の FBF が増加する（図 1)。また，うま味成分であるグルタミン酸ナトリウム溶液を投与すると，それをおいしいと感じる被験者の瞼の FBF が増加した。甘味とうま味の刺激中，主観的嗜好度は瞼の皮膚血流の変化率と関係を有していた（図 2)。これらのことから，おいしいという情動が，瞼の血流を増加させる

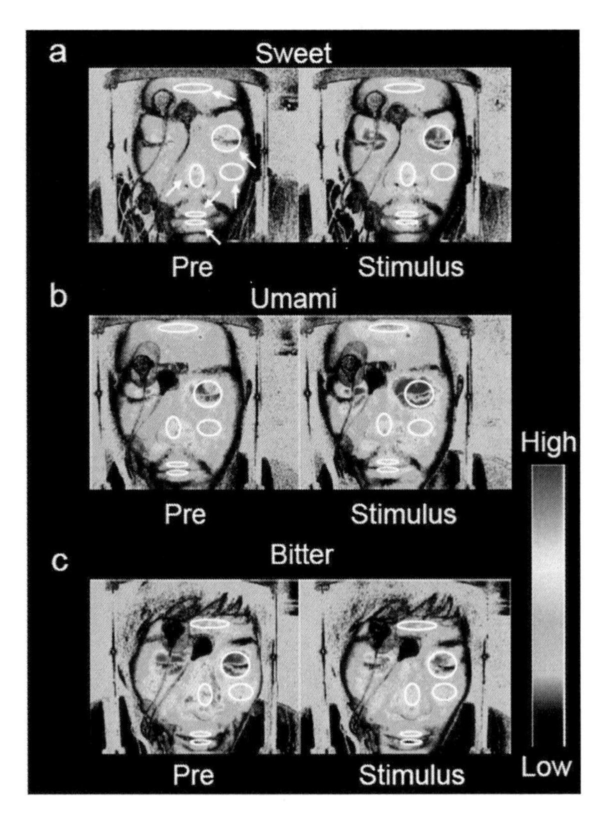

図 1　甘味（a)，うま味（b)，苦味（c）に伴う顔面皮膚血流の応答の一例[10]
左に投与前，右に投与後を示す。おいしいと感じると(a)，(b)に示すように瞼の血流が増加し，まずいと感じると(c)に示すように鼻の血流が低下した。

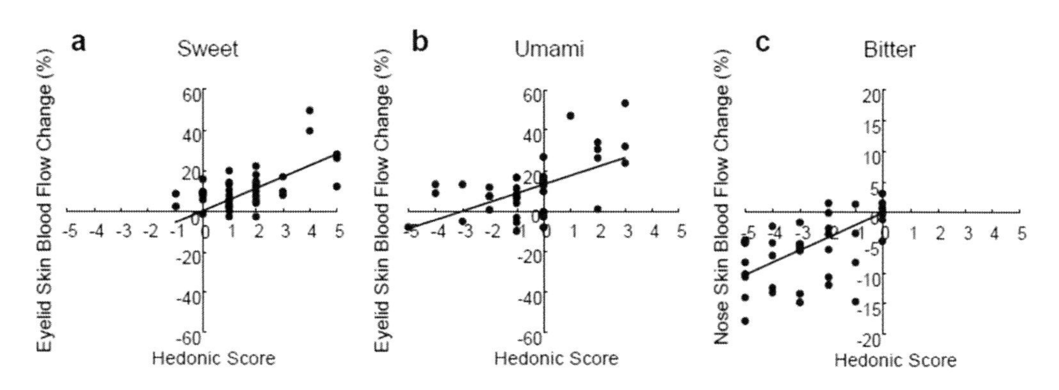

図2　甘味（a），うま味（b），苦味（c）を投与した際の，主観的な好み（横軸）と瞼（a, b）および鼻（c）の皮膚血流との関係[10)]

両者には統計的には関連があったが，かなり幅の広いものであることがわかる。

ことが示唆されている。

一方，苦味刺激は鼻の皮膚血流を低下させ，その低下の程度は主観的嗜好度の得点と関係を示した。このことから，おいしくない，あるいはまずいという情動が，鼻の血流を低下させることが示唆されている。まとめると，甘味，うま味の刺激では，主観的に快と感じる程度が大きいほど瞼の皮膚血流が増加し，苦味の刺激では，不快と感じる程度が大きいほど鼻の皮膚血流が低下する。また，酸味と塩味の刺激では，快・不快に関係なく，頬の皮膚血流が増加していた。

ただし，これは味覚自体がFBFに特異的な変化をもたらすということを示していない。例えば，うま味は，主観的に快と感じないと，瞼の血流に変化が生じない。また，FBFの応答は主観的嗜好度と関連し，味覚の種類や味覚強度とは関連していなかった。すなわち，味覚に関連した快感情がFBFに変化をもたらすということが示されている。

苦味刺激時に鼻の皮膚血流が低下したことは，血管の特性で説明できそうである。鼻部周辺には，交感神経の刺激に伴って強い血管収縮を起こす動静脈吻合血管が多く存在する。苦味のような不快な味を感じると，交感神経活動が賦活され，その結果，鼻の皮膚血流が低下したと考えられる。

実際の食べものの味には，基本味がさまざまな割合で含まれている。複合味を与えた際にも，おいしい・まずいに応じてFBFが特異的に変化するのかについても検討されている[11)]。オレンジジュース，コンソメスープを投与すると瞼の血管が拡張し，血管拡張の程度とおいしさの程度との間に関係が認められた。このことから，複合味を与えた場合でも，FBFの応答により食べ物の味やおいしさを客観的に評価できる可能性が示唆された。ただし，この研究では，血流のみが指標とはなっていない。血管拡張，すなわち血流を血圧で除した血管コンダクタンスが指標になっていることに留意されたい。一方，苦味を生じるセンブリ茶の刺激中には，額，頬，鼻の血管が収縮しており，まずいと感じる際の鼻の血流低下をおおむね支持する結果となっている。

4　温度と痛みの刺激に伴う FBF の応答

温度および辛味は，痛覚に関連する神経により伝達され，味覚を修飾する。全体的に，口腔内の温度受容器への強い刺激は鼻の血流を低下させ，瞼や唇の血流を増加させる[12]。高濃度のカプサイシンの刺激では，FBF が顔全体で増加した。高濃度のメントールの刺激では，瞼，唇の血流が増加し，鼻では低下した（唇は皮膚ではないが，ここでは同様に扱う）。低濃度のカプサイシン，メントール，30℃の水刺激では，瞼と上唇の血流が増加した。一方，60℃の水刺激では，瞼と上唇の血流が増加し，鼻の血流が低下した。5℃と 20℃の水刺激では，瞼と上唇の血流が増加し，鼻の血流が低下した。なお，カプサイシンおよびメントールの刺激は，主観的な痛みが同程度の強さであっても，異なる FBF の応答を示した。

カプサイシンの刺激では，顔全体の皮膚血流が増加したことから，カプサイシンを含む食品の味やおいしさを評価することは困難である。また，温度の異なる水は，FBF に一定の影響を与えなかったものの，FBF を用いて味覚を客観的に評価する際には，温度の影響を考慮する必要があることがこの研究から示唆されている。

5　FBF の応答の生理メカニズム

味覚に伴う情動に応じた FBF の特異的な変化は，ANS 由来である可能性が高い。これは，顔面皮膚への温度刺激と，交感神経を賦活させるような刺激に伴う顔面皮膚の部位毎の血流および血管応答の特性から示唆されている。

顔面への温度刺激に伴う瞼や鼻の血流変化が少ないことから，FBF の特異的変化は ANS 由来であると考えられる。冷刺激および温熱刺激に伴い，血管は収縮・拡張する。こうした血管運動は ANS を介さずに起こる。顔のいくつかの部位を温熱によって直接刺激し，FBF の部位差が血管運動の程度の部位差に起因するかについて検討されている[13]。温度上昇に伴い，頬，鼻，および額の皮膚血流は増加した一方で，瞼では変化を示さなかった。また，温度下降に伴い，頬および額の皮膚血流は減少したものの，瞼および鼻の皮膚血流は変化を示さなかった。これらから，上述のような情動に伴う主に瞼および鼻で観察される部位特異的な FBF の変化は，血管運動の強弱の違いに起因するというよりも，ANS 活動の部位差あるいはその反応性の部位差を反映したものであることが示唆されている。

加えて，ANS の一方である交感神経の活動を賦活させる寒冷昇圧試験（CPT）と静的ハンドグリップ運動（HG）に伴って，FBF に部位差が起こることも報告されている[14]。これらの刺激中，安静時と比べて血圧が増加し，CPT 中には額，瞼，頬，上唇および下唇の皮膚血流が増加した一方，鼻の皮膚血流は安静時に比べて低下した。HG 中，額，頬，下唇の皮膚血流は安静時に比べて増加した一方，その他の部位の血流は変化しなかった。すなわち，CPT および HG による交感神経刺激中，FBF には部位差が観察された。このことから FBF の部位差は交感神経活動反応の部位差によって説明される。

このようにFBFに部位差が現れる要因にはANSの関与が示唆されているものの，単純に血管運動のしやすさの程度に由来する可能性は完全には否定されない。つまり，情動に応じたANSを介した応答ではなく，単に鼻部の血管が刺激に対して高い収縮反応性を有するために，多くの刺激に応じて鼻の血流が低下するという可能性を否定できない。この点を検討することは困難であるが，今後も留意が必要であろう。

6　今後の課題と発展に向けて

FBFの変化から味覚に伴う情動，すなわち，おいしい・まずいについては評価可能ではあることが示されているものの，これまでの研究で示された主観的評価の変動量は相当に大きい。おいしいものからまずいものまで，幅広い刺激が使われている。同類の飲料の優劣を比較するような場合に必要な，繊細な味覚や好みの差までも判別が可能であるかについては，さらに検討する必要がある。

高齢者ではANSや血管の機能や応答性が衰える。高齢者でも情動に伴う特異的な応答が起こるのか，観察可能かについては応用する上で留意する必要がある。

食べ物のおいしさは，香りなどにも大きな影響を受ける。口腔内の感覚である味覚と温度（痛み）の影響については明らかにされているものの，香りの影響は検討されていない。筆者らは香りの影響について予備的な試験を行ったものの，慣れの影響が強いためか，報告できるほどの明確な結論を得るには至っていない。

FBFの応答に部位差が起こる機序の詳細については明らかではない。血流の調節機構については最終的に薬理実験を用いて明らかにされることが多い。ところが，顔には神経が多いことや，外傷などが残ると重大な問題になるなど，様々な実験上の制約が多い。一方，動物では顔が毛でおおわれているために，ヒトの顔とは生理機能が異なる可能性もあり，動物実験の解釈は難しいことが予想される。実用に至る過程で，機序や血流調節因子の解明を進めていく必要があろう。

情動に伴う血流変化の役割は全く不明である。筆者らが行った実験中には，カプサイシンのような強い刺激でなければ，顔色の変化に実験者が気づくことはなかった。もし，味覚や情動に応じた表情変化のように，FBFの変化が非言語的な情報伝達の役割を有するならば，顔色が変わる程度の変化があるはずである。ところが，これまで得られたFBFの変化の程度では，情報伝達手段としては機能的な意味がない。現段階では顔の血流が変化する意義については明らかではない。FBFの変化について多角的な視点から検討していくことも，応答の理解を進めるであろう。

文　献

1) C. Darwin, http://darwin-online.org.uk/content/frameset?pageseq=1&itemID=F1142&viewtype=text
2) P. エクマン，W. V. フリーセン，工藤力 訳，表情分析入門―表情に隠された意味をさぐる，誠信書房（1987）
3) J. E. Steiner, In: J. F. Bosma (ed.), The fourth symposium on oral sensation and perception. p.254（1973）
4) T. Horio, *Chem. Senses*, **25**, 149（2000）
5) S. Rousmans *et al.*, *Chem. Senses*, **25**, 709（2000）
6) O. Robin *et al.*, *Physiol. Behav.*, **78**, 385（2003）
7) M. J. Voncken & S. M. Bögels, *Biol. Psychol.*, **81**, 86（2009）
8) J. F. Medina *et al.*, *Nat. Rev. Neurosci.*, **3**, 122（2002）
9) P. D. Drummond, *Psychophysiology*, **34**, 163（1997）
10) H. Kashima & N. Hayashi, *PLoS One*, **6**, e28236（2011）
11) H. Kashima *et al.*, *Chem. Senses*, **39**, 243（2014）
12) H. Kashima & N. Hayashi, *Auton. Neurosci.*, **174**, 61（2013）
13) A. Miyaji *et al.*, *Eur. J. Appl. Physiol.*, **119**, 1195（2019）
14) H. Kashima *et al.*, *Eur. J. Appl. Physiol.*, **113**, 1035（2013）

第12章　近赤外分光法による光感性計測

中川匡弘*

1　まえがき

人間の心の状態は，脳の活動によって与えられると考えられている。ここでは，EEGによる感性計測（Emotion Fractal-dimension Analysis Method：EFAM）に対して，光トポグラフィ[1)]を用いて脳の活動の状態を計測し，その信号パターンを解析することで，人間の「喜怒哀楽」などの感情を定量的に評価する手法として，感性近赤外光解析法（Emotion Near Infrared-rays Analysis System：ENIAS）を提案する。光トポグラフィは，近赤外分光法[2)]を用いることで，脳の活動に伴う脳血流の変化を観察することにより，脳の活動部位とその活動の時間的変化を計測するものである。

人間の感情を定量的に評価する手法としては，「喜怒哀楽」などの4種類の感情に対応する10 ch程度の脳波信号を利用した，武者ら[3, 4)]による感性スペクトル解析法（Emotion Spectrum Analysis Method：ESAM）や，佐藤・中川ら[5, 6)]による感性フラクタル次元解析法（EFAM）がある。ESAMでは，脳波信号のθ，α，β波の各帯域におけるチャンネル間の相互相関係数を感情の認識のための特徴量として用いている。また，EFAMでは，脳波信号のフラクタル性に基づき推定されたフラクタル次元を感情の認識のための特徴量として用いている。一方，提案手法である感性近赤外光解析法（ENIAS）では，前頭葉を中心とする24箇所で計測された脳血流の時間的変化の信号間の相互相関係数を感情の認識のための特徴量として用いる。

本章では，第2節において提案手法であるENIASについて述べ，第3節において数人の被験者による感情の認識実験の結果について述べる。第4節において各従来手法との認識精度の比較検討を行い，第5節では提案手法を応用した意思伝達システムとしての可能性について簡単に述べる。第6節ではまとめを述べる。光トポグラフィの測定原理，各従来手法の詳細は，紙面の都合から各文献を参照していただきたい。

2　感性近赤外光解析法（ENIAS）

光トポグラフィによって計測される脳血流の変化は，主に血中の酸化ヘモグロビンと還元ヘモグロビンの相対量の変化で表される[1, 2)]。ヘモグロビンは呼吸における酸素の運搬に重要な働きをする化合物である。光トポグラフィは，脳の活動により賦活した脳細胞に多くの酸素を供給す

＊　Masahiro Nakagawa　長岡技術科学大学　技術科学イノベーション専攻　教授

るために変動する各ヘモグロビン量を計測することで，逆に脳の活動している部位とその状態を観測している。本節では，光トポグラフィを用いて計測した。被験者の脳表層における血中の酸化ヘモグロビンと還元ヘモグロビンの濃度変化パターンを解析することで，被験者の感情を定量的に表現する手法を解説する。

まず，被験者に感情の基準となる4種類の脳活動の状態，すなわち「怒り」「喜び」「悲しみ」「リラックス」を想起してもらい，想起中の被験者の脳表層における各ヘモグロビンの濃度変化を図1に示す24箇所で計測する。図中の丸で囲まれた数字の部分が計測位置を表し，各数字はチャンネルを表す。また，図中の黒丸，数字の無い白丸は，それぞれ近赤外光の照射位置と検出位置を表している。これらの測定位置は，一般的に人間の感情のような高次機能は脳の前頭部で処理されるということから，前頭部の活動の状態を重点的に計測するために試験的に決定したものである。各チャンネルでは酸化ヘモグロビンと還元ヘモグロビンの2種類の信号が計測される。

次に，計測された酸化・還元ヘモグロビン各24チャンネル，計48チャンネルの信号に対し，各チャンネルの組み合わせにおける1,128組（$={}_{48}C_2$）の相互相関係数を計算する。チャンネル間の相互相関係数 $c_{j,k}(t)$ をチャンネル j と k の時刻 t における相互相関係数とすると，相互相関係数は以下の式で与えられる。

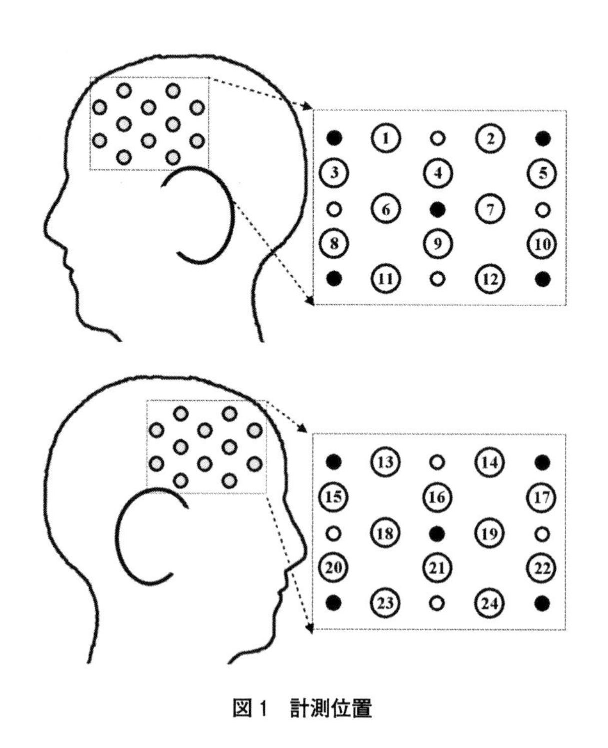

図1　計測位置

$$c_{j,k}(t)=\frac{\sum_{\tau}x_j(\tau)x_k(\tau)}{\sqrt{\sum_{\tau}x_j^2(\tau)}\sqrt{\sum_{\tau}x_k^2(\tau)}} \tag{1}$$

ここで，$x_j(\tau)$ はチャンネル j の時刻 τ における酸化（還元）ヘモグロビンの濃度変化量である。また，τ の範囲は時刻 t を中心とした 4 秒間とする。時間分解能は 0.1 sec である。これらの 1,128 組の相互相関係数を計測した信号に対し 0.1 sec 毎に計算し，相互相関係数の時間変化を入力ベクトル $\boldsymbol{y}(t)$ とする。この入力ベクトルを線形写像やニューラルネットなどを用いて，先の 4 つの感情それぞれに独立な出力を与えるように学習，認識させることにより，未知の感情にある時の酸化・還元ヘモグロビン濃度変化のデータが与えられた場合にも，基準となる 4 種類の感情の組み合わせにより感情を定量的に表現することが可能となる。

認識方法の一例として，線形写像を用いる場合について解説する。入力ベクトル $\boldsymbol{y}(t)$ を，基準となる 4 種類の感情を表す 4 次元のベクトル $\boldsymbol{z}=(z_1,z_2,z_3,z_4)$ に変換するような線形写像 $\boldsymbol{A}$ を設定する。これらは以下のように関係付けられる。

$$\boldsymbol{A}=\begin{bmatrix} a_{1,1} & a_{1,2} & \cdots & a_{1,1128} \\ a_{2,1} & a_{2,2} & \cdots & a_{2,1128} \\ a_{3,1} & a_{3,2} & \cdots & a_{3,1128} \\ a_{4,1} & a_{4,2} & \cdots & a_{4,1128} \end{bmatrix},\quad \boldsymbol{y}(t)=\begin{bmatrix} c_{1,2}(t) \\ c_{1,3}(t) \\ \vdots \\ c_{46,48}(t) \\ c_{47,48}(t) \end{bmatrix},$$

$$\boldsymbol{A}\boldsymbol{y}(t)+\boldsymbol{d}=\boldsymbol{z} \tag{2}$$

ここで，$\boldsymbol{d}$ は定数ベクトルである。また，行列 $\boldsymbol{A}$ の各要素は，「怒り」の感情にある時の各ヘモグロビン濃度変化のデータから，作成した入力ベクトルを入力しているときの出力を $\boldsymbol{z}=(1,0,0,0)$，「喜び」の感情にある時の入力ベクトルを入力しているときの出力を $\boldsymbol{z}=(0,1,0,0)$，以下同様に「悲しみ」は $\boldsymbol{z}=(0,0,1,0)$，「リラックス」は $\boldsymbol{z}=(0,0,0,1)$，となるように決定する。$\boldsymbol{z}$ の各構成要素をそれぞれ関連付けられた感情の指標とし，大きさをその感情の発現のレベルとみなす。

3　新規提案手法による感情の認識実験

3. 1　実験条件

光トポグラフィ装置として，㈱日立メディコ社製光トポグラフィ ETG-100 を用いた。計測されたデータは ETG-100 内に保存した後に，リムーバブルメディアを用いてパーソナルコンピュータに入力し解析を行った。サンプリング周波数は 10 Hz で，得られた信号に対して特にフィルタ処理は行わない。測定部位は図 1 に示される 24 箇所で，各点において酸化・還元ヘモグロビン各 24 ch，合計 48 ch の信号を計測する。被験者は健康な男性 5 名とした。また，認識の手法には前述の線形写像を用いる。

3. 2　実験手順

まず，式(2)における線形写像 $\boldsymbol{A}$ を決定するためのデータの計測を行う。このデータを以降“リファレンスデータ”と称する。計測時は，被験者に対して「怒り」「喜び」「悲しみ」「リラックス」の 4 種類の基準となる感情を想起している時のデータを計測することを告げ，それぞれの感情を想起するトレーニングを行ってもらい，その後，被験者の想起しやすい順番で一つずつ感情をイメージし，その状態を 3 分間継続してもらう。最初の 1 分間は記録を行わず，後の 2

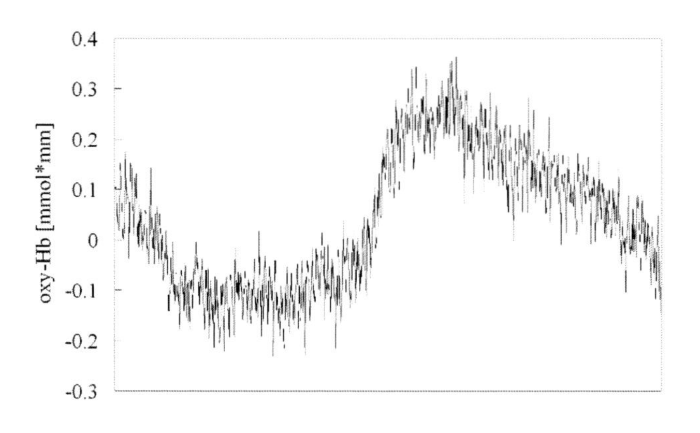

図 2　酸化ヘモグロビン濃度変化
被験者 A「怒り」想起時 1 [ch]

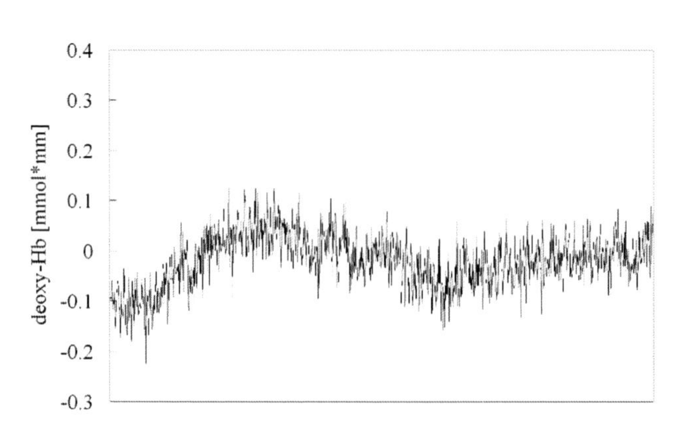

図 3　還元ヘモグロビン濃度変化
被験者 A「怒り」想起時 1 [ch]

分間のデータを記録し，リファレンスデータとする。

次に，決定した線形写像による感情の認識テストのためのデータの計測を行う。このデータを以降“評価用データ”と称する。評価用データの計測方法はリファレンスデータと同様である。計測された酸化・還元ヘモグロビン濃度変化のデータの一例を，図2，3に示す。

続いて，式(1)によって計測された各チャンネルのデータ間の相互相関係数を計算し，入力ベクトルを作成する。相互相関係数の時間的変動の様子の例を，図4に示す。

図4に示したような相互相関係数の時間的変動を酸化・還元ヘモグロビン各24 chの組み合わせ（${}_{48}C_2=1,128$）について計算し，これを入力ベクトルとする。入力ベクトルは，リファレンスデータ，評価用データそれぞれについて作成し，リファレンスデータから作成した入力ベクトルを用いて，式(2)を満足するように線形写像$\boldsymbol{A}$および定数ベクトル$\boldsymbol{d}$を決定する。そして，決

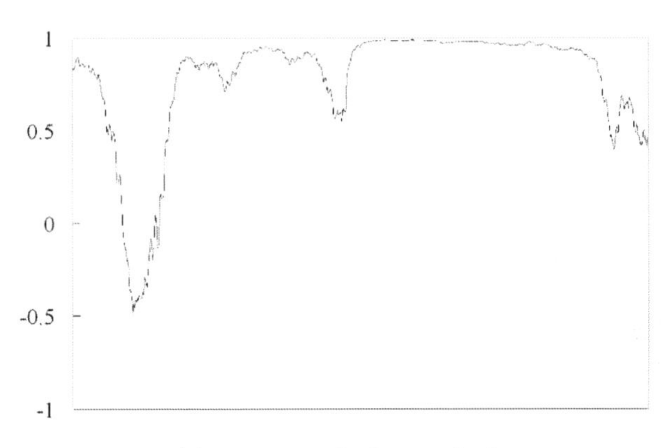

(a) Between 1 [ch] and 3 [ch]

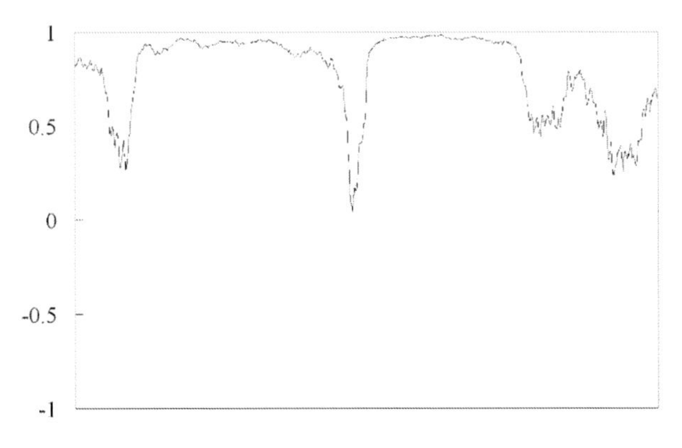

(b) Between 1 [ch] and 4 [ch]

図4　相互相関係数の時間的変動
被験者A「怒り」想起時

定された線形写像に対してリファレンスデータ，評価用データそれぞれから作成した入力ベクトルを入力し，4つの基準となる感情の認識率を確認する。ここで認識率とは，時間ごとの線形写像の4つの出力の中で最大値を取ったものに対して1点を加算し，その合計点数をデータ数で割ったものである。

3. 3 実験結果

3. 3. 1 リファレンスデータに対する認識結果

図5に，被験者Aの「怒り」のリファレンスデータを入力した場合の認識結果を示す。

「怒り」のリファレンスデータに対して，「怒り」に対応する出力が出ており，線形写像がリファレンスデータに対して正確に決定されていることが確認できる。表1に，他の感情および他の被験者のリファレンスデータに対する感情の認識率を示す。各感情，被験者によらず，100％の認識率を示しており，リファレンスデータに対して線形写像が正確に決定されていることが確認できる。

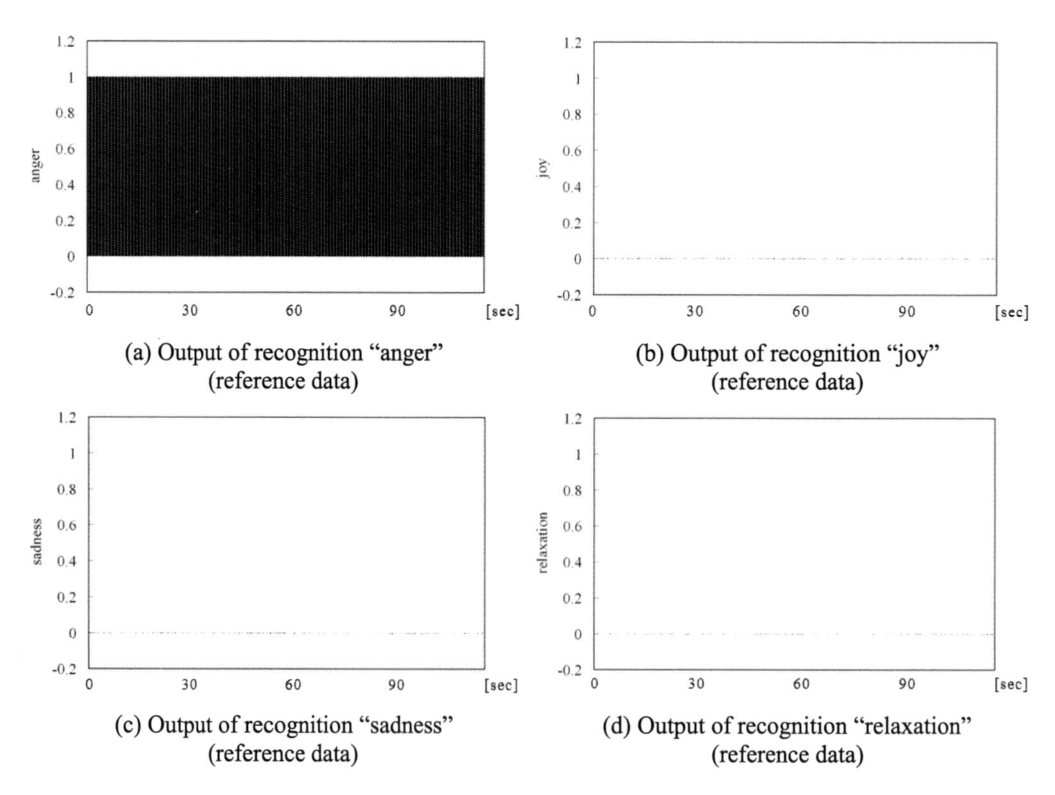

図5 リファレンスデータに対する認識結果
被験者A「怒り」想起時

表 1　リファレンスデータに対する認識率

Subject	Recognition rates			
	Anger	Joy	Sadness	Relaxation
A	100%	100%	100%	100%
B	100%	100%	100%	100%
C	100%	100%	100%	100%
D	100%	100%	100%	100%
E	100%	100%	100%	100%
Average	100%	100%	100%	100%

3. 3. 2　評価用データに対する認識結果

図 6 に，被験者 A の「怒り」の評価用データを入力した場合の認識結果を示す。「怒り」の評価用データに対して，「怒り」に対応する出力が強く出ており，線形写像の決定に用いていない未知のデータに対しても，感情の認識ができていることが確認できる。

表 2 に，他の感情および他の被験者の評価用データに対する感情の認識率を示す。「怒り」の

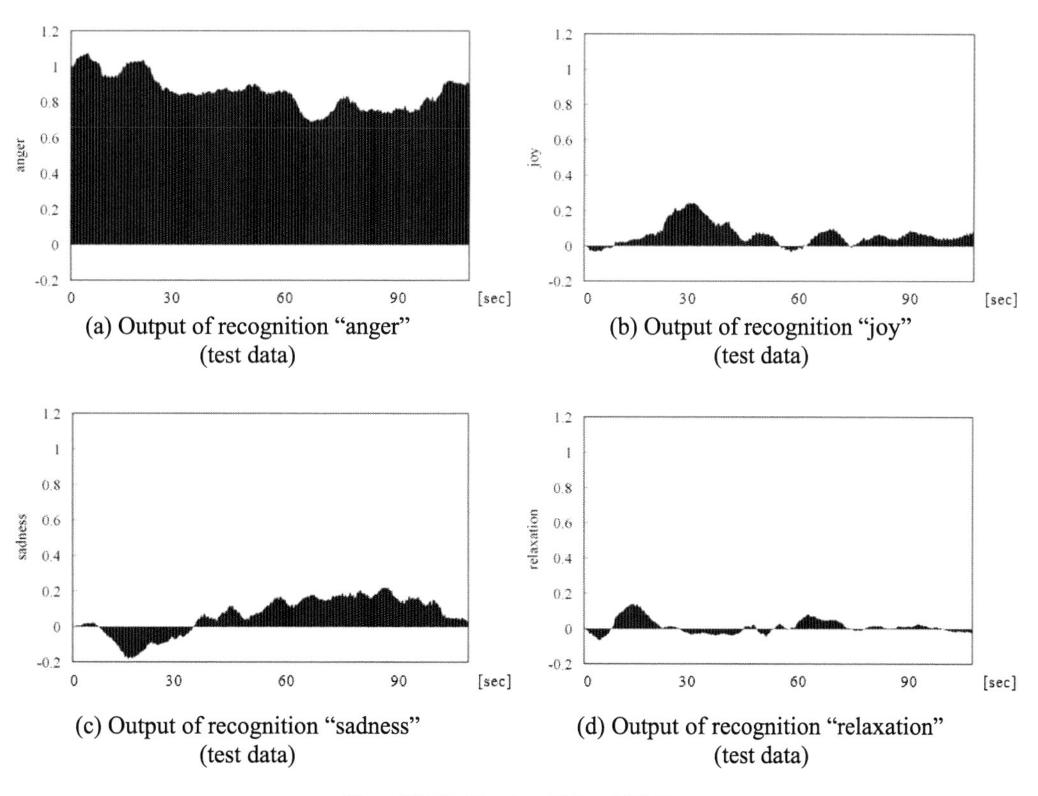

(a) Output of recognition “anger” (test data)

(b) Output of recognition “joy” (test data)

(c) Output of recognition “sadness” (test data)

(d) Output of recognition “relaxation” (test data)

図 6　評価用データに対する認識結果

被験者 A「怒り」想起時

表2　評価用データに対する認識率

Subject	Recognition rates			
	Anger	Joy	Sadness	Relaxation
A	100%	85%	100%	100%
B	69%	100%	100%	88%
C	61%	92%	100%	100%
D	77%	99%	98%	100%
E	96%	100%	100%	92%
Average	80%	95%	99%	96%

データに対する認識率が他の感情の認識率よりも低く出ているが，それでも最低で61%，平均で80%以上の割合で感情の認識ができており，感性近赤外光解析によって，未知の光トポグラフィデータから感情の認識ができていることが確認できる。

4　従来手法との比較

脳波から人間の感情を推定する手法である感性スペクトル解析法（ESAM）や，感性フラクタル次元解析法（EFAM）と，感性近赤外光解析（ENIAS）との，感情の認識率を，佐藤・中川らの報告[5]に基づき比較を行った。表3にリファレンスデータに対する各解析手法の平均認識率を示し，表4に評価用データに対する各解析手法の平均認識率を示す。

ENIASと従来手法（ESAM・EFAM）とを比較すると，一様に認識率の向上が確認できる。このことは，脳波を処理することにより得ることができる特徴量よりも，光トポグラフィによって得られる脳血流の情報から得られる特徴量のほうが，感情の変化に対して特徴的であるという

表3　リファレンスデータに対する平均認識率

Method	Recognition rates（Average）			
	Anger	Joy	Sadness	Relaxation
ESAM	88%	91%	87%	95%
EFAM	95%	95%	94%	99%
ENIAS	100%	100%	100%	100%

表4　評価用データに対する平均認識率

Method	Recognition rates（Average）			
	Anger	Joy	Sadness	Relaxation
ESAM	45%	52%	38%	74%
EFAM	79%	81%	73%	85%
ENIAS	80%	95%	99%	96%

ことが考えられる。解析の対象となるデータソースそのものが異なるため，一概にその手法の性能自体を比較することは難しいが，これらの結果から，脳波だけでなく光トポグラフィによって計測された脳血流の情報からも，人間の感情のような高次の脳機能を観察することができる可能性があるということが確認された。

5　意思伝達システムとしてのENIASの可能性

「はい」や「いいえ」などの，意思による応答を思考している時の，脳の活動の状態を光トポグラフィによって計測し，そのデータをENIASの原理を用いて解析することで，被験者が「はい」「いいえ」のどちらの応答をしようと考えているかを認識する試みについて簡単に述べる。ENIASでは，計測された信号を4種類の基準となる感情を表すベクトルに変換する線形写像を

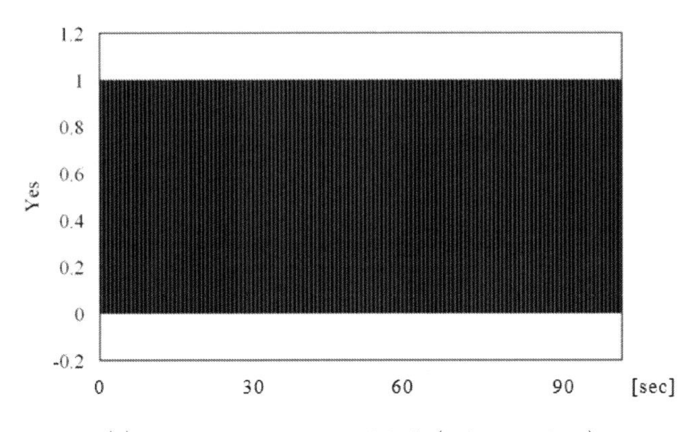

(a) Output of recognition “Yes” (reference data)

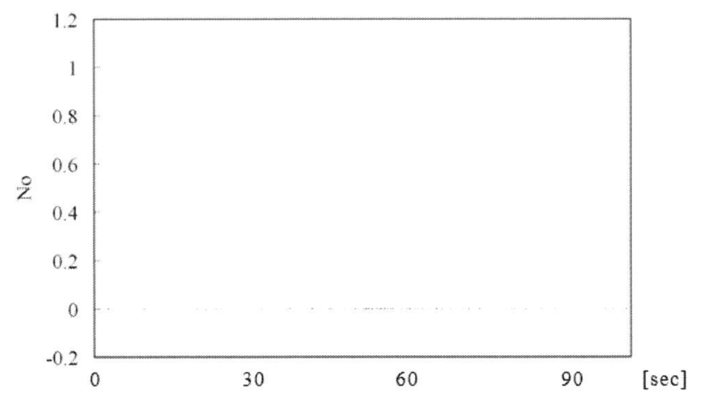

(b) Output of recognition “No” (reference data)

図7　リファレンスデータに対する認識結果
被験者A「はい」応答思考時

決定することで感情の認識を行っていたが，ここでは，「はい」「いいえ」に対応する2次元のベクトルに変換する線形写像を決定する。すなわち，式(2)が以下のように変形される。

$$\boldsymbol{A} = \begin{bmatrix} a_{1,1} & a_{1,2} & \cdots & a_{1,1128} \\ a_{2,1} & a_{2,2} & \cdots & a_{2,1128} \end{bmatrix}, \quad \boldsymbol{y}(t) = \begin{bmatrix} c_{1,2}(t) \\ c_{1,3}(t) \\ \vdots \\ c_{46,48}(t) \\ c_{47,48}(t) \end{bmatrix},$$

$$\boldsymbol{Ay}(t) + \boldsymbol{d} = \boldsymbol{z} \tag{3}$$

ここで，行列$\boldsymbol{A}$の各要素を，「はい」という応答を思考している時の各ヘモグロビン濃度変化

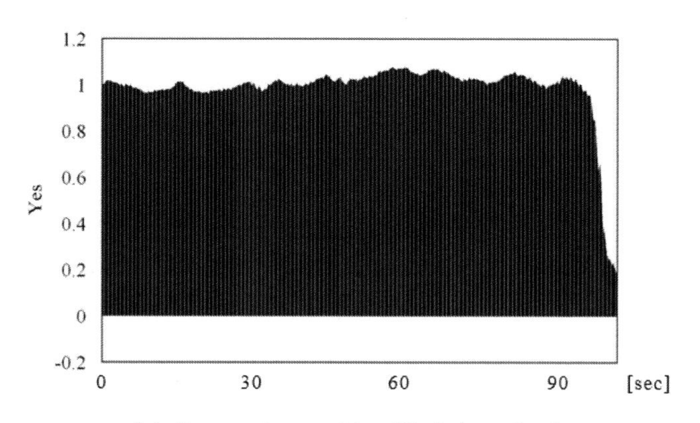

(a) Output of recognition “Yes” (test data)

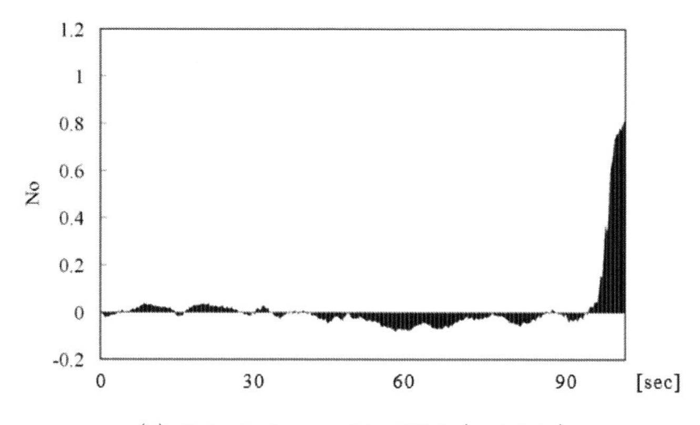

(b) Output of recognition “No” (test data)

図8　評価用データに対する認識結果
被害者A「はい」応答思考時

のデータから式(1)によって作成した入力ベクトルを入力しているときの出力を $\boldsymbol{z}=(1,0)$,「いいえ」という応答を思考している時の入力ベクトルを入力しているときの出力を $\boldsymbol{z}=(0,1)$ となるように決定する。他の条件，手順などは，基本的に ENIAS による感情認識実験と同じである。以下，図 7 に「はい」という応答を思考している時のリファレンスデータに対する解析結果，図 8 に評価用データに対する解析結果を示す。また図 9 には「いいえ」という応答を思考している時のリファレンスデータに対する解析結果，図 10 に評価用データに対する解析結果を示す。

また，表 5 に他の被験者の「はい」「いいえ」の各応答を思考している時の各応答の認識率を示す。

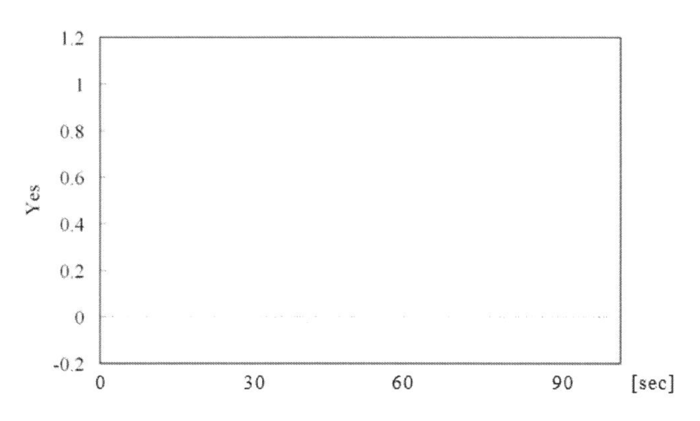

(a) Output of recognition “Yes” (reference data)

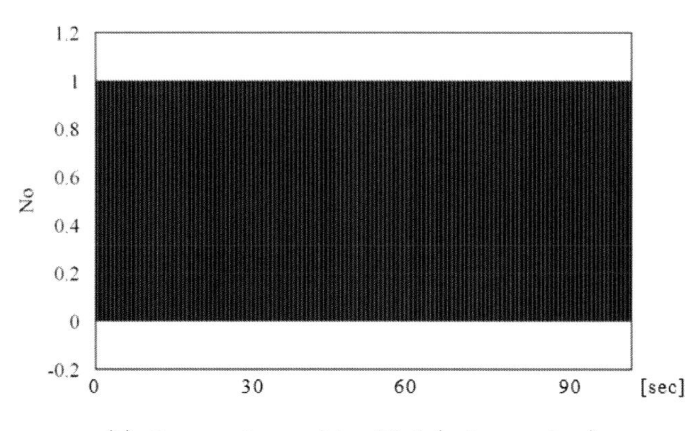

(b) Output of recognition “No” (reference data)

図 9　リファレンスデータに対する認識結果

被験者 A「いいえ」応答思考時

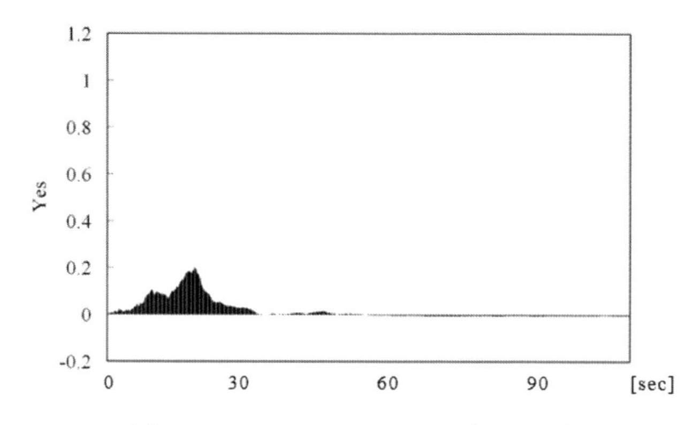

(a) Output of recognition "Yes" (test data)

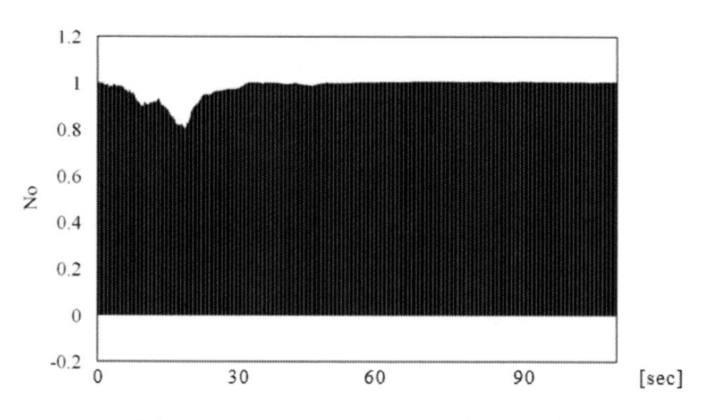

(b) Output of recognition "No" (test data)

図 10　評価用データに対する認識結果
被験者 A「いいえ」応答思考時

表 5　各応答の認識率

Subject	Recognition rates			
	Reference data		Test data	
	Yes	No	Yes	No
A	100%	100%	97%	100%
B	100%	100%	100%	87%
C	100%	100%	93%	100%
D	100%	100%	83%	95%
Average	100%	100%	93%	95%

以上の結果から，「はい」と「いいえ」という2種類の応答を思考している時の，脳の活動の状態を光トポグラフィによって計測したデータを，ENIASの原理を利用して解析することで，被験者が「はい」「いいえ」のどちらの応答をしようとしているのかを認識できることが確認された。このことから，光トポグラフィによって計測される脳の活動の状態を，意思伝達のための情報として利用できる可能性があることが示された。

6　総括

光トポグラフィによって計測された脳の活動の様子を解析することにより，人間の感情を定量的に評価する手法として感性近赤外光解析法（ENIAS）を提案した。提案手法では，脳波を利用した感情の定量化手法に比べ，同等以上の感情の認識率が得られ，提案手法による人間の感情の定量化の有効性を示した。また，提案手法を応用することで，「はい」「いいえ」のような簡単な意思応答を認識する実験を行い，光トポグラフィを意思伝達システムのためのデータソースとして利用できる可能性を示した。

本報告の実験では，意図的に想起した感情の解析を行っていた。そのため，今後の課題としては，さまざまな日常的活動をタスクとして与えた場合の被験者の感情をENIASによって計測し，ENIASの実用性を検討する必要があると考えられる。また，意思伝達システムとしてのENIASの利用についても，さらに複雑な応答の認識や，言語の認識，例えば「あ」「い」「う」「え」「お」などの母音を思考した際のデータから母音を認識するなど，Brain Computer Interface（BCI）としての応用も今後取り組むべき重要な課題である。

文　献

1）小泉英明ほか，計測と制御，**42**（5），402（2003）
2）田村守，計測と制御，**42**（5），396（2003）
3）T. Musha *et al.*, *Artif. Life Robot.*, **1**, 15（1997）
4）武者利光，光技術コンタクト，**37**（4），50（1999）
5）佐藤高弘，中川匡弘，信学技報，**HIP2002-45**, 13（2002）
6）特許第3933568号，脳機能計測方法及び装置（2007）

第13章　脳波のフラクタル性を用いた嗅覚・味覚の感性評価

中川匡弘*

1　まえがき

21世紀に入り，地球の資源が有限であることや，人工物の飽和が顕在化し，効率や利便性，物質的豊かさだけでは，人々が幸福にならないことが共通認識となりつつある。すなわち，モノからココロへの価値軸のパラダイムシフトが身近な生活においても進行している。さらに，直面する超高齢化社会においては，ココロのレベルから若者や高齢者が世代を超えて価値観を共有し，生きがいをもてる社会の構築が強く求められており，ヒトの“ココロ”や“感性”や“共感”の計測技術の確立は，重要な研究課題の一つである。

一方，自然や生体にみられる複雑系の理解に向けられたカオス・フラクタル理論は，気象学者Lorenz[1]や計算数学者Mandelbrot[2]などの多くの先駆者による先駆的研究以来，非線形物理学のみならず，物性，生命，地球環境に至る学際的な分野において，国内外で約40年にわたり精力的に研究されてきた[3~8]。特に，脳活動に係る時空間的複雑性をカオス・フラクタル理論[9~24]で捕らえ，それらの特徴量を抽出し計測や制御に適用することは，次世代ヒューマンインターフェースとして注目されているブレインマシンインターフェースへの応用が期待されており，さらに意思だけでなく感情も含めた未来のアフェクティブインターフェースの基盤技術として国内外で注目されている[25~27]。また，生体に潜在する高度・高次機能に学び，それを工学的に模倣・具現化するバイオミメティクス，バイオメカトロニクス，生体センシングに関係した超五感センシング技術などに関連した融合分野へのチャレンジも今後益々重要になると考えられる。

最近，脳の活動状態と感性を関連付けるという観点から，脳波の周波数スペクトルに着目した感性計測手法として，スペクトル解析手法（Emotion Spectrum Analysis Method：ESAM）がMushaらにより提案された[28, 29]。彼らは，10チャンネルのチャンネル間差分信号（45通り）について，θ波（4～8 Hz），α波（8～14 Hz），β波（14～30 Hz）帯域の各成分のスペクトル相関（3帯域×45通りで135個の特徴量）から，喜怒哀楽の感情計測する手法を提案し，脳波のスペクトルに基づいた感性計測手法を提案した[28, 29]。さらに，著者らは，上記スペクトルの代わりに，脳波信号に潜在する複雑性に注目した感性情報計測手法（Emotion Fractal Analysis Method：EFAM）を提案し[30~35]，20代の心身ともに健康な男性5名を被験者として，表1に示すような感性計測精度の向上を報告した[33, 34]。ただし，同表のEFAMにおいては，図1に示

---

* Masahiro Nakagawa　長岡技術科学大学　技術科学イノベーション専攻　教授

表1　感性計測手法の認識精度の比較[33, 34]

手法	認識率（5被験者にわたる平均値）			
	Anger	Joy	Sadness	Relaxation
ESAM	45%	52%	38%	74%
EFAM	79%	81%	73%	85%
ENIAS	80%	95%	99%	96%

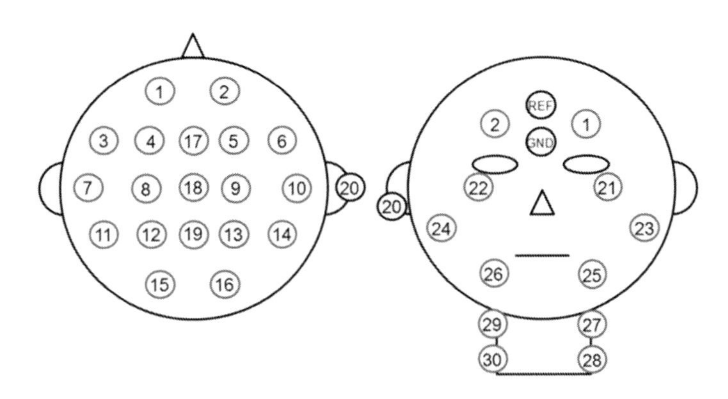

図1　国際10-20電極配置と筋電信号用電極

す1～16番目の電極位置について16チャンネルで脳波を計測し，そのチャンネル間差分（120通り）の信号をフラクタル解析することにより，120個の特徴量を用いている。したがって，表1のESAMとEFAMの計測結果から，スペクトルを用いたESAMに対するフラクタル次元を採用したEFAMの優位性が確認される。特に，ESAMが135個の特徴量を用いているのに対して，EFAMは120個のESAMよりも少ない特徴量で，ESAMよりも高い認識率（感情識別率）を達成していることから，感性評価における脳波[36, 37]の特徴量として，フラクタル次元の有用性が推察される。

また，同表最下段にはENIAS（Emotion Near-Infrared Spectroscopy Method）[10, 16]の結果を示す。ここで，ENIASは，近赤外分光で得られる酸素化，脱酸素化ヘモグロビン濃度の時系列データ（光信号）のチャンネル間相関に基づく手法である。この場合には，24チャンネルの酸素化，脱酸素化の計48個のヘモグロビンデータについて，2つ取り出す組み合わせの1128通りの相互相関係数を特徴量としている[33)]。これら各種計測手法の長所・短所の詳細については，参考文献16を参照されたい。

上記の脳から感性を定量化するという観点から，著者の研究室においては，脳波のフラクタル性に基づいて[38]，喜怒哀楽といった感情（浅い感性）に留まらず，ストレスや軽快感，清涼感，安心感，快感，不快感といった高次脳機能に係る深い感性（深い感性）の計測についても取り組んでいる[39～60]。このような感性情報計測技術は，従来のモノづくりの基軸である機能的価値（表層価値），“性能”，“価格”，“品質”に次ぐ，第4の価値としての意味的価値（深層価値），例えば“安心”，“調和”，“快適”，“幸福感”などを新規付加価値とした高付加価値のモノづくりに活用されている。具体的には，打ち心地の良いテニスラケットの開発[40]，香りを機軸とした女性用サニタリー商品の開発[41, 42]，爽快感をアップしたトニックシャンプーの開発[52, 57, 58]やコスメティクスの分野[50, 59]において，EFAMを用いた製品開発が報告されている。さらに，最近では，同手法のヒューマンインターフェースへの応用も報告されている[24~27]。しかしながら，脳の活動状態の特徴をとらえた味覚に関する研究はほとんど報告されていない。

このような背景を踏まえて，本稿では，先述のEFAMの適用例として，飲料に関する感性計測を取り上げ，紅茶と緑茶について脳波のフラクタル性に基づいた感性計測の観点からそれぞれの特徴を定量化することを試みる。ここでは，飲料の感性に深くかかわるであろう，嗅覚と味覚を取りあげる。

具体的には，紅茶や緑茶の香りや味がヒトの感性にどのような影響を与えているのかを，上記のEFAMのアプローチにより定量化することを目的としている。

次節では，脳波のフラクタル次元を推定する手法である分散のスケーリング特性（Scaling Property of Variance：SPV）を用いたフラクタル次元推定法について述べ，次いで第3節でフラクタル次元を用いた感性識別手法を示す。また，第4節では実験方法を示し，第5節で解析結果および考察を記し，まとめと今後の課題を第6節で述べる。

2　フラクタル次元推定手法

フラクタル次元とは信号や図形の自己相似性または複雑さを表す非整数の数値であり[1~8]，その値が高くなるほど，その信号または図形は複雑である。脳波のような信号データに対してフラクタル次元を推定する手法はいくつか提案されており，本論文のような感性識別に応用されている。本稿では，簡便なフラクタル次元推定法である分散のスケーリング特性[2, 5]を用いたフラクタル次元推定手法を，計測した脳波に適用した。

2. 1　分散のスケーリング特性を用いたフラクタル次元推定法

時系列データ$f(t)$と$f(t)$を時間τだけ推移させた$f(t+\tau)$の差分に対するα次モーメント$\sigma_\alpha(\tau)$は次式で定義される[5, 34]。

$$\sigma_\alpha(\tau)=\langle|f(t+\tau)-f(t)|^\alpha\rangle \sim |\tau|^{\alpha H} \qquad (1)$$

ここで，〈・〉は統計平均を表し，本論文では，脳波の定常性が保証される2，3秒程度の範囲でエルゴード的であると仮定し[2, 7]，上記統計（アンサンブル）平均を時間平均で置き換え時々刻々変動するフラクタル次元を計算する。解析対象の時系列データ$f(t)$が一様なフラクタル性を有している場合，一般化Hurst指数H_α[34]はモーメント次数αに依存しないが，マルチフラクタル特性を有する場合には[34]，付録（文末参照）に証明されているように，一般に，H_αはαの増加に対して単調減少する[16]。したがって，一般化次元 $D_\alpha = 2 - H_\alpha$ は α に対して，一般に単調増加となる[5,7]。τ を変化させたときに，横軸を τ，縦軸を $\sigma_\alpha(\tau)$ とした両対数グラフを作成すると時系列データ $f(t)$ のスケーリング特性が求められる。この時の一般化 Hurst 指数 H_α は次式で表される[5,7]。

$$H_\alpha = \frac{1}{\alpha} \frac{\Delta \log \sigma_\alpha(\tau)}{\Delta \log |\tau|} \tag{2}$$

$\alpha = 2$ の場合，(1)式より時系列データの分散スケーリング特性が求められ，この分散 σ_2 のスケーリング特性から自己アフィンフラクタル次元を推定することができる。以下では，簡便のためにこの分散のスケーリングによるフラクタル次元を用い，H_α を H，D_α を D と記すことにする。こうして，自己アフィンフラクタル次元の推定値 D は，Hurst 指数 H より次式で求められる[1〜8]。

$$D = 2 - H \tag{3}$$

2. 2　時間依存型フラクタル次元解析

計測された脳波信号は行うタスクや時間変化に従い時々刻々と変化する。それに伴い，脳波より推定されるフラクタル次元値も変化する。この変化を捉えるために解析窓を設定し，フラクタル次元を推定する。

解析窓幅を W_s として解析窓内の時系列データに対してのみフラクタル次元推定を行い，窓推移幅 W_m だけ解析窓を時間方向にシフトしながらフラクタル次元推定を繰り返す。前述のように，W_s は，(1)式の統計平均の観点からは，十分なサンプルが要求されるが，一方で脳波の定常性が保証される区間という観点からは2〜3秒よりも小さく設定されるのが妥当である[34]。

これにより，脳波信号からフラクタル次元の時系列信号を得ることができる。

3　感性フラクタル解析法

本研究では，EFAM を用いて感性の解析を行う。EFAM は時々刻々と変化する脳波の複雑性を数値化したフラクタル次元の時系列データを利用する。

本手法では，学習に用いる教師データと評価データの2種類の脳波を計測する。n チャンネルの教師データの各チャンネル間で差分を取った M（$= {}_nC_2$）次元の時系列データにフラクタル次元解析を適用し，得られたフラクタル次元の時系列データを M 次元の入力信号ベクトル $\boldsymbol{D}(t)$ とする。この $\boldsymbol{D}(t)$ を線形写像や非線形のニューラルネットワークなどを用いて，感性それぞれに所望の出力を与えるように学習，認識させる[5,25〜27,34]。これにより，定量的な評価が可能となる。N 種類の感性の場合，線形写像 $\boldsymbol{C}$ を用いて N 次元ベクトル $\boldsymbol{z} = (z_1, z_2, \cdot \cdot z_N)^T$ に線形変換を行うとすると次式のように関連付けることができる[34]。

$$\boldsymbol{CD}(t)+\boldsymbol{d}=\boldsymbol{z}(t) \tag{4}$$

$$\begin{bmatrix} C_{1,1} & \cdots & C_{1,M} \\ \cdot & \cdots & \cdot \\ C_{N,1} & \cdots & C_{N,M} \end{bmatrix}\begin{bmatrix} D_1(t) \\ \vdots \\ D_M(t) \end{bmatrix}+\begin{bmatrix} d_1 \\ \cdot \\ d_N \end{bmatrix}\begin{bmatrix} z_1(t) \\ \cdot \\ z_N(t) \end{bmatrix} \tag{5}$$

ここで $\boldsymbol{d}=(d_1,d_2,\cdot\cdot d_N)^{\mathrm{T}}$ は定数ベクトルである。線形写像 $\boldsymbol{C}$ と定数ベクトル $\boldsymbol{d}$ の数値をそれぞれの感性状態を表す出力 $\boldsymbol{z}(t)$ と教師信号の誤差の最小二乗法により決定する[34]。

また，定数ベクトル $\boldsymbol{d}$ を線形写像 $\boldsymbol{C'}$ に内包させた形で下式のように表現される。

$$\boldsymbol{C'D'}(t)=\boldsymbol{z}(t) \tag{6}$$

$$\begin{bmatrix} C_{1,1} & \cdots & C_{1,M} & d_1 \\ \cdot & \ddots & \cdot & \cdot \\ C_{N,1} & \cdots & C_{N,M} & d_N \end{bmatrix}\begin{bmatrix} D_1(t) \\ \vdots \\ D_M(t) \\ 1 \end{bmatrix}+\begin{bmatrix} z_1(t) \\ \cdot \\ z_N(t) \end{bmatrix} \tag{7}$$

以下では，この線形写像を感性マトリクスと呼ぶことにする[16, 43]。

今，具体例として，$N=3$ とし，安静，快，不快の 3 感性について解析を行う場合を例として説明する。安静の教師データが入力された際は $\boldsymbol{z}=(1,0,0)^{\mathrm{T}}$，快の教師データが入力された際は $\boldsymbol{z}=(0,1,0)^{\mathrm{T}}$，不快の教師データが入力された際は $\boldsymbol{z}=(0,0,1)^{\mathrm{T}}$ になるべく近づく（二乗誤差最小の意味で）ように，最小二乗法で $\boldsymbol{C'}$ を決定する。また，評価過程では，$\boldsymbol{C'}$ を作成後，リファレンスデータと同様に，n チャンネルの評価データの各チャンネル間で差分を取った M 組の時系列データにフラクタル次元解析を適用し得られた $\boldsymbol{D}(t)$ を(7)式に入力することで評価データの感性出力 $\boldsymbol{z}(t)$ を得ることができる。この $\boldsymbol{z}(t)$ の値から感性状態を定量的に評価することが可能となる。

4　実験方法

4. 1　プロトコル

実験は各被験者について①教師データの計測，②水を用いたタスク，③飲料 1 を用いたタスク，④飲料 2 を用いたタスク，⑤教師データの計測の順で行った。飲料 1，飲料 2 については紅茶と緑茶を使用し，被験者を飲料 1 が紅茶，飲料 2 が緑茶である A 群と飲料 1 が緑茶，飲料 2 が紅茶の B 群の 2 群に分けて実験を行った。紅茶，緑茶は一般的な市販のものを用いた。水，紅茶，緑茶は標準的な試飲量である 100 mL とし，提供時の温度も 50℃で統一した。

②③④の具体的な内容は以下の通りである。

②③④では下記の4タスクを連続して閉眼状態で行う。

■　安静：60秒間呼吸に意識を集中する。

■　飲料の香りを嗅ぐ：被験者の鼻もとに飲料を近づけ，15秒間飲料の香りを嗅がせ，被験者の鼻もとへ飲料を近づけるのは実験補助者が行う。

■　飲料を飲む：飲料を被験者へと渡し，飲料を飲んでもらう。

■　安静想起：飲料を飲み終えた後，再び60秒間呼吸に意識を集中する。

また，紅茶と緑茶の種類および準備方法は以下の通り行った。（日本茶インストラクター協会（https://www.ihoncha-inst.com/）より）

●　紅茶：ダージリン オータムナム

●　緑茶：ミックス茶葉（鹿児島産，福岡産，熊本産）

○　紅茶：3 gの茶葉を97℃以上，150 mLのお湯で3 min煮出す。

○　緑茶：2 gの茶葉を90℃，80～90 mLのお湯で1 min煮出す。

4. 2　感性の教師データの取得

本研究では，先行研究と同様に，画像による感性想起支援を行った[15, 16, 35, 36, 54～59]。ここでは，幸福感，セレブ感，ときめき感，リフレッシュ感，リラックス感の5種類の感性について，それぞれ安静との2感性解析を行った。教師データの計測では国際感情画像システム（International Affective Picture System：IAPS）から被験者に感性を想起させた。使用した感性誘発用の画像群を図2（a)-(e）に示す。また，画像の提示には，画像の周囲が気にならないように配慮するため，65インチ大型ディスプレイ（シャープ㈱：LC-65GX5）を用いた。また，画像提示のディスプレイ画面と被験者の視距離は，2.5 mに固定した。

画像は，図2（a)-(e）に示した各6枚を1セットとし，先述の大型液晶ディスプレイに提示し，各感性毎に候補の6枚から1枚を選定させ，30秒開眼で提示し，続いて閉眼で30秒間その画像を想起させた。このタスクを，4.1項のように飲料を用いたタスクの前後で行い，計測した脳波を時間方向で結合した計120秒の時系列データを3節で述べた感性解析手法の(6)式の感性マトリックスを決定するための教師データとした。

(a) 幸福感画像群

(b) リラックス感画像群

(c) セレブ感画像群

図2　感性想起に用いた画像群

(d) ときめき感画像群

(e) リフレッシュ感画像群

図 2　感性想起に用いた画像群（つづき）

4. 3　被験者

健常かつ右利きの日本人成人男性 16 名を被験者とし，実験を行った。紅茶と緑茶の摂取の順番は，結果に偏りが出ないようにランダムに被験者を選び，紅茶が 1 番目で緑茶 2 番目の被験者が 8 名，その逆順の被験者が 8 名となるようにした。

4. 4　使用機器

脳波計にはティアック㈱の PolymateAP-1532（㈱ミユキ技研）を使用し，サンプリング周波数 2 kHz で計測を行った。計測では図 1 に示すように，国際 10-20 法に準拠して脳波電極を配置し，右耳朶を基準とした頭部 19 ch より脳波を計測した。また，タスク時の筋電計測用として，口周りに右耳朶を基準とした両顎の 6 ch と首の両側の表面筋電信号計測用の 4 ch を加えた。これらの筋電信号は，次節で述べる独立成分分析によるアーティファクト除去に用いた。

5 解析結果および考察

5. 1 独立成分分析を用いた筋電成分除去[10)]

本研究では，SOBI（Second Order Blind Identification）を利用して独立成分分析（Independent component analysis：ICA）を行った[49)]。具体的な手順としては，(8)式より計測した脳波信号（各 ch の脳波成分を成分としたベクトル）と分離行列 $\boldsymbol{W}$ より，分離信号 $\boldsymbol{f}'$ を得る。その後，4.4 項にある通りに筋電計測用に配置した口周りと首元の 10 ch の電極から計測した信号と $\boldsymbol{f}'$ の相互相関係数を算出し，その相関係数の絶対値が閾値を超えた分離信号の成分を 0 にセットすることで $\boldsymbol{f}'$ から除去し，それを $\boldsymbol{f}''$ とする。その $\boldsymbol{f}''$ に分離行列の逆行列 $\boldsymbol{W}^{-1}$ を下記の(9)式のように施すことで，筋電を除去した信号 $\boldsymbol{f}'''$ を得ることができる。今回の報告では，上記の相関係数の閾値は 0.6 とした。

$$\boldsymbol{f}' = \boldsymbol{W}\boldsymbol{f} \tag{8}$$

$$\boldsymbol{f}''' = \boldsymbol{W}^{-1}\boldsymbol{f}'' \tag{9}$$

5. 2 感性解析

5.1 項の手法により筋電成分除去を行った脳波信号を用いて感性解析を行った。感性解析は計測した脳波からフラクタル次元の時系列データを推定することで行う。フラクタル次元を推定する際のパラメータは以下のように設定した。

◇ 遅れ時間＝1，2

◇ モーメント次数＝2

◇ 解析窓幅＝1［sec］

◇ 窓推移幅＝0.1［sec］

5. 3 感性変動率[47)]

EFAM による感性出力は被験者ごとに計測した教師データを基に算出される値であり，被験者個人毎の相対評価値である。今回の評価では，先行研究と同様の評価手法を導入し[47)]，ミネラルウォーターを基準とし，被験者間での比較を行うために，次式により水（市販のミネラルウォーター）を基準とした紅茶と緑茶の感性出力の変動率を算出することとした。

$$\text{感性変動率} = (E_{tea} - E_{water}) / |E_{water}| \times 100\ [\%] \tag{10}$$

ここで，E_{tea} は紅茶または緑茶を用いたタスク時の感性出力の時間平均値，E_{water} は水を用いたタスク時の感性出力の時間平均値であり，感性評価の基準値とする。上式(10)で変動率は，

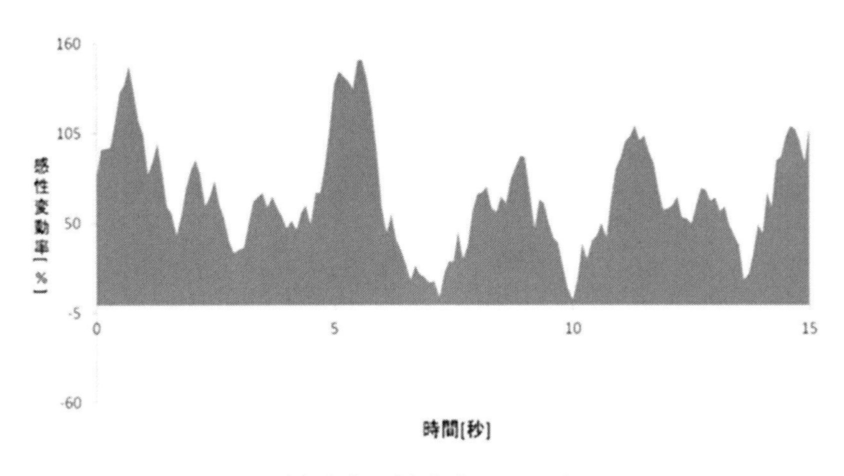

(a) 紅茶の香りを嗅いでいる時

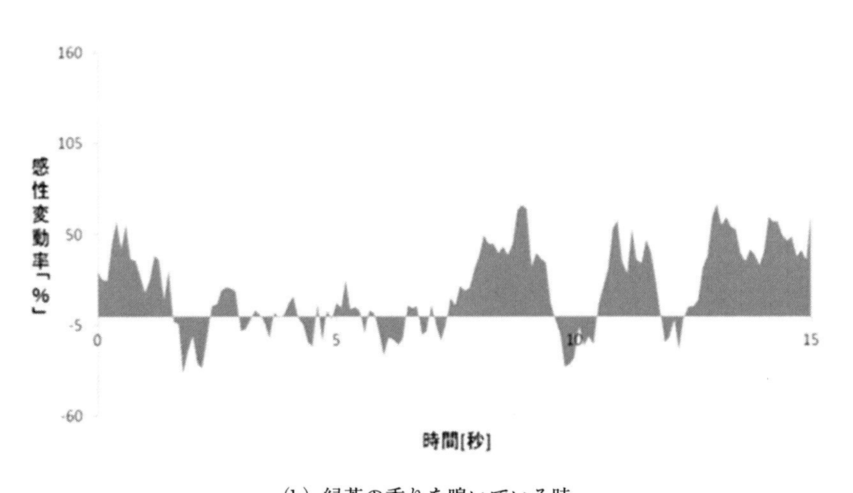

(b) 緑茶の香りを嗅いでいる時

図3　ときめき感の感性変動率の計測事例

水を基準として，感性の変動（上昇，下降）を割合で評価した指標となっている。

図3に紅茶と緑茶の香りを嗅いでいる期間のときめき感の感性変動率の一例を示す。この例では，紅茶が緑茶に比べて，ときめき感を強く誘発していることが分かる。このように，EFAMを用いることにより，時々刻々と変動する感性が評価可能となる。

5. 4　飲料の総合評価

紅茶と緑茶の感性への影響を“香り”，“飲む”の２タスクより総合的に評価するために，(10)式より求めた各タスクの被験者それぞれの感性変動率に対して，“香り”，“飲む”のそれぞれの時間長により加重平均した値を(11)式より算出した。

$$Y_{ijk} = \frac{(T_{ij1} \cdot E_{ijk1} + T_{ij2} \cdot E_{ijk2})}{(T_{ijk1} + T_{ijk2})} \times 100 \ [\%] \tag{11}$$

Y_{ijk}：被験者の飲料，感性の総合評価値

T_{ij1}：被験者の飲料の香りタスクの時間長

T_{ij2}：被験者の飲料の香りタスクの時間長

E_{ijk1}：被験者の飲料，感性の香りタスクの感性変動率

E_{ijk2}：被験者の飲料，感性の香りタスクの感性変動率

ただし，上記のタスクの時間長は，被験者の一連の動作を記録したビデオ動画から，それぞれ決定した。

5. 5　被験者の選定

上記の感性変動率を算出した後，スミルノフ・グラブス検定[11]によって外れ値除去を行った。検定はタスク毎で行い，タスク内でも感性毎で独立に行った。また，有意水準は5%で検定を行い，外れ値と判定された被験者は解析から除外した。

また，香りタスクと飲むタスクで感性変動率を比較するために，各感性において香りタスクと飲むタスクの両方で外れ値とされなかった被験者のみで感性変動率の比較を行った。この結果，各飲料の各感性において上述の検定後の分析対象の被験者数は表2の通りとなった。

表2　それぞれの飲料の各感性での被験者数

	紅茶	緑茶
幸福感	14名	13名
リラックス感	15名	14名
セレブ感	13名	14名
ときめき感	15名	12名
リフレッシュ感	14名	14名

5. 6　解析結果

被験者選定後の各感性の感性変動率のヒストグラム（頻度）分布をまとめたグラフを図4～7に示した。ここで，縦軸は被験者数であり，横軸は先述の感性変動率である。

さらに，これらの感性変動率の平均値を紅茶と緑茶にまとめたグラフを図8，9に示す。図8，9より紅茶を用いたタスクでは，香りを嗅いでいるときはリラックス感，ときめき感，リフレッシュ感がそれぞれ14.2%，30.8%，8.5%増加し，幸福感とセレブ感がそれぞれ16.2%，11.3%減少した。また紅茶を飲んでいるときはリラックス感，ときめき感がそれぞれ32.5%，11.0%増加し，幸福感，セレブ感，リフレッシュ感がそれぞれ0.3%，11.4%，2.0%減少した。一方，緑茶を用いたタスクでは，香りを嗅いでいるときはリラックス感，セレブ感，ときめき

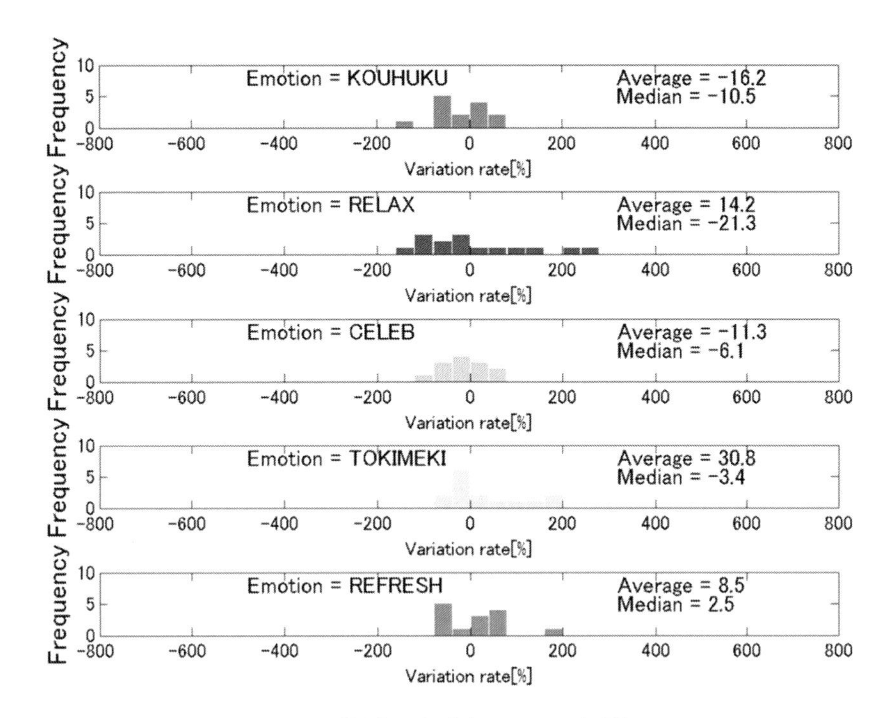

図4　感性変動率（香りタスク，紅茶）

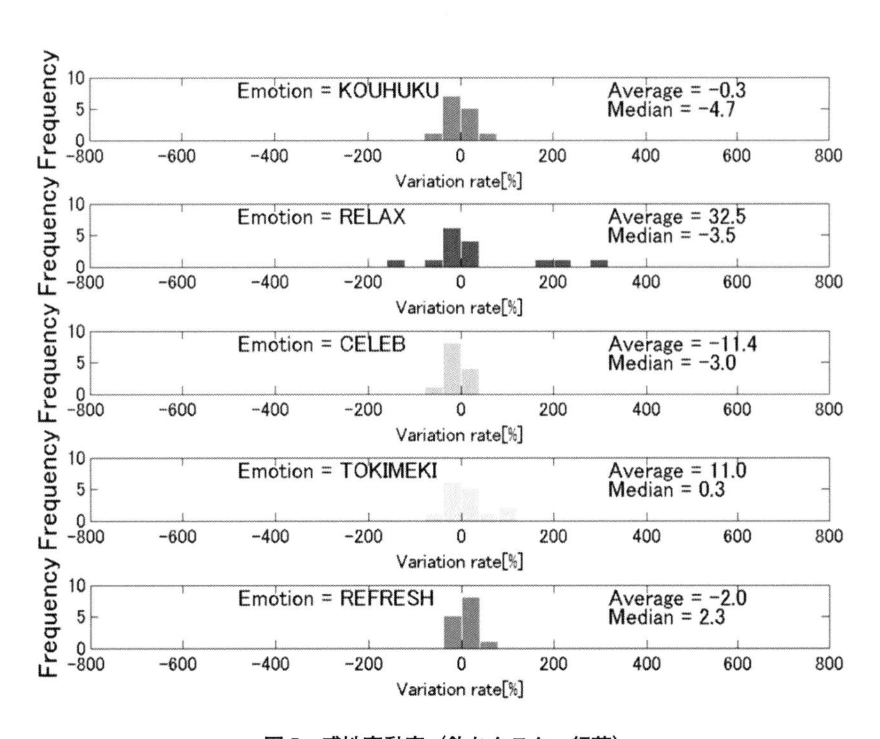

図5　感性変動率（飲むタスク，紅茶）

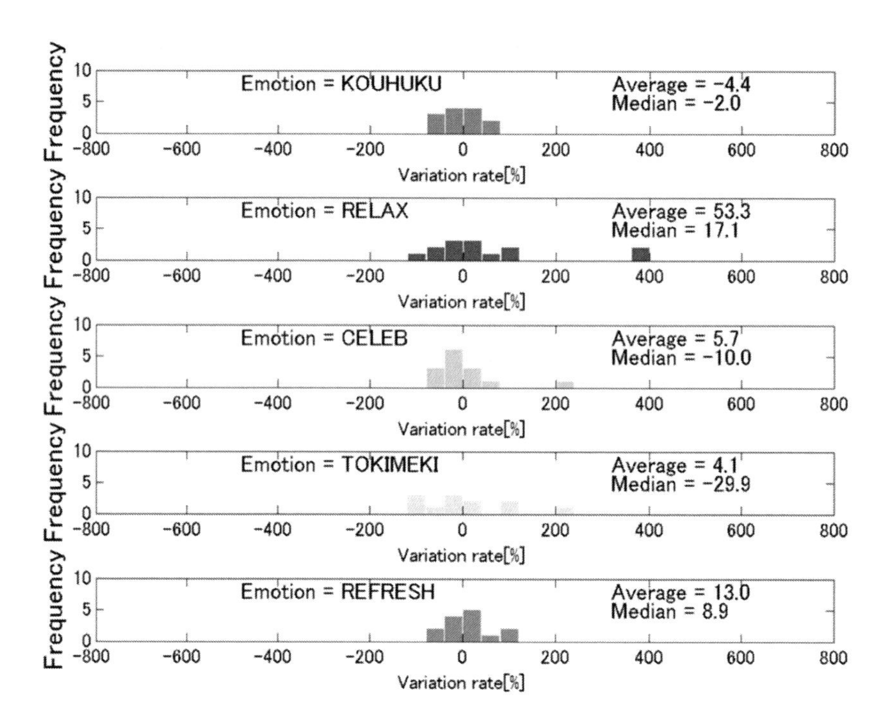

図6　感性変動率（香りタスク，緑茶）

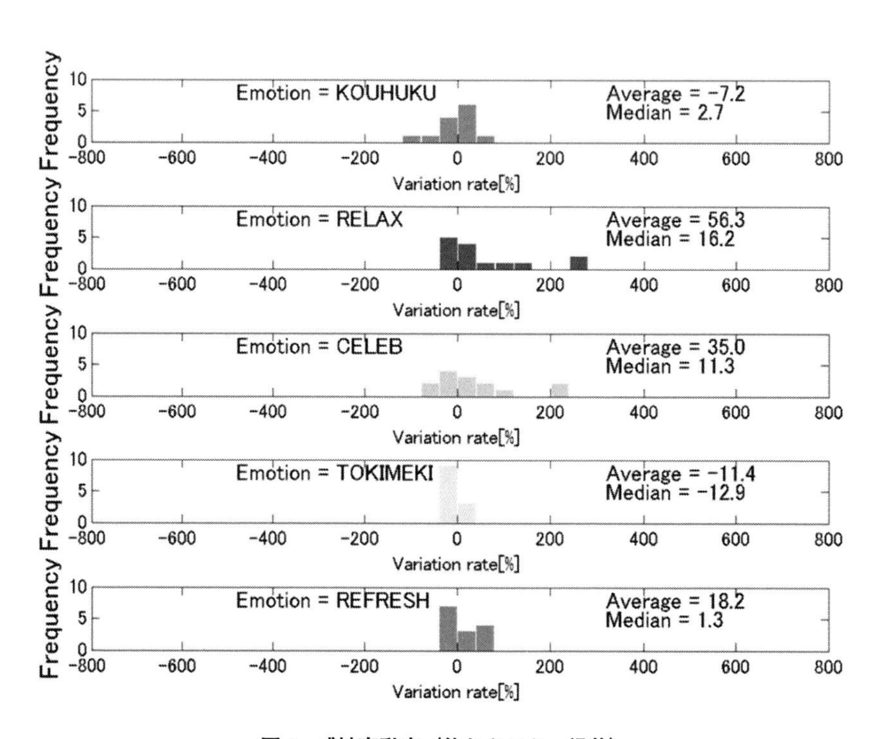

図7　感性変動率（飲むタスク，緑茶）

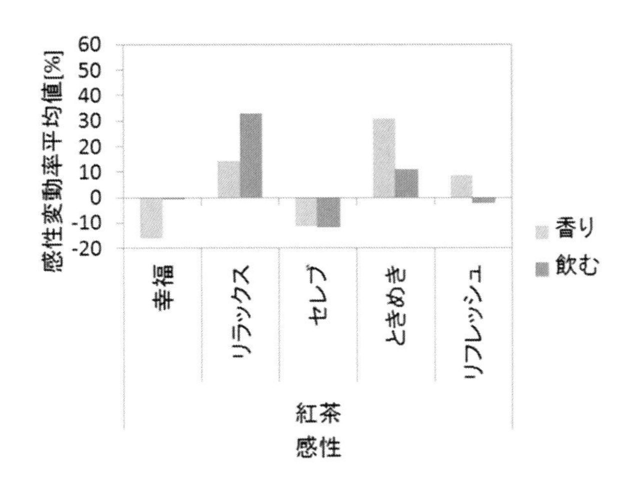

図8　感性変動率平均値（紅茶）

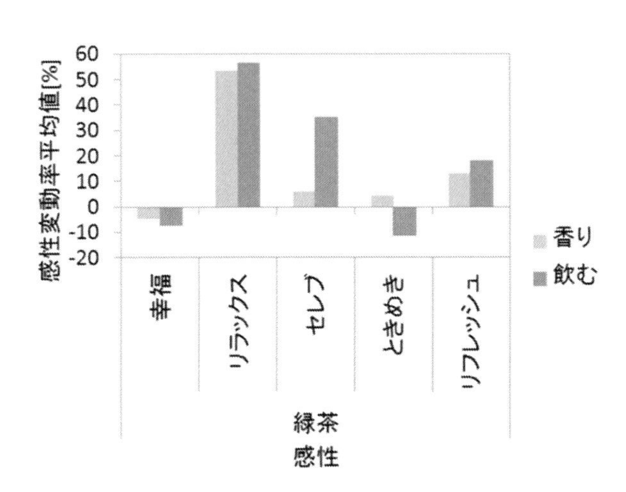

図9　感性変動率平均値（緑茶）

感，リフレッシュ感がそれぞれ53.3％，5.7％，4.1％，13.0％増加し，幸福感が4.4％減少した。緑茶を飲んでいるときは，リラックス感，セレブ感，リフレッシュ感がそれぞれ56.3％，35.0％，18.2％増加し，幸福感とときめき感が7.2％，11.4％減少した。

次に，5.4項で述べた“香り”と“飲む”の総合評価値をまとめたグラフを図10，11に示した。同図から，紅茶はリラックス感，ときめき感，リフレッシュ感が23.9％，23.0％，5.1％増加し，幸福感とセレブ感が5.6％，13.3％減少，緑茶はリラックス感，セレブ感，リフレッシュ感が47.5％，28.5％，21.1％増加し，幸福感とときめき感が6.6％，0.3％減少する結果となった。

これらの結果より，紅茶と緑茶の双方で人の感性に対してリラックス感やリフレッシュ感といった快の情動への影響があると考えられる。

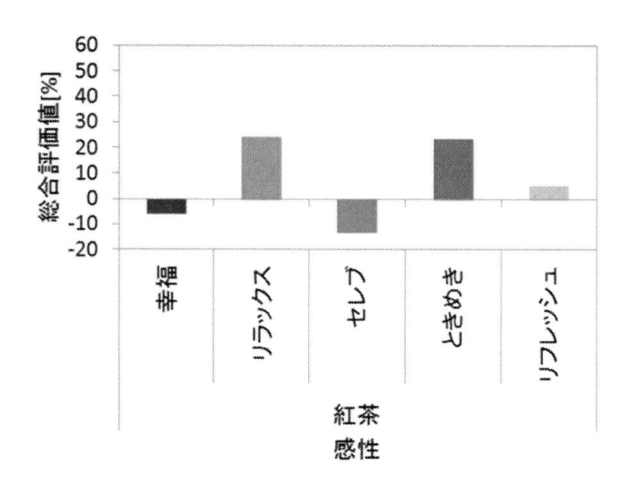

図10　紅茶の総合評価

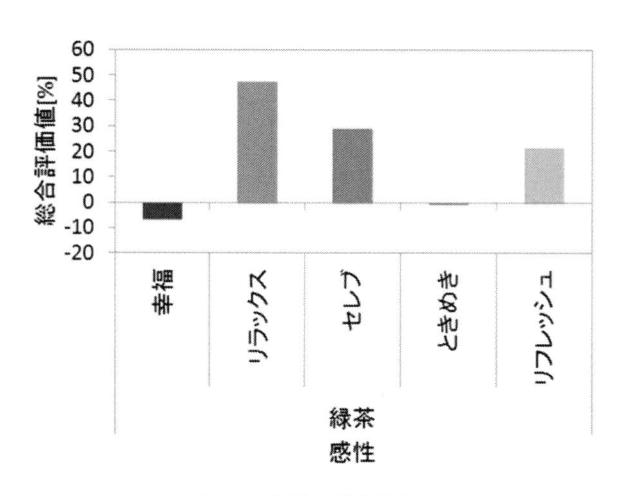

図11　緑茶の総合評価

6　まとめと今後の課題

本研究では，飲料の香りや味が人の感性に与える影響について，脳波のフラクタル性に基づいた解析を行った[5, 34]。

紅茶と緑茶の両方で，リラックス感とリフレッシュ感の快（心地よさ）に係る感性が上昇する結果が得られた。また，紅茶と緑茶の比較では，前者はときめき感を誘発し，後者は，リラックス感に大きく影響することが分かった。一方，セレブ感に対しては，緑茶を味わって飲んでいる時に誘発されることが見出された。なお，幸福感については，紅茶，緑茶の両方ともほとんど効果が認められなかった。

今後の検討事項としては，実験プロトコルおよび計測した脳波への前処理による筋電除去の検討や，幅広い世代，性差，年代毎の特徴ついての分析・調査が挙げられる。さらに，今回の研究成果では，ほとんど検出されなかった幸福感についても，今後，実験手法の検討を進め感性解析を試みる予定である。さらに，心電信号による感性計測[60]と脳波による本手法との統合により，より実用的なスマートセンシング技術の開発が期待される。

付　　録

ここでは，一般化次元 D_α と一般化 Hurst 指数 H_α の α に対する依存性を調べる。
(2)式は，$\tau \to 0$ の極限において，以下のように書かれる。

$$H_\alpha = \lim_{\tau\to 0} \frac{1}{\alpha} \frac{\log \sigma_\alpha}{\log \tau} \qquad \text{(A-1)}$$

この表現は，(1)式において，下記が成立することから容易に導かれる。

$$\lim_{\tau\to 0} \sigma_\alpha(\tau) \to 0 \qquad \text{(A-2)}$$

ここで，$f(t)$ を確率統計的な時系列とみなして，以下の確率変数 X を定義する。

$$X = f(t+\tau) - f(t) \qquad \text{(A-3)}$$

次に，確率変数 X に対する確率密度関数 p_X と確率 P_X を次式で定義する。

$$P_X = p_X \delta X = \Pr\{X < X(t) < X + \delta X\} \quad (\delta X \to 0) \qquad \text{(A-4)}$$

$$\sum_X P_X = 1 \qquad \text{(A-5)}$$

この時，(1)式の σ_α は，以下のように書き換えられる。

$$\sigma_\alpha = \sum_X X^\alpha P_X \qquad \text{(A-6)}$$

したがって，(A-1)式は，以下のようになる。

$$H_\alpha = \lim_{\tau\to 0} \frac{1}{\alpha} \frac{\log\left\{\sum_X X^\alpha P_X\right\}}{\log \tau} \qquad \text{(A-7)}$$

これを α に関して微分を取ることにより，次式を得る。

$$\frac{dH_\alpha}{d\alpha}=\lim_{\tau\to 0}\frac{1}{\log\tau}\left\{-\frac{1}{\alpha^2}\log\sigma_\alpha+\frac{1}{\alpha}\frac{\sum_X X^\alpha\log XP_X}{\sigma_\alpha}\right\}$$

$$=\lim_{\tau\to 0}\frac{1}{\alpha^2\log\tau}\left\{-\log\sigma_\alpha+\alpha\frac{\sum_X X^\alpha\log XP_X}{\sigma_\alpha}\right\}$$

$$=\lim_{\tau\to 0}\frac{1}{\alpha^2\log\tau}\left\{-\log\sigma_\alpha+\frac{\sum_X X^\alpha\log X^\alpha P_X}{\sigma_\alpha}\right\}$$

$$=\lim_{\tau\to 0}\frac{1}{\alpha^2\log\tau}\left\{-\sum_X Q_X\log\sigma_\alpha+\sum_X Q_X\log X^\alpha\right\}$$

$$=\lim_{\tau\to 0}\frac{1}{\alpha^2\log\tau}\left\{\sum_X Q_X\log\left[\frac{X^\alpha}{\sigma_\alpha}\right]\right\}$$

$$=-\lim_{\tau\to 0}\frac{1}{\alpha^2\log(1/\tau)}\left\{\sum_X Q_X\log\frac{Q_X}{P_X}\right\}$$

$$\leq 0 \tag{A-8}$$

ここで，以下の Q_X なる確率を導入した。

$$Q_X=X^\alpha P_X/\sigma_\alpha$$
$$\sum_X Q_X=1 \tag{A-9}$$

また，(A-8)式の不等号については，次式のカルバックライブラーのダイバージェンスに対する不等式[17]を用いた。

$$\sum_X Q_X\log\frac{Q_X}{P_X}\geq 0 \tag{A-10}$$

ここで，上記の等号が成立する条件は，以下のとおりである。

$$Q_X=P_X \tag{A-11}$$

このように，H_α は，α に対して，単調減少（厳密には単調非増加）となる。したがって，(3)式で定義される一般化次元（マルチフラクタル次元）D_α は，α に対して単調増加関数となる。

ただし，D_α は次式が成立するときのみ一定値をとる。

$$P_X = Q_X = \frac{X^\alpha P_X}{\sum_X X^\alpha P_X} \tag{A-12}$$

しかしながら，上式は，$-\infty < \alpha < +\infty$ において，$\alpha = 0$ においてのみ成立するため，結局，

$$\frac{dH_\alpha}{d\alpha} < 0 \tag{A-13}$$

ならびに，

$$\frac{dD_\alpha}{d\alpha} > 0 \tag{A-14}$$

の不等式が得られる。

文　　献

1) E. N. Lorenz, *Tellus*, **17**, 321 (1965)
2) B. B. Mandelbrot, “The Fractal Geometry of Nature”, W.H. Freeman & Co (1982)
3) K. Falconer, “Fractal Geometry”, John Wiley & Sons (1990)
4) F. C. Moon, “Chaotic and Fractal Dynamics”, John Wiley & Sons (1992)
5) M. Nakagawa, “Chaos and Fractals in Engineering”, World Scientific, Inc. (1999)
6) C. Beck and F. Schloegl, “Thermodynamics of Chaotic Systems”, Cambridge Univ. Press (1993)
7) T. Vicsek, “Fractal Growth Phenomena”, World Scientific Inc. (1989)
8) M. F. Barnsley *et al.*, “The Science of Fractal Images”, Springer-Verlag (1988)
9) J. L. McCauley, “Chaos, Dynamics and Fractals”, Cambridge Univ. Press (1993)
10) D. Duke and W. Pritchard, “Proceedings of the Conference on Measuring Chaos in the Human Brain”, World Scientific, Inc. (1991)
11) D. Ruelle, *Proc. R. Soc. Lond. A*, **427**, 241 (1990)
12) J. Theiler, *Phys. Rev. A*, **34** (3), 2427 (1986)
13) K. Judd, Reliable estimation of correlation dimension, Research Report, Department of Mathematics, The University of Western Australia (1990)
14) F. Takens, Lecture Notes in Mathematics, **898**, 366, Springer-Verlag (1980)
15) K. Judd, *Physica D*, **56** (2, 3), 216 (1992)
16) P. Grassberger and I. Procassia, *Physica D*, **9** (1, 2), 189 (1983)

17） M. Phothisonothai and M. Nakagawa, *IEICE Trans. Inf. Syst.*, **E91-D**（1）, 44（2008）
18） N. Soe and M. Nakagawa, *Int. J. Biol. Med. Sci.*, **1**（1）, 34（2007）
19） M. Phothisonmonthai and M. Nakagawa, *J. Phys. Soc. Jpn.*, **75**（10）, 104801（2006）
20） M. Phothisonmonthai and M. Nakagawa, *Int. J. Biomed. Sci.*, **1**（3）, 175（2006）
21） K. Ogo and M. Nakagawa, *Electron. Comm. Jpn. 3*, **78**（10）, 27（1995）
22） 小河清隆，中川匡弘，信学論（A），**J78-A**, 161（1995）
23） T. Q. D. Khoa *et al.*, *J. Phys. Sci.*, **58**（1）, 47（2008）
24） M. Phothisonothai and M. Nakagawa, *J. Integr. Neurosci.*, **8**（1）, 95（2009）
25） 中川匡弘，計測と制御，**50**（4）, 292（2011）
26） 中川匡弘，マテリアル インテグレーション，**23**（4, 5）, 54（2010）
27） 中川匡弘（分担執筆），"次世代ヒューマンインターフェース開発の最前線"，エヌ・ティー・エス（2013）
28） T. Musha *et al.*, *Artif. Life Robot.*, **1**（1）, 15（1997）
29） 小杉幸夫，武者利光，"生体情報工学"，森北出版（2000）
30） 中川匡弘，ディスプレイ，**15**（10）, 95（2009）
31） T. Q. D. Khoa and M. Nakagawa, *Nonl. Biomed. Phys.*, **2**（3）, 1（2008）
32） 中川匡弘，日経マイクロデバイス5月号，92（2008）
33） 松下晋，中川匡弘，信学論（A），**J88**（8）, 994（2005）
34） 中川匡弘，"カオス・フラクタル感性情報工学"，日刊工業新聞出版（2010）
35） 中川匡弘，ファインケミカル，**40**（11）, 45（2011）
36） J. C. Eccles.，"脳―その構造と働き"，共立出版（1977）
37） 武田常広，"脳工学"，コロナ社（2003）
38） M. Nakagawa, *J. Phys. Soc. Jpn.*, **62**（12）, 4233（1993）
39） 中川匡弘，日経ビジネス，**50**（10）, 46（2012）
40） 日刊工業新聞，快適な打球感を追及した感性志向型テニスラケットの開発，第5回モノづくり連携大賞受賞，日刊工業新聞社，http://www.nikkan.co.jp/sangakukan/1026news.html, 2010.10.26
41） 土生智恵美ほか，*Aroma Res.*, **13**（1）, 21（2012）
42） 佐瀬巧，中川匡弘，*Aroma Res.*, **13**（1）, 16（2012）
43） 河野貴美子ほか，*Fragrance J.*, **21**（12）, 127（1993）
44） 中川匡弘，*Aroma Res.*, **13**（4）, 332（2012）
45） 中川匡弘，*Fragrance J.*, **41**（7）, 58（2013）
46） K. Hashimoto *et al.*, 26th IFSCC Congress 2010 Buenos Aires, Argentina, p.1（2010）
47） 佐久間平輝，中川匡弘，信学技報，**115**（229）, 39（2015）
48） 中川匡弘，嗅覚と感性―脳波による感性フラクタル次元解析手法について―，第29回回路とシステムワークショップ，B2-3-3, p.357（2016）
49） A. Turnip, *J. Med. Bioeng.*, **4**（6）, 436（2015）
50） 丸山貴司ほか，信学論（A），**J95-A**（4）, 343（2012）
51） 丸山貴司，中川匡弘，信学論（D），**J95-D**（6）, 1410（2012）
52） 丸山貴司ほか，日本知能情報ファジイ学会，**24**（6）, 1137（2012）

53)　丸山貴司，中川匡弘，信学論（A），**95-A**（9），716（2012）
54)　丸山貴司，中川匡弘，*J. JACT*, **16**（3），97（2011）
55)　中川匡弘（分担執筆），"顧客も気づいていない　将来ニーズの発掘と新製品開発への活用"，技術情報協会（2013）
56)　中川匡弘（分担執筆），"官能評価活用ノウハウ・感覚の定量化・数値化手法"，技術情報協会（2014）
57)　橋本公男，中川匡弘，*Cosmetic Stage*, **5**（4），51（2011）
58)　橋本公男，中川匡弘，*Fragrance J.*, **39**（7），59（2011）
59)　川副智行，中川匡弘，*Cosmetic Stage*, **8**（1），40（2013）
60)　大橋正ほか，信学論（A），**J97-A**（7），538（2014）

第14章　リアルタイム感性評価と実応用 ～感性アナライザを用いた取り組み

青木駿介*1，荻野幹人*2，満倉靖恵*3

1　はじめに

2013年は脳元年。アメリカ大統領オバマ氏による国家プロジェクト“ブレイン・イニシアチブ（BRAIN Initiative)”と名付けられた巨大国家プロジェクトが始動した年である。BRAINは単に脳の略ではなく，Brain Research through Advancing Innovative Neuro technologiesの略であり，その規模は人類月面着陸のアポロ計画やヒトゲノム計画に匹敵する壮大なプロジェクトであった。このプロジェクトの目的は，脳を構成するニューロンの動きによって何が変わるかについて，マクロからミクロまで完全に理解することであり，これらを解明することで脳のマップを作成することであった。米国についで欧州やアジア各地でも脳の研究が一気に加速した年でもある。メディアなどもこぞってXXをすれば賢くなる，XXXは脳の働きをよくするなどの見出しや番組もよく目にするようになった。しかし一体どれほど信頼性があるのか。本当に心や感情（広義な意味で感性）を読むことができたか。人の“気持ち”は時事刻々と変動する。これらの変動をリアルタイムに捉えることができれば，動画コンテンツなどのリアルタイム評価が可能となり，どんな場面で面白かった・面白くなかった，感動した・しなかったなどのシーン評価が可能となる。現在主流となっているこれらのシーン評価には，もっぱらアンケート評価が用いられている[1,2)]。言うまでもなくアンケート評価は逐次アンケートを取得すれば被験者の負担が増え，まとめてアンケートを取得すれば人間の記憶特性として後の方に観たコンテンツに重みがかかり，正確な評価であると言えない。このような問題に対して顔画像から感情を読み取る研究や[3,4)]，サーモカメラを用いて感情を読み取る研究[5)]も存在するが，いずれもリアルタイムな計測はできていない。我々は脳波を用いた感性のリアルタイム評価を行い，1秒ごとに感情を数値化する方法を提案し，感性アナライザというシステムとして世の中に出した（感性アナライザ ©電通サイエンスジャム)。これを用いることで，動画コンテンツをはじめ様々な場面で応用している[6~8)]。これらは動画コンテンツの評価に留まらず，感性・感情という数値では評価しづらい指標の数値化を行うことができたことで，美味しい・食べたい度合い・悲しい・ストレスを感じる

＊1　Shunsuke Aoki　㈱電通サイエンスジャム　生体情報研究グループ　主席研究員

＊2　Mikito Ogino　㈱電通サイエンスジャム　先行技術開発グループ　グループリーダー／主席研究員

＊3　Yasue Mitsukura　慶應義塾大学　理工学部　教授

度合い・集中できる度合いなど，現在では30種類程度の人間の感性・感情評価を行うことができている。本稿ではこれらの指標を使った一例を示すとともに，得られる感情・感性の評価の方法について紹介する。

2　脳波計測とノイズ除去

2. 1　脳波計測

脳波は脳機能計測手段の一つである。本項では感性評価を行う上で脳波の有用性について説明する。脳機能の計測には，脳波計（EEG）以外にも脳磁計（MEG）・機能的磁気共鳴画像（fMRI）・ポジトロン断層法（PET）・近赤外光計測（NIRS）など様々な計測手段がある。また，脳機能計測以外でも，表情認識や行動分類，心拍・脈拍・呼吸などの生体信号などを用いて感性を把握しようとする研究も行われている。

これらの様々な計測手段の中で，脳波は非侵襲で脳内活動を電気信号として観測することができ，高い時間分解能により時系列変化を追うことができる点に他の計測手段に対する優位性がある。時系列に脳活動の変化を観測できるということは，そこから感性を導くことで，アンケートでは事後にしか確認できなかったユーザ評価を，製品の使用中も定量的に確認できるようになるということである。

脳波は，ノイズ干渉を受けやすいという欠点はあるが，近年では計測技術の向上により，図1に示すような小型の脳波計でもノイズ混入を低減し，医療用の脳波計に近いレベルでの計測が可能になってきている。こうした小型脳波計の発展により，被験者の負担を低減することができ，より自然な環境で被検者の脳活動を計測することができる。これまで病院などでしか計測できなかった人の脳波が，定量的な感性として日常生活の中で観測可能になってきたのである。

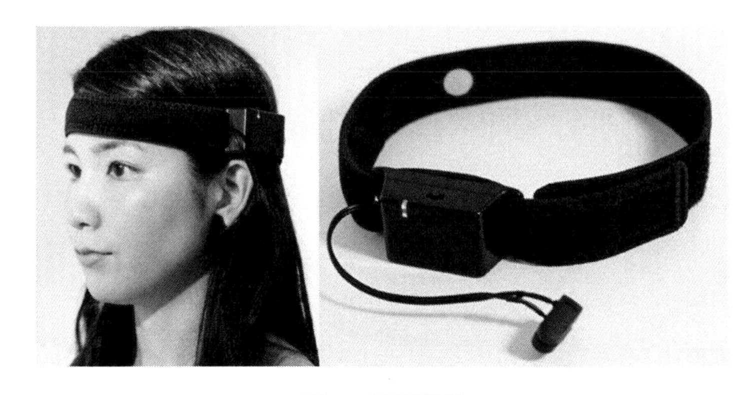

図1　小型脳波計

2. 2　脳波計測における課題

脳波計測では，非侵襲の電極を頭皮上に設置して計測を行うため，皮膚上を伝わってくる脳波以外の情報も混合されて計測される。例えば，図 2 に示すのは開眼・閉眼における安静状態の脳波であるが，開眼時は，瞬きによる筋電の変化が緩やかで大きな波形として脳波上に混合されて計測されていることが分かる。図 3 のフーリエ変換（FFT）による周波数変換後の結果でも，同じ安静状態同士で 7 Hz 以下の低周波成分が大きく異なっていることが分かる。

このように観測される情報の中から感性と紐付けられない情報をノイズとして除外する必要がある。図 4 に示すように 10 Hz 以降に注目してみると，閉眼時は α 波帯域優位，開眼時は β 帯域優位となっていることが確認でき，脳波からリラックスや集中状態にあることを推定できる。ただし，脳波には上記のような瞬きの筋電だけでなく，様々な要因でノイズが混入する。それらのノイズを除去することで漸く脳波としての特徴量が抽出でき，感性と紐付けることが可能にな

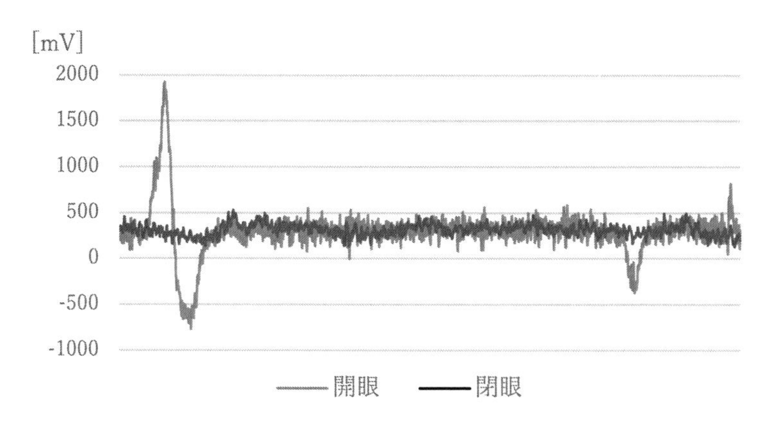

図 2　安静時開眼・閉眼の脳波比較

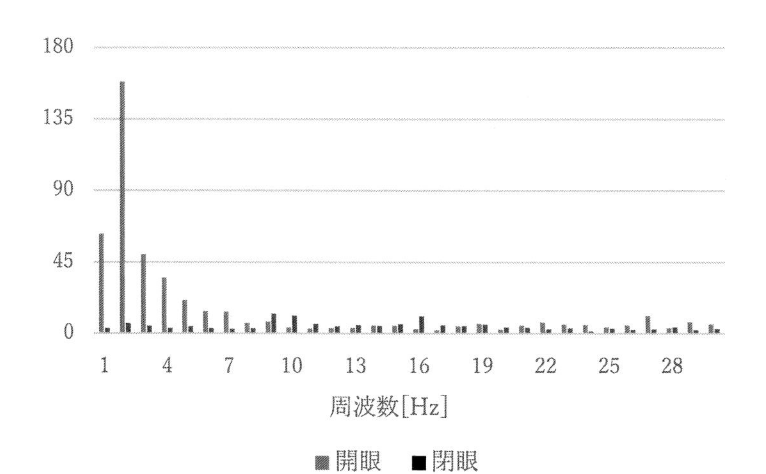

図 3　安静時開眼・閉眼の脳波周波数（1-30 Hz）

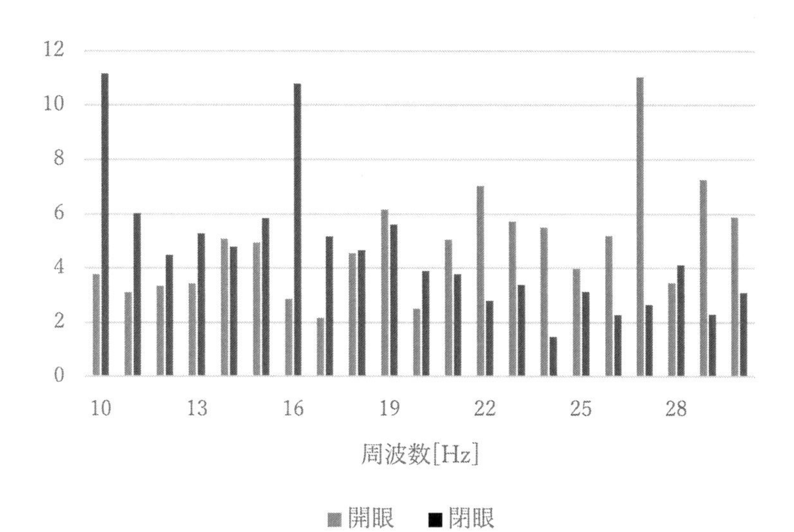

図 4　安静時開眼・閉眼の脳波周波数（10-30 Hz）

る。これらのノイズに対処するために注意すべきことについて次項で説明する。

2. 3　ノイズ除去について

計測される脳波には，体調，感情，記憶などの脳から伝達される情報に加えて，様々な要因で発生するノイズが情報として含まれている。また，個人差による感性の動きのばらつきも大きい。そのため，脳波から重要な情報を含む成分を抽出するためには，ノイズの除去や，被験者の状態の統一が不可欠となる。前項の例で瞬きによる筋電の混入例を示したが，脳波計測においては，計測値自体だけでなく，自然な感性を観測するために被験者の負担を低減することも重要である。ここでは，感性観測時の脳波計測において実験プロトコルを設定する際に，懸念すべき環境ノイズと生体ノイズを低減するための対処方法について説明する。

2. 3. 1　環境ノイズ

生体情報に関係なく混入するノイズとして環境ノイズがある。感性観測において厄介になるのが周囲の電子機器による干渉である。脳波から感性を観測する際，シールドルームなどでは自然な状態にならないため，周囲に電子機器が存在している状況で計測することも多い。一時的にアーチファクトが表れる場合は，ノイズ発生時は感性評価に使用しないように除外するなどの対処をする必要がある。また，電子機器の影響のある環境で一定のノイズが混入し続ける場合には，ハムフィルタなどによって除外する必要がある。ただし，フィルタによっては脳波の信号自体も歪める可能性があるため，フィルタの設計時は発生しているノイズについて深く調査を行う必要がある。

2. 3. 2　生体ノイズ

脳波以外の生体情報が混入する生体ノイズがある。日常環境で脳波計測を行う場合，医療での計測のように安静状態で実施できることは少なく，緊張や体動による筋電の混入することが多い。また，国際 10-20 法の Fp1，Fp2 のように前頭部での計測を行う際には，眼球の動きや瞬きも混入する。小型脳波計では，大型脳波計や大型計測機ほどの緊張感は発生しにくいが，脳波計測に慣れていない被検者に対しては，インフォームドコンセントを丁寧に行ったり，リラックスできるまで時間を空けたりすることで緊張をほぐすことが重要である。また，細かな瞬きが多い被験者に対しては目薬により目の乾燥を抑えるか，意識して瞬きの回数を減らすように促すことで抑えることでノイズを低減することができる。

また，発汗・皮脂・化粧品などが電極との間に混入することでもノイズが発生する。このようなノイズに対しては，ウェットシートなどで原因の不純物を除去するか，導電性のジェルを電極に塗布することでノイズを低減することが可能である。発汗などに関しては，室温を下げるなどの計測環境を整えるのも重要である。

生体ノイズの除去には，被験者に計測する感性以外のストレスがかからないように留意することが重要である。このように注意しても混入してしまうノイズに対しては，バンドパスフィルタや独立成分分析などを用いて除去する。

3　感性のリアルタイム取得と感性アナライザ

感性アナライザは，人間の感性を脳波によってリアルタイムに数値化するアプリケーションである。

2015 年に慶應大学満倉研究室で培ってきた技術を株式会社電通サイエンスジャムと共同でタブレットアプリケーション化し，一般の企業にも使いやすい形にした。

これまでの脳波解析は，脳波に対して周波数解析をして，科学者がそこに意味付けをするものであった。周波数解析とは，電位データである脳波を α 波，θ 波などの周波数帯域に変換する技術である。科学者は求められた α 波の増加，θ 波の低下などを把握し，先行研究や知見と照らし合わせることでそこに意味を見出してきた。しかしながら，この意味付け作業には専門性が不可欠である。脳波を測定してから，そのデータに意味を見出すために，時間もかかり，コストもかかってしまう。

これに対し，感性アナライザは 1 秒毎に脳波を解析し，自動的に意味付けを行う。装着者が脳波計を装着すると，その場で iPad が解析を始め，リアルタイムに感情を数値化する。

このリアルタイムな感情表示は時系列に物を評価したい時に，威力を発揮する。

例えば，とある映画の評価をしたいとする。

これまでの紙によるアンケートであれば，映画の視聴者は映画を全て見終わった後に評価を書かなければならない。この時，人の記憶は全てのシーンを鮮明には覚えておらず，長い記憶を辿って書くことになる。こうなると，忘れてしまったシーンについての感想は上手く書けないことがある。しかしながら，感性アナライザは 1 秒毎に感情を記録しているため，興味のあったシーンや，好きなシーンを全て後追いできるのである。

　また，感性アナライザによって，評価後のインタビューやヒアリングもスムーズに行える。「このシーンで好き度が上がっていますが，どんなことを思いましたか？」といった質問や，「この場面でストレス度が上がっていますが，怖かったですか？」といった質問ができるのである。

　感性アナライザにはコメント機能がついており，脳波計測中の何時に何があったのかを記録することができる。脳波測定中に実験者が気になる感情の動きがあったら，その時刻にコメントを打ち，後からその時刻に何があったのかを分析することが可能である。

　脳波から感情をリアルタイムに推定する技術には，元となる膨大なデータが必要である。慶應義塾大学理工学部満倉研究室では，約 17 年間延べ約 8000 人の脳波を取得し，これをデータベース化している。データベースには，図 5 のように特定の環境下で取得した脳波と感性指標とを 1 対 1 で対応付けたデータが入っており，これを用いて研究を行うことで，感情と脳波の関係性を解析している。

　感性アナライザの特徴は，iPad 上で感性をリアルタイム推定できることである。しかしながら，リアルタイム推定するために必要な脳波と感性の関係性解析には何年もの月日がかかる。信号処理技術に加え，統計学・機械学習を用いることで，感情と脳波の関係性を解析していき，ノウハウや知見を積み上げていくことで，法則性を確かなものに築き上げていく。

　脳波が感情に変換されるまでの工程を図 5 の通り，簡略化して説明する。まずは，脳波に含まれる体動，瞬きなどのアーチファクト，電源ノイズなどをフィルタリング処理によって取り除く。ノイズなどが取り除かれた信号データは特徴抽出手法によって，信号データから特徴量デー

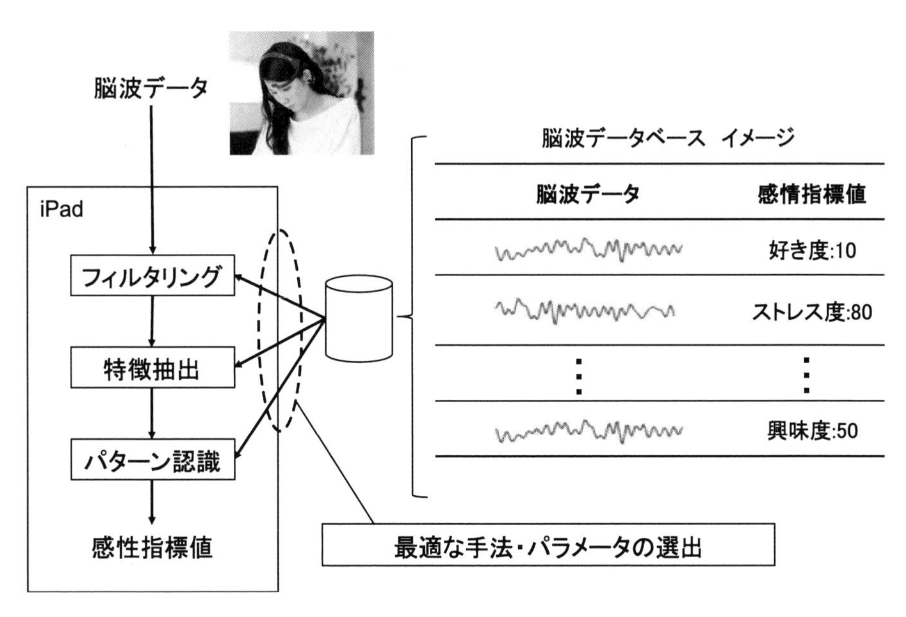

図 5　脳波データベースのイメージと感性指標推定ロジック

タに変換が行われる。特徴量に変換することで，パターン認識の精度を上昇させることができる。パターン認識処理では，脳波データベースを用いて脳波データと感性指標値の関係性を解明する。膨大な脳波データを計算コストの高いパターン認識手法で解析するために，通常は計算サーバーなどを用いる。パターン認識手法の学習によって解明された関係性は，手法やパラメータであり，アルゴリズムとも呼ばれる。脳波データから感性指標値を推定するアルゴリズムの構築が完了したら，それをiPad上に実装し，リアルタイム処理を可能にするのである。

4 感性アナライザによる応用事例

4. 1 ピジョン株式会社

『ベビーカー使用時のユーザの脳波比較実証』

本研究では，シングルタイヤPRとして，ベビーカー使用時のストレスについてダブルタイヤ使用時とのストレス度の比較を行った。ストレス度は，心的に負荷のかかる状態の脳波を取得し，その際の脳波の特徴量から，「ストレス状態」を定義している。5種類の走行コースを用意し，それぞれのベビーカーを押して走行した際のストレス度を計測した。実験の結果，シングルタイヤの方が全コースを通じてストレス度が低くなることが実証された（図6，$p < 0.005$，$N = 17$）。図6では，各走行路のストレス度の平均値を比較している。各走行コース同士の比較もできるため，ベビーカー使用時にどういった道を選べば疲労を軽減できるかなどの知見も得ることができた。下図では，「ゴム道」，「改札」のストレス度の差が特に大きく，シングルタイヤにすることで変化を実感しやすい走行路の材質や通路幅などが明らかにできた。これらの検証結果に基づき，シングルタイヤのプレスリリースを行った。

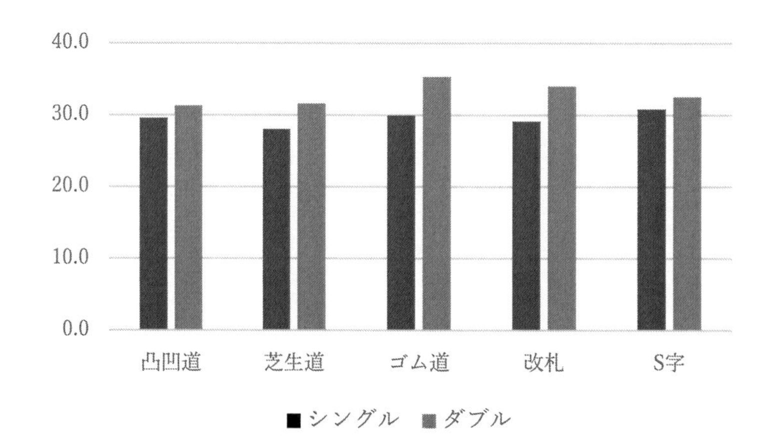

図6 走行路ごとのストレス度の比較（$p^* < 0.005$，$N = 17$）

4. 2　アサヒ飲料株式会社

『三ツ矢サイダー飲用時に感じている爽快感を数値化する研究』

本研究は脳波によってモデル化された爽快感を用いて，炭酸飲料を検証した研究である。述べ 90 名の被験者に感性アナライザを装着し，飲料摂取前，香料無しの三ツ矢サイダー摂取後，炭酸半分の三ツ矢サイダー摂取後，通常の三ツ矢サイダー摂取後の爽快度を計測した。結果，成分調整のしていない三ツ矢サイダーの摂取後にのみ，爽快感に大きな変化が表れた（図 7，$p <$ 0.001，$N = 90$）。これにより，三ツ矢サイダー独自の香りと炭酸の刺激が，爽快感に起因していることを検証した。この検証結果はプレスリリース，学会発表を通して学術的な形で発表を行った。

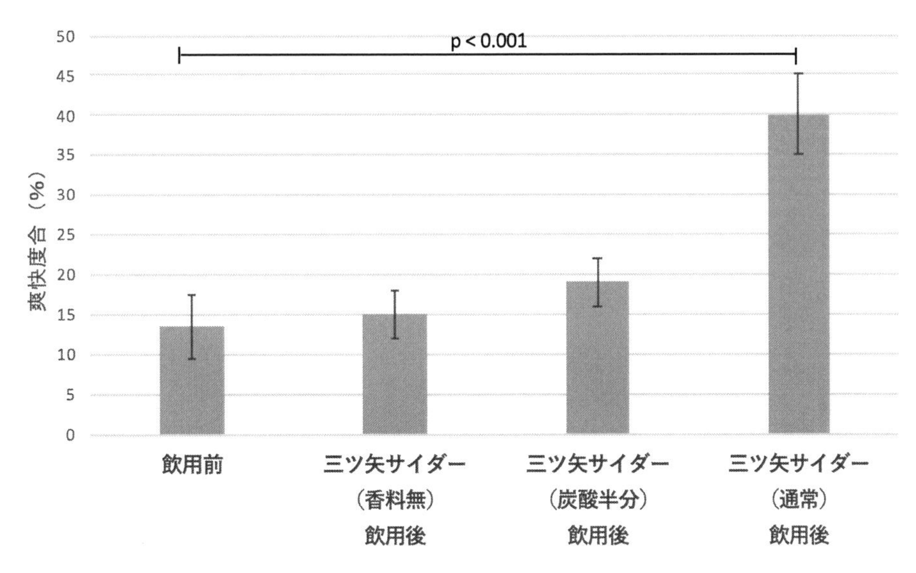

図 7　三ツ矢サイダー飲用前後での爽快度合の比較（$N = 90$）

4. 3　ブリヂストンタイヤジャパン株式会社

『タイヤの違いによる疲労感の評価』

新製品のタイヤについて，既存のタイヤでの走行時とストレス度を比較し，疲労感の検証を行った。乗用車の評価に関しては，車内環境全体の雰囲気や乗り心地，運転の操作性など様々な要因が複合された結果として感性が表れる。また，乗車した瞬間だけでなく，長時間乗車することでストレスが上昇することも懸念されるため，時系列での変化の確認が必要となる。さらに運転機会の多寡により被験者を区分し，別車両でのコース習熟を行うなどして，運転完熟度によるストレス値低減が起きないよう配慮した。その上で，評価対象のタイヤのみを変更して複数のコースを走行してもらい，その際のストレスの推移の比較検証を行った。実験の結果，新製品の方が既存製品よりも継続的にストレス度が低く表れ，疲れにくいタイヤであることが実証された

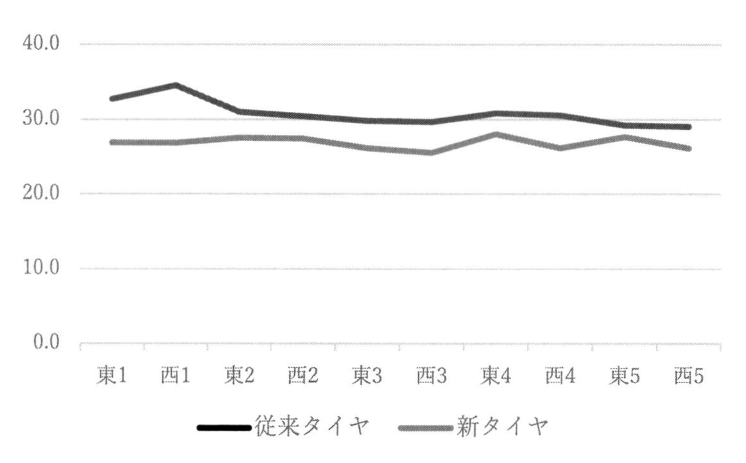

図 8　コースごとのストレス度の推移（$p^* < 0.001$，$N = 5$）

（図 8，$p < 0.001$，$N = 5$）。下図では，各ドライブコースにおけるストレス度の平均の推移を時系列に追うことができる。例えば，結果が逆転している場合でも，後からインタビューをすることで「苦手なコースを初めて走ったからストレスを感じた」など，タイヤ以外のストレス要因を感じていなかったかを確認することが可能である。こういったアンケートでは難しい検証を行えるのも脳波の利点である。本実験においては事前に配慮していたため，外乱を排除した状態で評価を行うことができた。この検証結果に基づき，プレスリリースを行った。

4. 4　アルパイン株式会社

『職業ドライバーの眠気・疲労感の解消可能な車室環境の研究』

職業ドライバーの長時間運転時の眠気と疲労感を緩和する方法が求められている。眠気と疲労感を緩和する方法として警報音などが挙げられるが，より自然であり運転の阻害にならない方法が求められている。そこで本研究ではドライバーの眠気と疲労感を自然と緩和させるアロマを研究対象として，本実験では脳波の集中度・ストレス度・眠気度を分析し，最も眠気と疲労感に関わる感情に効果を与えるアロマを脳波から定量的に選出した。結果，眠気と疲労感の緩和に効果のあるアロマを，脳波から選出できることが確認された。選定されたアロマの効果をドライビング中にも検証した（図 9，$p < 0.05$，$N = 20$）。本結果は学会発表，学術誌発表を通して，学術的な形で発表を行った。

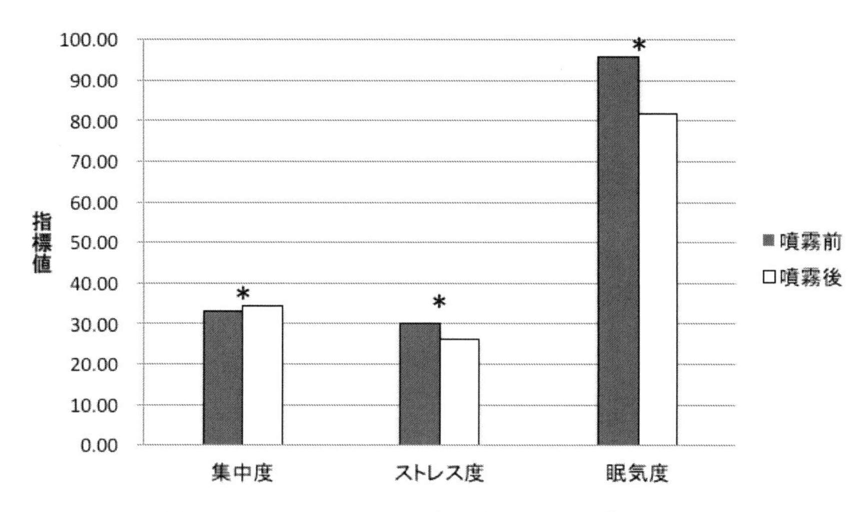

図9　試作したアロマによるドライビング中の効果（$p^* < 0.05$, $N = 20$）

5　おわりに

様々な分野において人間の感性を考慮したものづくり・製品開発が行われている中で，感情や感性をどのように読み取るべきか，読み取れたとしてもその妥当性や再現性はどう評価していいか，などが課題となっていた中で，脳波を用いて感性をリアルタイムに取得できる方法を紹介し，その妥当性の評価・再現性についての課題を解決する方法を述べた。さらには実際にリアルタイムで脳波を計測し，感性を取得できる装置“感性アナライザ”として世の中に出すことで，製品開発に応用した実例を紹介した。また，感覚器に入力された刺激に対して感情として出てくるプロセスを解析するだけではなく，入力が外部ではなく脳内あるいは身体の中で起こっている現象を脳波から検知できるかについての研究結果も紹介した。今後はこの感情・感性の生じる仕組みなどを生理学的分野・医学的分野・工学的分野全てを統合し，解明していく予定である。

文　　献

1) K. Ozawa *et al.*, “Contents which yield high auditory-presence in sound reproduction”, *Kansei Eng. Int.*, **3** (4), 25 (2002)
2) Y. Kinoshita *et al.*, “Development of Kansei estimation models for the sense of presence in audio-visual content”, Proceedings of 2011 IEEE International Conference on Systems, Man, and Cybernetics, p.3280 (2011)
3) K. Takahashi *et al.*, “Facial expression estimation using simplified head model based

on particle filtering", 2010 11th IEEE International Workshop on Advanced Motion Control, p.173 (2010)

4) S. Shojaeilangari *et al.*, "Robust Representation and Recognition of Facial Emotions Using Extreme Sparse Learning", *IEEE Transactions on Image Processing*, **24** (7), 2140 (2015)

5) B. R. Nhan and T. Chau, "Classifying Affective States Using Thermal Infrared Imaging of the Human Face", *IEEE Transactions on Biomedical Engineering*, **57** (4), 979 (2010)

6) 満倉靖恵, "脳波による感性アナライジング", 電気学会誌, **136** (10), 687 (2016)

7) 満倉靖恵, "生体信号のユビキタスセンシングと意味抽出および実利用化", 計測と制御, **53** (7), 605 (2014)

8) 満倉靖恵ほか, "感性をリアルタイムで測り製品に生かす試み ("デライト" を科学する)", 設計工学, **52** (7), 434 (2017)

<マルチモーダル・センシング>

第15章　言語・音声・顔表情・脳波を総合利用した感情測定システム

任　福継*1，松本和幸*2

1　はじめに

人間と動作や外観を似せたヒューマノイドロボットが開発され，エンターテインメントの分野では，実用化され始めている[1)]。これらのロボットは，将来的に，接客や介護などを人の代わりにできるようになることを期待されている。アクトロイドなどは，外観や動作は本物の人間との見分けがつきにくい段階まで到達しているが，いまだに，人の内面である「心」を模倣することは難しいといわれている。言葉，身振り，表情といった人が発するバイタルサインは，人と人がコミュニケーションする際には重要な役割を果たす。とくに，相手の感情をそれらの情報から適切に読み取れることが，円滑なコミュニケーションには必須となる[2)]。これまでのロボットは，特定の環境の中で，人と同じように，またはそれ以上に行動し作業できることを重視されてきたが，少子高齢化において，接客や介護などの感情労働を必要とする現場では，人の感情を理解し，人に共感することのできるロボットが必要である。そのため，ロボットの「心」や「感情」といった内面をどのように構築するかについて盛んに研究されている[3~6)]。現在，ヒューマノイドロボットにおいて，人の感情を推定する際に，言葉，音声，表情などの複数の要素を利用するもの[7)]が研究開発されている。しかし，言語・音声・顔表情・脳波などといったマルチモーダルな情報を総合的に利用して感情推定するものは少なく，単独で感情推定した結果を単純に組み合わせるものがほとんどである。それぞれの感情推定結果が相互にどのように関連しているかが明らかではないため，既存の各情報源からの感情推定について紹介し，それぞれにどのような課題があるかについて述べた後，我々の提唱する言語・音声・顔表情・脳波を総合利用した感情測定システムについて述べる。

2　感情推定

人間の感情を外部から測定するためには，各種センサを用いて，言語，顔表情，音声，および脳波をはじめとする生体信号などを取得し，解析する必要がある。これまでに，言語や音声，顔表情，脳波をそれぞれ単独で解析して感情認識を実現する研究がそれぞれの分野において行われ

＊1　Fuji Ren　徳島大学　大学院社会産業理工学研究部　教授
＊2　Kazuyuki Matsumoto　徳島大学　大学院社会産業理工学研究部　助教

てきた。

我々が提唱する言語・音声・顔表情・生体情報を総合利用した感情測定システムでは，それぞれ独立した感情推定を用いるのではなくマルチモーダルな情報からそれぞれの感情を推定し，それを総合的に利用するものである。本章では，言語・音声・顔表情・生体情報などを用いて感情推定する研究について紹介する。

2. 1 言語からの感情推定手法

言語からの感情推定では，言葉（単語や句，文）がどのような感情を表しているのかを，文字情報で表されたものから推定する必要がある。人の感情を言語化した「うれしい」「嫌だ」などといった「感情表現」の多くは，すべての文脈において同じ感情を示すとは限らない。そのため，言語からの感情推定の手法として，大別して 2 種類の方法が提案されてきた。まず，人間があらかじめ知識ベースや辞書などで感情の生起や感情表現についてのパターンを登録しておき，それを参照することで発話文からの感情推定を行う手法である[8~10]。もう一つは，発話文に対して発話者に生起している感情をラベル付けしておき，それを学習用データとして機械学習手法などで感情推定モデルを作成する手法である[11~15]。

松本らが提案した感情生起事象文型パターンは，日本語語彙大系に登録されている文型パターンの中から，感情を生起するような事象を表す文型のみを抽出し，それぞれに感情の生起が起こるルールを記述したものである。このルールと，感情表現を登録した辞書およびモダリティとその修飾作用について記述した辞書を参照することで，発話文から感情を推定する。図 1 に感情生起事象文型パターンの一例，表 1 に生起ルールの一部を示す。

Ren らの研究グループは，ほかにも，Word Mover's Distance という単語集合間の意味的な距離計算に基づく感情推定手法[16]や，部分観測マルコフ決定過程（Partially Observable Markov Decision Process：POMDP）を用いた感情的な個別指導システム[17]の提案，感情推定手法を応用したソーシャルメディアにおけるユーザの異常な意見の検出[18]，単語と文レベルのベイジアン推論に基づく感情推定[19]など，言語からの感情推定と，それを応用した研究をしている。

言語からの感情推定に関して，標準的な感情推定アプローチは存在せず，ターゲットとなる言語の種類やドメインに依存したり，定義されている感情カテゴリの種類が異なるなどの問題を抱

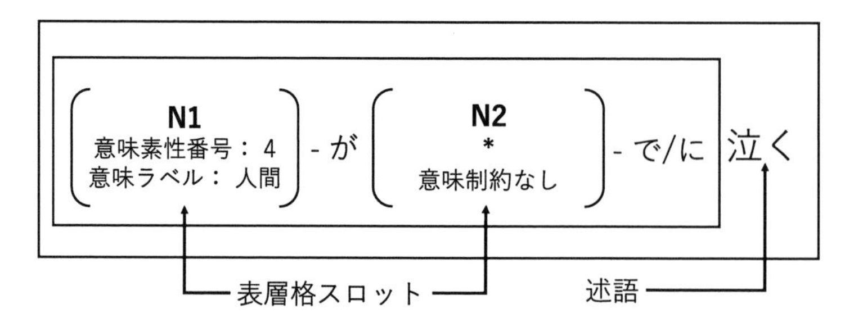

図 1　感情生起事象文型パターンの一例

表 1　感情生起ルールの一部

文型パターン		生起感情	生起主体
N1[3]-が N2[*]-に/より	頭-を　抱える	驚き	N1
N1[4]-が N2[4]-の	鼻-を　折る	恥	N2
N1[3]-が N2[3]-で	落ち着き-を　失う	驚き	N1
N1[4]-が N2[*]-で/に	泣く	Em(N2)＜0　悲しみ	N1
		Em(N2)≧0　喜び	N1
N1[3]-が N2[*]-を	自慢する	誇り	N1

えている。また，接客ロボットに実装する感情推定の手法としては，ある特定の人物（雇用主や同僚，上司，etc.）の感情推定ができるだけでは不十分であり，不特定多数の顧客に対して適切に感情推定できなければならない。そのためには，顧客の属性の違いから属性対応させた感情推定モデル（例えば，性別に適応させたモデル[20]）を切り替えるなどの対応策が必要と考えられる。

2. 2　顔表情からの感情推定手法

顔表情からの感情推定手法には，顔の画像解析を行い，特徴点抽出をした後に，それらの特徴点をもとに，データベース中の顔表情画像と照合することで表情の分類を行う手法が多く提案されている[21~23]。近年では，深層学習手法を導入し，特徴抽出を自動化して表情推定する手法が多い[24,25]。

佐々木ら[21]は，顔特徴量の追跡により表情推定を行った。従来の画像処理技術による顔表情推定の研究では，2 次元画像を用いるか 3 次元画像を用いるかで大きく二分されていたが，近年，オプティカルフローなどを用いることで，3 次元の特徴量を 2 次元に写像して数量化する方法により，表情の特徴を動的に捉えることが可能になってきた。佐々木らの手法では，顔のノード（顔画像中の特徴点）を決定した後，各顔表情に対して重要なノードを選択し，特徴ベクトルを選択する。そして，表情ごとに重要な顔の領域と特徴点を把握し，変化割合を算出し，特徴量を求める。この特徴量をもとに，類似度を用いて最近傍法により感情推定を行った。この手法の優位点として，顔のノードの移動量などからリアルタイムに顔表情から感情を推定できる点があり，欠点として，個人差などには着目しておらず，一般化していないため，あらかじめ登録している人物にしか対応できない点がある。

Huang ら[26]は，3 つの領域（眉，目，および口）において，画像から勾配特徴のブロックヒストグラムを抽出し，半教師有りのファジィ c-means 法により，各特徴量に基づく決定レベルを融合することで，高い精度での表情の推定を実現した。

顔表情からの感情推定の課題は，表情の中でも複合的なもの（悲しみと驚き，喜びと安心，など）は，画像特徴のみからの推定が困難であることで，音声やその他の情報と組み合わせて推定する必要がある。

2. 3　音声からの感情推定手法

音声からの感情推定に関する研究は，音声信号から抽出した韻律特徴やスペクトル特徴を機械学習手法により学習して分類モデルを作成するものが多い[27~29]。どういった特徴量が感情推定に有効かを検討したものが多く，機械学習手法にはニューラルネットワークや Support Vector Machine が用いられることが多い[30~32]。

Mitsuyoshi ら[29]は，連続した自然音声から得られる人間の声の基本周波数（fundamental frequency；F0）を分析することによって人間の感情を認識するシステムを提案している。提案システムは，人間の音声の基本周波数，ピッチ，パワー，パワーの偏差の特徴を抽出し，決定木により感情のカテゴリ（怒り，哀しみ，喜び，平静）に分類する実験において，86％の精度を得た。これは，人間の主観的評価とほぼ同等であり，提案手法の有効性を明らかにした。

音声情報は発話音声であるため，音響情報のみならず，発話内容（何を話しているか）も重要となる。しかし，言語的な特徴量を考慮する場合，音声認識により単語を認識する必要性が生じるため，発話内容を考慮しない方法を検討することで，音声認識誤りの影響を受けずに済むと考えられる。中川ら[31]は，平静の感情で話された同じ発話内容の音声から基本周波数やパワーといった LLD（Low Level Descriptors）特徴量を取り出し，音響特徴量を正規化する方法により従来手法よりも高精度な感情推定を実現した。中川らの研究では，感情を「喜び」「怒り」といったカテゴリで表すのではなく，「快-不快」「覚醒-睡眠」の 2 軸により表現することで，感情のベクトル表現を推定する問題として扱った。そのため，機械学習の手法として回帰の手法の一つであるサポートベクタ回帰（SVR）を用いている。

音声からの感情推定の課題として，音声は言語とともに発声・認識されるため，言語特徴と密接に関連しているが，それらを組み合わせて扱った研究はあまり多くなく，無意味語や感情を含まない表現の発話音声を対象としたものがほとんどである。言語感情と音声感情の関連を正しく導き出すことができれば，より高精度な感情推定を目指せると考えられる。

2. 4　生体情報からの感情推定手法

生体情報，主に脳波から感情を推定する研究が行われている[33,34]。また，脳波以外の生体情報（眼電位と心電位）を組み合わせることで，より高精度な分析をする研究[35,36]もある。生体情報からの感情推定の難しさは，生体情報にはノイズが混入しやすいことである。感情に関わる特徴が生体情報に必ず表れるとは限らないため，ノイズが含まれやすい環境での生体情報取得は有効ではなく，また，脳波計などといった計測装置が被験者に，それを装着していることを意識させてしまう点で，本来の生体情報の計測が困難となるといった問題もある。

大坂ら[33]は，人に共感することが可能であるメカニズムの開発を目指して，脳波（Electroencephalogram：EEG）から，人の感情を推定する手法を提案した。動画を視聴時の被験者の脳波を取得し，感動したかどうかの判別を実験により確認している。

Keranmu ら[37]は，画像を見ているときの人の脳波（10 電極，135 次元の相関特徴量）を計測したデータベースを作成し，画像特徴量から正準相関分析および線形回帰法により相関特徴量（感性特徴量）を推定するモデル（感性推定モデル）を作成した。画像特徴量としてはColor Correlogram（CC），Local Binary Pattern（LBP）の2通りを用い，感性推定モデルにより感性特徴量を得て，コンテンツの好き嫌い（好悪）を分類する手法により，感性フィルタリングを実現している。

Renら[36]は，音楽動画を視聴している被験者のEEGおよび眼電位（Electrooculogram：EOG）と筋電位（Electromyogram：EMG）を取得し，Echo State Network（ESN）という再帰型ニューラルネットワークを用いることにより特徴量の選択および圧縮を行った。この特徴量を用いて，SVMなどの機械学習手法により高い精度での感情推定が可能なことを明らかにした。

生体情報，特に脳波を用いた感情推定の課題として，脳波には快／不快，弛緩／緊張といった心的な状態が示されるだけでなく，作業中であれば，作業状態が，心拍，目の動きなどといった生体情報すべてに影響するが，それらを総合的に利用したものはあまり多くない。Renらの試みをはじめとして，複数の生体情報を用いる手法は評価の結果，有効と考えられ，脳波などの生体情報とそれ以外の情報（言語，音声，顔表情）との組み合わせによる感情推定手法を検討すべき段階にあるといえる。

3　人型ロボットを用いた感情推定の研究と今後の展望

人間の感情をロボットに再現させようとする研究もある。Renら[38]は，人間そっくりなロボットを作成し，モデルとなる人物に似せた表情生成の研究を行っている（図2）。図中の左側がモデルとなっている人物，右側がロボットである。図で示されるとおり，リアルタイムで人の顔表情を推定し，その表情をロボットが再現（模倣）する仕組みとなっている。評価実験では，空間類似性・時間類似性・動きのスムーズさといった評価指標において，既存手法を上回る結果を得ている。

感情表出が可能な人型対話ロボットを実現するためには，感情推定も同時に実現させる必要がある。それは，コミュニケーション相手の感情を理解していることを，言葉，音声，顔表情などにより感情を表出して示すことが多いからである。

どのような状況ならどのような感情が生起するのか，相手がどういう感情を見せたときにどのように対応すべきなのか，といったロボットの感情生起のための条件付けには相手に対する感情理解が必須である。

人は，単独の種類の情報のみから感情を推測しているのではなく，複数の情報を総合的に利用して感情を推測しているため，どれか一つでも欠けることで推測の精度は低下すると考えられる。言語，音声，脳波を総合的に利用することで，我々人間と同様に，複雑な感情の動きをも測定可能な感情測定システムを実現することができると考える。Ren[39]は，人の感情の動きをモデル化した心的状態遷移ネットワーク（Mental State Transition Network：MSTN）（図3）を用

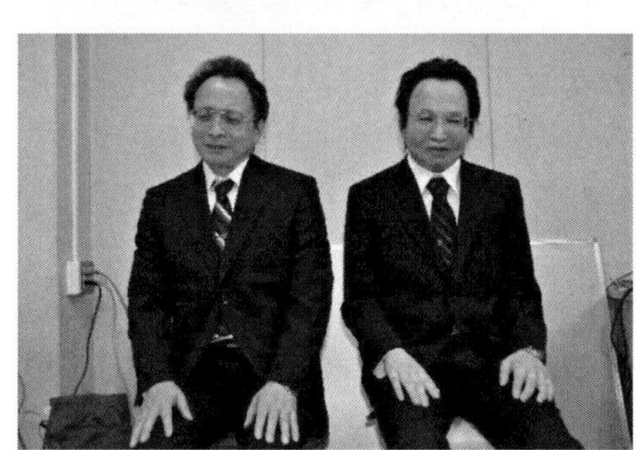

図 2　人間の顔表情を模倣し再現する人型ロボット
（各写真，左：人間，右：ロボット）

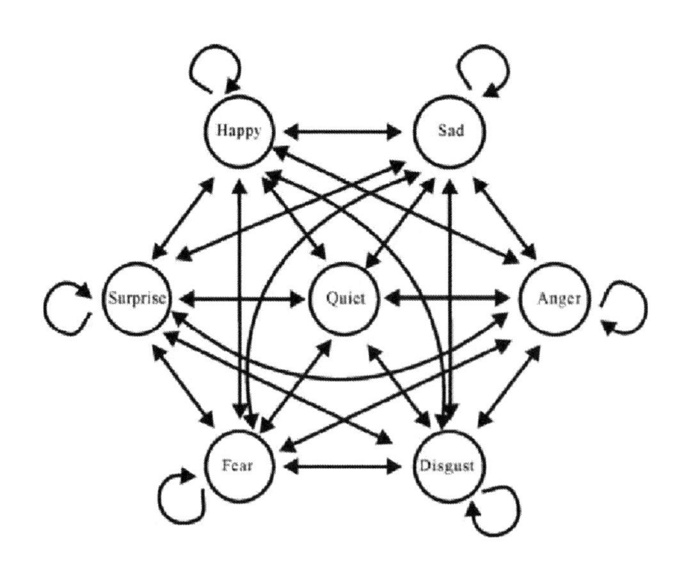

図 3　心的状態遷移ネットワーク

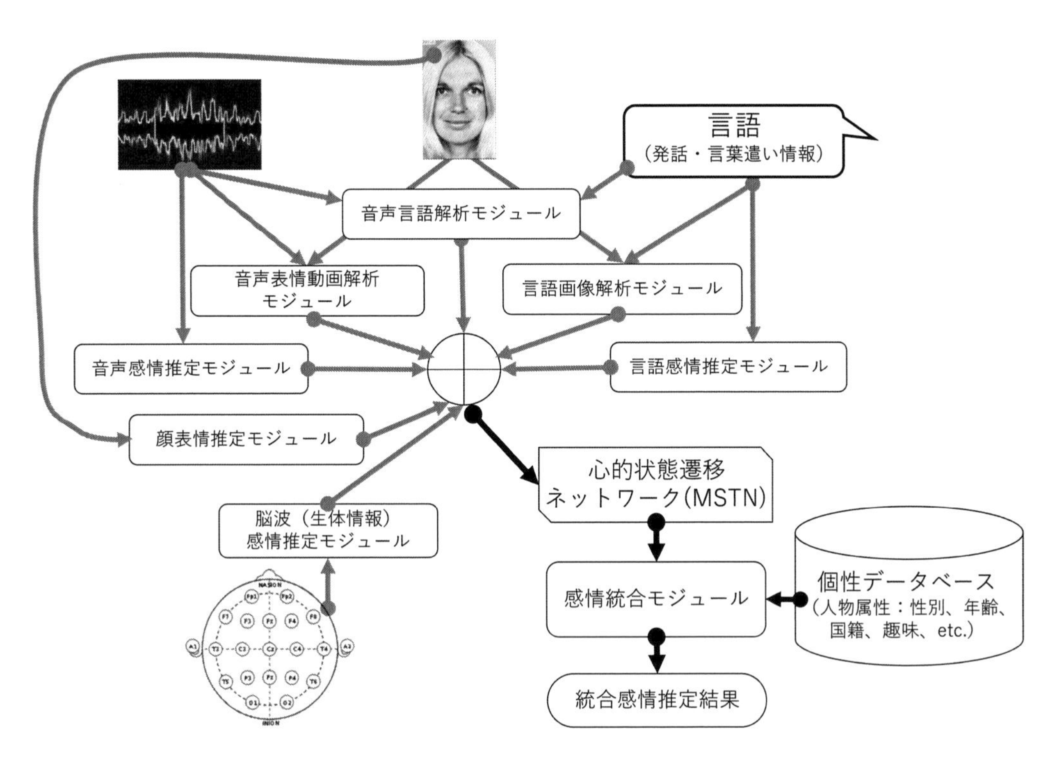

図4　心的状態遷移ネットワークを用いたマルチモーダル感情推定フレームワーク

いて，顔表情，音声，言語などの情報を統合的に扱うことで，ロボットによる感情推定を可能とするフレームワーク（図4）を提唱している。

図4において，複数の情報源からそれぞれの感情推定を行うだけでなく，言語と音声，音声と表情などといったそれぞれの組み合わせに基づく解析も行い，それらの結果を心的状態遷移ネットワークの入力とすることで，現在の感情の推定を行う。また，対象となる人物の個人属性（性別や年齢などの情報）と，感情生起の傾向を蓄積した個性データベースを感情統合処理の際に用いることで，一般的な感情推定だけでなく，個人に適応できる。

4　おわりに

人から得られる各種情報がどのように組み合わさって感情を表出したり，理解したりしているのか，そのメカニズムに関する研究は未だ発展途上にある。もし，各種情報から正確に感情を推定できても，それらの感情がそれぞれ別々の感情の種類を示す場合に，単純に平均値を計算して用いるだけでは不十分である。各種情報からの感情推定においてそれぞれに最も有効な特徴量を統合して一つの特徴量として扱えるようにすれば，単独での感情推定では困難であった，複合的な感情や，「作り笑い」や「お世辞」などといった本来の感情を隠す言動に対しても頑健になると考えられる。脳波などの生体情報を調べることで，本音を推測することができる可能性もあるが，脳波を正確に計測できるような環境は限られており，それらはあくまで補助的な特徴量として用いるか，表情や声を出せない人に対する手段として用いるほうが有効と考えられる。近年，MindSet[40]やEmotive EPOC+[41]などといった簡易脳波計が開発されているが，いずれも装着していることを意識させるものであるため，非接触型の脳波計測技術が開発され始めている。これらの脳波計測技術が発達して，脳波特徴量から感情を高精度に推定できるようになれば，人の感情をより客観的に理解することができ，表情や声色，言葉遣いなどとの食い違いから本当の意図を汲み取ることなどができるようになると考えられ，言語・音声・表情・脳波を統合した柔軟な感情測定システムの実現が期待される。

また，個人適応させるための個人属性情報とそれに対応する感情生起・感情状態遷移の傾向をパターン化することは容易ではない。不特定多数に対応可能な一般化された感情推定モデルを作成した後に，システム利用者が個人ごとのファインチューニング（微調整）をしていく方法が現実的である。

今後，人型ロボットのハード面での制約は徐々にクリアされていくことが予想される。人間を模倣させることを目的としたロボットの作成は，人間（に似せた物）を人の手により作ることと同義である。感情推定をはじめとするソフト面の技術的課題を乗り越えた際には，感情を考慮したロボットの倫理（ロボットの人権も含む）について細心の注意を払って検討していくことが重要である。

文　献

1) ㈱ココロ，「アクトロイド」，https://www.kokoro-dreams.co.jp/rt_tokutyu/actroid/
2) 東中竜一郎ほか，人工知能，**31**（5），664（2016）
3) N. Liu and F. Ren, *PLoS One*, **14**（5），e0215216（2019）
4) A. Lim and H. G. Okuno, "Handbook of Research on Synthesizing Human Emotion in Intelligent Systems and Robotics", p.316, IGI Global（2014）
5) C. Breazeal, *Int. J. Hum.-Comput. St.*, **59**（1-2），119（2003）
6) X. Hu *et al.*, *Math. Problem. Eng.*, **2013**, 132735（2013）
7) ㈱LASSIC，感情解析研究開発，https://www.lassic.co.jp/service/em/
8) 目良和也ほか，人工知能学会論文誌，**17**（3），186（2002）
9) 松本和幸ほか，自然言語処理，**14**（3），239（2007）
10) 土屋誠司ほか，自然言語処理，**14**（3），219（2007）
11) 徳久良子ほか，情報処理学会論文誌，**50**（4），1365（2009）
12) C. Quan and F. Ren, *Int. J. Adv. Intell.*（*IJAI*），**2**（1），105（2010）

13） C. Quan and F. Ren, *Comput. Speech Lang.*, **24**（1）, 726（2010）
14） Q. Changqin and F. Ren, *Inform. Sci.*, **329**, 581（2016）
15） 三品賢一ほか，自然言語処理，**17**（4）, 91（2010）
16） F. Ren and L. Ning, *PLoS One*, **13**（4）, 1（2018）
17） F. Ren *et al.*, *J. Intell. Fuzzy Syst.*, **31**（1）, 127（2016）
18） S. Xiao *et al.*, *J. Comput. Sci.*, **25**, 193（2018）
19） X. Kang *et al.*, *IEEE/CAA J. Autom. Sinica*, **5**（1）, 204（2018）
20） N. Fujino *et al.*, *Int. J. Adv. Intell.*（*IJAI*）, **10**（1）, 121（2018）
21） 佐々木豊ほか，農業情報研究，**16**（4）, 205（2007）
22） 野宮浩揮，宝珍輝，知能と情報，**23**（2）, 170（2011）
23） 中村宗広ほか，知能と情報，**24**（4）, 836（2012）
24） 西銘大喜ほか，人工知能学会論文誌，**32**（5）, 1（2017）
25） S. Li and W. Deng, arXiv:1804.08348（2018）
26） Z. Huang and F. Ren, *IEEJ Trans.*, **12**, 251（2017）
27） 高橋和彦，中津良平，日本機械学会論文集（C 編），**68**（672）, 123（2002）
28） 永岡篤ほか，日本音響学会誌，**73**（11）, 682（2017）
29） S. Mitsuyoshi *et al.*, *Int. J. Innov. Comput. Inf. Control*, **2**（4）, 819（2006）
30） Y. Zhou *et al.*, *IEICE Trans. Inf. Syst.*, **E93.D**, 2813（2010）
31） 中川祥平ほか，電子情報通信学会論文誌 , **J97-D**, 533（2014）
32） 鈴木基之，日本音響学会誌，**71**（9）, 484（2015）
33） K. Osaka *et al.*, *Inf. Int. Interdiscip. J.*, **11**（1）, 55（2008）
34） M. Morimoto *et al.*, *ZTE Commun.*, **15**（S2）, 11（2017）
35） 高橋和彦，人間工学，**41**（4）, 248（2005）
36） F. Ren *et al.*, *Neural Comput. Appl.*, DOI: 10.1007/s00521-018-3664-1（2018）
37） K. Xielifuguli *et al.*, *Appl. Comput. Intell. Soft Comput.*, **2014**, 415187（2014）
38） F. Ren and Z. Huang, *IEEE Trans. Hum. Mach. Syst.*, **46**（6）, 810（2016）
39） F. Ren, *Electro. Notes Theor. Comput. Sci.*, **225**, 39（2009）
40） NeuroSky 社，MindSet，https://www.neurosky.jp/
41） Emotiv 社，小型ワイヤレス脳波計 Emotive EPOC，http://innovatec.co.jp/emotiv/

第16章　マルチモーダル感情分析システムとその応用

橋本芳昭*1，佐久間高広*2，石井克典*3

1　マルチモーダル感情分析システム開発に取り組み始めた背景

本研究は，正式には2012年5月から，公立大学法人公立鳥取環境大学(石井克典教授）と国立病院機構 鳥取医療センター(精神科医 植田俊幸医師）の専門家2名と株式会社LASSICのIT部門のシステムエンジニア数名にて，人（ヒト）が五感（六感）に表出する感情や情動を解析するアルゴリズム／AIの研究開発を進めてきている。

研究に着手したきっかけは，当時の社会問題だったITエンジニアのメンタルヘルス問題を解決したい，という思いからである。名医のメンタル面のカウンセリングを受けることで症状が快復することはあるものの，そのカウンセリングの医術は属人的なものであり，名医に巡り合うことができなければ，症状が改善することが難しいという問題を耳にした。当たりはずれのあるような状況を改善したい，というのが根底にある問題意識である。

そこで，名医のカウンセリング医術をAI化し，人（ヒト）のメンタル面の変化を計測・予測し，気分が落ち込んでいるような時に気持ちをポジティブにさせる名カウンセラーのような機械対話システムの研究開発というテーマに取り組むことを決めた。この研究の成果が社会問題の解決に資することができるのではないかと考えた。このテーマに対して問題意識と思いに共感頂いた，石井克典教授と植田俊幸医師と弊社の三者で感情医工学研究所を設立し研究を開始した。

研究テーマは探索的であったが，徐々に大きく4つに分かれていった。

① 人（ヒト）が対話の際に相手のバイタルサインから感情をどのように収集しているか
② 収集したバイタルサインをどのように統合的に解釈しているか
③ 解釈結果を基に，相手の気分をポジティブにするために，どのように対話しているか
④ これらの個人情報をデータベースで個人特性を解釈しながらセキュアに管理する方法

これらの4つの技術要素の研究を進めていく中での成果の一つが，1つ目のテーマから導き出されたマルチモーダルトラッキングシステムである[1)]。

研究開発の進行は，最小からマルチモーダルをトラッキングすることではなく，ユニモーダル

＊1　Yoshiaki Hashimoto　㈱LASSIC　IT事業部／感情医工学研究所　マネージャー
＊2　Takahiro Sakuma　㈱LASSIC　IT事業部／感情医工学研究所　シニアマネジャー
＊3　Katsunori Ishii　公立鳥取環境大学　環境学部・大学院環境経営研究科　教授／感情医工学研究所　主宰

トラッキングをバイモーダル，トリモーダルという形でバイタルサインセンシングの情報をいくつか組み合わせることで，判別できる感情にはどのようなものがあるのか，という技術の探索を行ってきた。

脈拍解析，発音解析，表情解析，体表温度解析，眼球運動解析，鼻部温度解析，発汗解析など，世界で行われているさまざまなユニモーダルトラッキング技術の調査検証を進めた。調査の観点は，主に以下の5つ。

①　実用性に耐えうる精度（医学的研究成果の有無）
②　センサーの概要（大きさ，重さ，汎用度，価格など）
③　センサーの侵襲性（接触・非接触）
④　取得データのローデータでのダンプアウトの可否
⑤　マルチモーダルトラッキングシステムとのビジネスの親和性

これらの調査の結果，マイクから入力されたヒトの音声で感情解析を行うユニモーダルトラッキングシステム Empath（スマートメディカル社），myBeat という接触型センサーからのR-R間隔からLF/HF バランスを解析しストレス状態を出力するシステム（WIN フロンティア社），カメラに映る表情画像から感情を解析するシステム EmotionMeasure™（自社開発）をセンサーからのInput 情報として中心にすえ，感情を分析するロジックの開発に取り組んできた。

プロトタイプとして，ビデオ会議システムへ音声解析を搭載した「MeeTro™」などを開発してきた。詳細は後述する。

一方で，精神科医のカウンセリング手法の構造化を，植田俊幸医師からのヒアリングに基づいて開発を進めてきた。

人（ヒト）が行うヒアリングの機能を以下の通りに分類しそれぞれの要素を開発してきた。

①　必要なことだけを「聞き分け」ながら判断していくロジック
②　カウンセリング自体を良い方向に向かわせる対話のステップ分類
③　相手である人（ヒト）の経時的にポジティブ・ネガティブに揺れる感情を最終的に特定するロジック（軟判定ロジック）
④　人の感情を表現する単語および文脈の分類（感情語）辞書の整備
⑤　人の感情をポジティブに向かわせる，呼応語（相槌，おうむ返し）辞書の整備
⑥　これらの音声（物理波）を解析しテキスト情報化する技術の調査，開発

このプロトタイプが Everest™ であり，スマートフォンアプリとして企業に試行提供したのが iST™ である。応用例として，喫煙先生™，認知症患者向けロボットを試行した。詳細は後述する。

2　機械対話（Everest™，喫煙先生™，iST™）

マルチモーダル感情分析システムの応用例の一つとして，機械対話がある。近年テキストベー

スのチャットとしては，Bot という形でさまざまなサービスに活用されているが，現状は，コンテキストの意味解釈のみでの応答をしているのが，現状である。それに対し，マルチモーダル感情分析システムをベースとした機械対話では，コンテキストに含まれる感情をもとにして，応答のフローや文言を変化させることにより，対象者の感情に寄り添った，より人間的な対話が可能である。

2. 1 Everest™

感情医工学研究所では，Everest™ と呼ぶ対話アルゴリズムを開発した（図 1）。うつ病の患者に対して精神科医が臨床で適用している「認知行動療法」のメソッドを応用し，人間の感情状態に応じて適切な応答を返し，自己認知を促すことで，感情状態の好転を支援するアルゴリズムとなっている。また，人間の感情状態は，瞬時に変化するものではなく，揺らぎがあり徐々に変化するものであるため，状態の遷移を最尤度推定する軟判定ロジックを取り入れている。対話中の人間の複雑な認知・情動などを記録して判定している[2]。

また，このアルゴリズムは，対話中のコンテキストだけではなく，音声に表出される感情や，表情に表出される感情を複合的に解析することによって，人間の感情状態を高い精度で判定し，

対話アルゴリズムプログラム「Everest™」

人間の感情状態に応じ適切な応答を返す技術です。自己認知を促すことで、感情状態の好転を支援します。
※精神科医が臨床で使用しているアルゴリズムをプログラム化しています。

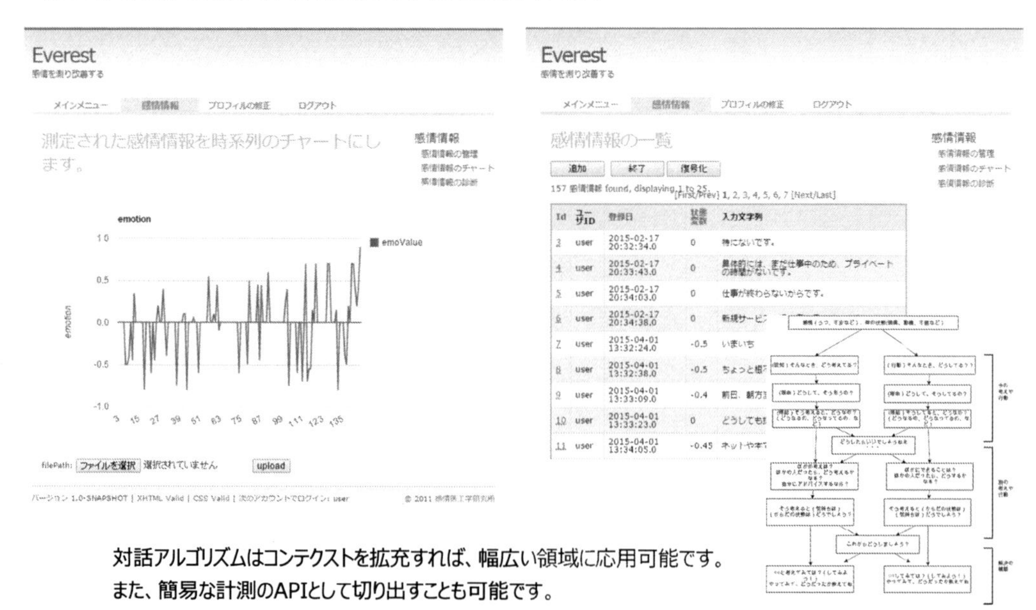

図 1

より自然な対話の流れを作り出すことが可能である。

2. 2　喫煙先生™

前述の Everest™ を応用し，健康状態を好転する目的に特化して「喫煙先生」というアプリを開発した（図 2）。本アプリでは，アルコールやタバコの依存症を改善するために臨床で適用されている「症状処方」というメソッドを組み合わせている。「症状処方」では，無理にタバコの摂取を禁止するのではなく，健康に喫煙をするにはどうすればよいかということを，対象者に考えてもらうことにより，無理なく減煙してもらうことを目指している。利用シーンとしては，喫煙中にこのアプリと対話することにより，気分よくタバコを吸うことで，健康的な喫煙を促し，楽しく減煙していく流れを作り出している[4]。

【開発事例】 感情分析型対話システムの開発 「喫煙先生™」

健康的な喫煙をしながら楽しく減煙！　「喫煙先生」は、健康的な喫煙をサポートするアプリです。喫煙中に対話をすることで、気分よくタバコを吸う事ができます。

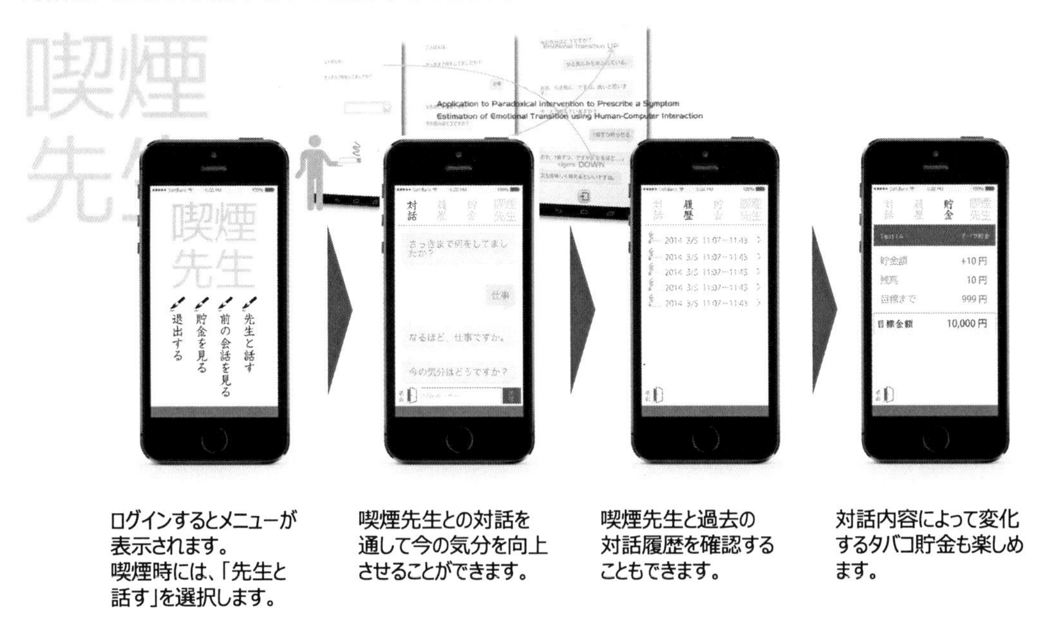

図 2

2. 3　iST™

iST™ は，Everest™ をベースにビジネスマン向けに開発したスマートフォン用アプリである（図 3）。このアプリを使って，朝・昼・晩と定期的に対話することで，自身の状況整理や感情状態の改善を図ることができる。対話を続けてもらうため，機械側の発話毎に相手の感情に寄り

【開発事例】認知行動療法を応用した対話アプリ「iST™」

認知行動療法のカウンセリング手法をエンジンに組み込んだチャットアプリです。
質問に答えることで自分の状況の整理、感情状態の好転を支援します。

チャット機能

問いかけに答えて今の自分の考えを整理
入力文の感情値に合わせた応答を生成

IBMの人工知能「IBM Watson™」を
活用しています

ふりかえり機能

気分アイコンやチャットで話したキーワードを
日毎、週毎にふりかえり可能

自分の気分の傾向を把握する

また、チャットのアイコンや応答文を変更することで気分好転の用途に関わらず様々な用途のチャットにカスタマイズ可能です。

図３

添った表情アイコンを表示することで，共感性を高める工夫をしている。また，「ふりかえり機能」を追加しており，対話中の感情および特徴的なキーワードを抽出して，記録をすることで，過去の自分の状態を振り返ることができる。自分の気分傾向を把握することで，日々の仕事やプライベートでの個人の感情的な問題解決に役立てる仕組みとなっている。

3　感情分析による個人・組織評価（EmotionMeasure™，ロボット対話）

マルチモーダル感情分析は，企業・団体などの組織における HR（人事）領域にも適応が可能であると考えている。各個人の作業中や対話中の感情を計測・記録し，リアルタイムに状態を把握するだけでなく，グループ・組織の単位で集約し週次・月次の変化を追うことによって，各個人だけでなく，組織全体の状態変化を客観的に捉えることによって，迅速に状態改善の施策を打つことが可能である。

3. 1　EmotionMeasure™

作業中の個人・チームの感情状態の把握を目的として開発したものが，EmotionMeasure™

【開発事例】 表情解析システム「EmotionMeasure™」

PC等のカメラからユーザの表情を解析し、リアルタイムにグラフ化するシステムです。
解析結果と作業タスク等を組み合わせて分析することで、組織の生産性向上に繋げることも可能です。

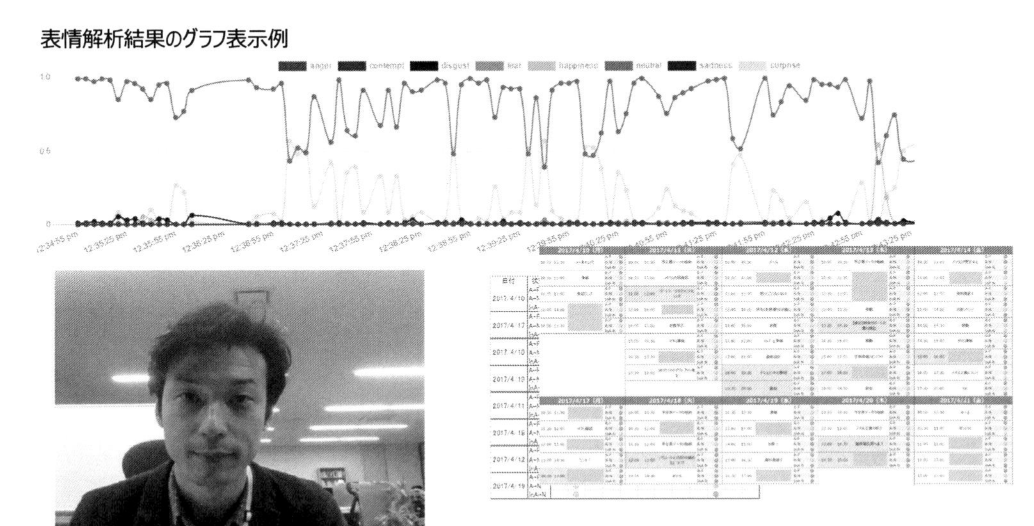

PCカメラで撮影した映像から
リアルタイムで表情解析を行う

作業タスク、複数人同時の解析を行うことで、
組織の生産性向上に活用可能。

図 4

である（図 4）。このシステムでは，ノート PC に付属している Web カメラおよびマイクを利用して，個人の表情感情や音声感情を継続的にデータベースに記録する。その後，他の属性と関連付けることによって，さまざまな傾向分析に活用が可能となっている。

例としては，各個人のスケジューラーに登録された作業タスクと感情の関連性をみることで，生産性が高い状態で作業をこなしているかを判断したり，上司と部下のような，1 対 1 の打ち合わせの際のお互いの感情変化を突き合わせることによって，相手との関係性を可視化したりすることが可能である。また，継続して記録することで，週次や月次の変化を見ることもでき，組織の改善指標とすることも可能である（図 5）[3,5,6]。

このシステムは，仕事中に PC を目の前にしている割合が高いホワイトカラーの作業者には有効であるが，生産現場などに従事しているブルーカラーの作業者には，利用が難しい。より適したデバイスの開発が必要である。

【開発事例】表情解析システムを活用した組織分析例

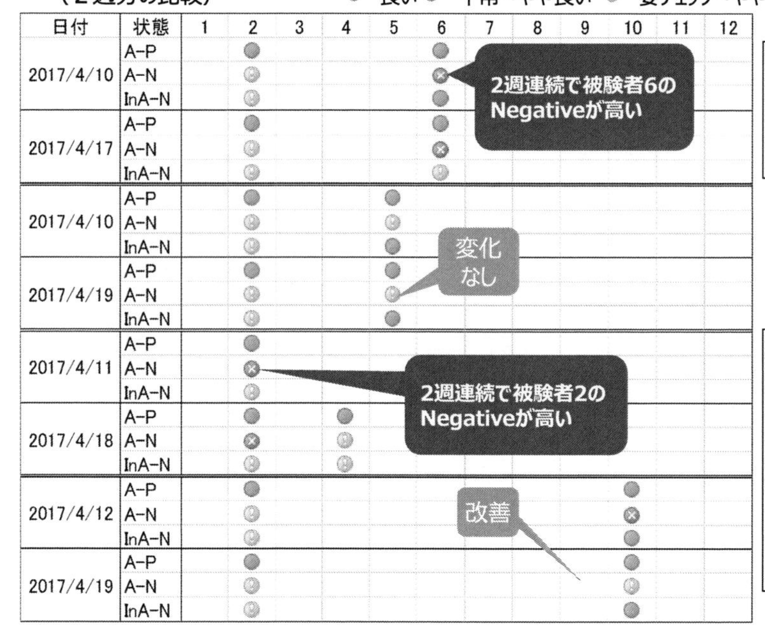

図５

3. 2　ロボット対話

医療・介護分野への応用として，ロボットを使った認知症患者との対話にマルチモーダル感情分析を活用した例を紹介する（図６)。高齢化が進み，医療・介護従事者が不足している現在，認知症患者の増加は大きな社会課題になってきている。そこで，人型のパーソナルロボットを認知症患者の見守りに活用できないかと開発したのが，ロボット対話システムである。このシステムでは，ロボットに搭載したカメラとマイクにより，対話中の表情感情・音声感情を捉えて，患者がロボットと自律的に会話することを支援する。また，対話により感情の改善および認知症患者特有の周辺症状の改善を目指した。

また，このシステムでは，患者の発言に対して表情・音声，内容に基づき，感情に寄り添う相槌を打つことで，会話を長く継続する仕組みを取り入れた。

ロボット病棟プロジェクト®と称して行った医療機関での実証実験では，これまで医療スタッフとはあまり会話の続かなかった患者が，このシステムを取り入れたロボットとは，比較的長く対話を続けるという結果を得られた。

認知症患者に一般的に適用されている過去経験を想起させる回想法対話を取り入れることで，より自律的に対話ができるようになる可能性がある。

ロボットによる対話コミュニケーション

今回の研究では、患者さんが、自律的に対話ロボットを使いはじめて、使い続けることができるかどうかを評価、検証します。対話ロボットは、患者さんの発言に対して表情・音声、内容に基づき、相槌共感をし続けます。

案）発言内容の感情区分とバイタルサインによる感情解析の感情区分のマトリクス

感情区分 解析項目	1）neutral:	2）positive:	3）negative:
表情解析	Neutral	Happiness Surprise	Anger Sadness Fear Disgust Contempt
音声解析	Calm	Joy	Anger Sorrow

下記項目で患者さんに合わせて、ロボットの対話を調整をすることができます。

- 対話の開始、終了条件
- 話者（男性、女性）
- 相槌辞書
- 声色
- 発話ピッチ
- 発話音量
- 発話速度　等

例）相槌マスタ

感情区分	1）neutral:	2）positive:	3）negative:
相槌語	- さすがですね。 - しらなかったです。 - すごいですね。 - センスいいですね。 - そうなんですね。	- さすがですね！ - しらなかったです！ - すごいですね！ - センスいいですね！ - そうなんですね！	- うわぁー、 - うーん。 - えー、 - ええー、 - おお… - ひぇー - うぅ… - しらなかったです… - そうなんですね…

※相槌共感機能は、感情医工学研究所（鳥取医療センター 精神科　植田先生）監修の下、作成してきました。

図6

実証実験では，患者の地方特有の「なまり」により対話内容が正確に把握できず，ロボットが適切な応答ができない場合があった。今後の実用化に向けては，「なまり」に対応した音声認識の必要があると考えている。

4　感情分析によるコミュニケーション活性化（MeeTro™）

マルチモーダル感情解析は，人対人のコミュニケーション支援にも活用できると考えている。昨今，働き方改革のため，テレワークが推進されてきており，さまざまな拠点に分散して働き，協調して成果を上げていく働き方が求められてきている。IT技術の発達やネットワークの高速化により，リモート会議の環境は整ってきているが，人と人とのコミュニケーションは，Face to Faceに分がある。そこで，相手の拠点の空気感を伝える目的で開発したのがMeeTro™である（図7）。このシステムでは，各拠点の表情・音声・内容をリアルタイムにマルチモーダル解析し，その感情状態を他拠点に伝える仕組みを取り入れている。これにより，テレビ会議画面越しからは伝わらない相手拠点の温度感を把握できるようにしている。

また，マルチモーダル解析結果から各拠点の白熱度・参加度を記録することにより，会議終了後に状態を比較することができ，会議の質向上につなげることが可能である。

【開発事例】感情TV会議システム「MeeTro™」

「MeeTro」は、iPadを使ったテレビ会議システムです。iPadを使うことで手軽にコミュニケーションができることに加え、会議を活性化させる仕組みを提供します。自拠点や相手拠点の感情を把握することで会議の進め方を変更したり、会議後に表示される会議結果を元に次回へ向けての振り返りをすることができます。

ログインすると相手拠点一覧が表示されます。相手拠点を選択し、会議を開始します。

会議中に自拠点・相手拠点の感情状態をリアルタイムにモニタすることができます。

会議終了後には、会議の白熱度と各拠点の参加度が確認できます。

ランキング画面では、過去の会議の白熱度ランキングを確認できます。

遠隔地と生産性の高い会議を実現

図7

5　マルチモーダルの課題と展望

現在はおおよそ人（ヒト）共通，あるいは最大公約数的な特徴量を元に感情の推定を行うユニモーダルトラックシステムが主流であるが，個人特性を反映できるシステムは存在していない。

筆者らはこのマルチモーダルトラッキングにより，どのような行動をしている時に（ライフログ）どのような感情を表出する特徴があるのかを割り出すことに，意義を求めようとしている。このライフログとの相関データが企業のマーケティングを効果的にすることで経済活動を最適化することにつながったり，五感がなんらかの理由で機能しない人の機能代替をすることで社会参加への支援を行ったりできないかと考えている。

本書にも掲載されているように，時代が急激に進み，さまざまなセンサーやユニモーダルトラッキング技術が開発され，便利な WebAPI を活用して自由にシステムが開発できるような世界になっており，今後はますますハンディで身近なものになってくることが想定される。

今後は個人情報の保護，情報セキュリティの観点からより堅牢なデータベースや，悪用を排除するためのルール化など感情に関する情報利用における倫理，モラルの維持を徹底していく必要がある。

謝辞

本稿を執筆するにあたり，これまでの感情医工学研究において，多大なるご助言・ご協力をいただきました，独立行政法人国立病院機構 鳥取医療センター 植田俊幸先生に感謝申し上げます。また，感情医工学研究の成果に協力いただきました，WINフロンティア株式会社，株式会社Empath，国立病院機構鳥取医療センターをはじめとする関係企業・団体各位に感謝いたします。最後に，これまで感情医工学研究所メンバーとしてかかわった全ての関係者の皆様に感謝をいたします。

本稿に取り上げた研究開発の一部は，鳥取県 戦略的推進分野ICT化ビジネスモデル開発支援事業および中小企業庁 商業・サービス競争力強化連携支援事業の補助を受けて遂行されております。この場を借りて，お礼申し上げます。

文　　献

1)　西尾知宏，石井克典：「マルチモーダル型トラッキングシステム及びそのプログラム」，特許第5987238号
2)　西尾知宏，石井克典，植田俊幸：「機械対話による感情推定システム及びそのプログラム」，特許第6343823号
3)　齊藤桂，橋本芳昭，植田俊幸，石井克典：「インテルRealSense™を応用したマルチモーダル感情分析システムの開発」，第22回人間情報学会
4)　石井克典，植田俊幸，生田章訓：「機械対話に基づく感情遷移推定と「症状処方」への応用」，2014年電子情報通信学会総合大会
5)　齊藤桂，橋本芳昭，植田俊幸，石井克典：「インテルRealSense™を活用したマルチモーダル感情分析システムの開発とその評価」，情報処理学会第78回全国大会
6)　齊藤桂，橋本芳昭，植田俊幸，石井克典：「感情分析を適用した機械対話による気分改善の効用実験」，第23回人間情報学会

第17章　ロボットの生理現象表現を用いた内部状態の伝達とコミュニケーションへの応用

米澤朋子*

1　ロボットの生理表現とは

本章では，本来は生物ではない人工物「ロボット」に，擬人的な生理現象を表現させることで広がる可能性について述べる。まず，人間の生理計測は，身体の状態を知るために行われることが多いが，緊張などの精神状態を推定することも可能である。一方で，その生理状態に伴う表現が観測者にどのような効果を与えることが期待できるかは十分明らかになっていない。

ここでは，ヒューマンエージェントインタラクション[1)]やヒューマンロボットインタラクション[2)]という，ロボットや仮想エージェントを用いた研究分野を取り上げる。人間がインタラクションする人工物に，対話的なやり取りを搭載する情報システムが，ロボットや仮想エージェントであると言える。この研究分野には，工学，哲学，認知科学，神経科学，脳科学などのさまざまな学問との深いかかわりがあり，学際領域の研究分野と言える。その中で，人間が他者やその内的状態をどのようにみなすか，という「他者モデル」[※1 3, etc.)]が長く議論されている。

人間のベーシックなモノのみなし方として，哲学者でかつ認知科学者のダニエル・デネットが唱えた「対象への姿勢（スタンス）」[5)]がある。これは，対象が物理的特性を持ったものであるとみなすか（物理姿勢），対象が設計されたとおりに動作するものであるとみなすか（設計姿勢），対象が何らかの内部意図を持ちそれによって動作するものであるとみなすか（志向姿勢）の中で，人間は対象をいずれかのみなし方により扱うという考え方である。他者モデルは，志向姿勢における対象の詳細なモデルということができる。

ではここで，対象のみなし方を例を挙げながら分類してみたい。まず，流れ落ちる滝は物理法則に従い，上流から流れてきた水を落下させている。この場合は物理法則に従った動作をする対象が滝であり，人は物理姿勢を適用する。次に，そば粉を挽く水車小屋の石臼は，物理法則に従い動作している水車の力を用いて石臼を回転させる。この場合は，ただ物理法則に従うだけではなく，ある目的のために設計されたシステムが動作していると言うことができ，人はそのシステムの動作を見るときに設計姿勢を適用する。最後に，本章に最も関わりの深い志向姿勢について

※1　Internal Working model[4)]では，自己モデルと他者モデルに基づく愛着に関する内的作業モデルが提唱された。関係構築においては実際の相手から解釈し想定した「相手像」が重要である。

---

*　Tomoko Yonezawa　関西大学　総合情報学部　教授

挙げると，他者を見るとき，または，人間以外のほかの動物や虫や擬人化されたロボットなどを見るとき，その動作には何らかの意図があるようにとらえる。このようなときに人は志向姿勢を適用している。

設計姿勢では，どのような仕組みで動作するのかを見て次の動作を予測することもあるが，志向姿勢では，反応性の高さや理解能力の有無などの詳細な理解に向けて，挙動を解釈する。例えば，動物が機械装置と異なるととらえられるのは，一つには設計された通りに動くのではなく，不確定要素のある動きがあったり，脳の内部情報のようなブラックボックスの存在が感じられたりすること，もう一つには生物システムとして動作しているために肉体のしなやかさと同時に生命の限界を持ち合わせて見えること，に起因すると考えられる。

本章では内部状態という言葉を用いる。これは，人間や動物やさまざまな装置の動作や挙動に対し，観測できない何らかの状態（身体状況・感情・意図・推定など）が紐づいているという考え方による。昨今，生物としての人間の内部状態を計測するさまざまな技術として，心臓，脳などの活動計測を含む生体計測技術が発達しつつある。このような生体計測は，身体状態の直接的な推定だけでなく，身体と相互作用を起こしながら変動するココロ（脳内の情報処理における内部状態）の推定においても可能性がある[6~8]。脳活動や心拍・呼吸・発汗などの生理指標に加え，唾液アミラーゼやコルチゾールといったホルモン分泌状態によりストレスを間接的に計測することも，内部状況の推定手法に導入されつつある。このような計測による推定と同様に，我々人間のコミュニケーションにおいても，他者とかかわる際に相手をさまざまな側面から観測し，汗をかいている，青ざめている，などの様相から，内部状態を推定する。例えば，発汗を観測したとき，気温の高さによる発汗なのか，もしくは，睡眠時間の過不足や仕事の量に対するストレス，緊張など，内部状態やその原因を推測する。

筆者らは，外部から観測される生理状態の表現とそれによる内部状態の推測を利用することに着眼し，ロボットやエージェントに生物感や生理表現を付与し，人間と共通する内部状態を推測させることを検討することとした。それにより，これまでの操作対象としての人工物であったロボットを，共感を覚えたり自己投影をしたり自然な対話をする対象としての存在へ，変化させることができる可能性がある。筆者らはこれまでに生体情報を模擬的に表出するロボットに関する研究として，発汗・鳥肌・震え・心拍・呼吸・体温など，人間の生体計測に用いられる観測可能な生理表現をロボットに実現してきた。そのような内部状態を推し量られうるロボットにより，人間とロボットのやりとりをより親密で共感性のあるものにしていくことが期待される。以下に筆者らのこれまでの取り組みの詳細を述べる。

2　ロボットの皮膚上に現れる生理表現

生体は通常水分を含み，ある程度の柔軟性のある素材で構成される。一方多くのロボットの体表はプラスチックや金属で覆われたものであり，我々は設計姿勢で対象をみなしがちとなる。例えば Aibo[9]，Pepper[10]，Asimo[11]，Papero[12] など多くの対話的商用ロボットにおいても，ほとんどの素材が硬度の高いもので，一部にシリコンゴムなどが用いられているものの，生き物に見られる素材とは言い難い。

一方，昨今のアンドロイドロボット[13, 14, etc.]は，滑らかな肌を持ち柔らかな素材により構成されており，人間の存在感やリアリティに関する研究が発展しつつある。このようなロボットは，生きている人間の持つ生物感を表すために，素材のリアリティを高める手法が適用されていると言える。また，ぬいぐるみロボット[15~17]は，毛足のある素材により動物的な生き物らしさを表現することができる。Paro [15]はこのような毛足の長い素材を用いたぬいぐるみロボットの中でも，人間に対するセラピー効果を示した研究で特に知られる。

ここでは，ロボットとのマルチモーダルコミュニケーションにおいて，視覚情報や聴覚情報に加え触覚情報を用い，ロボットの内部状態をユーザに具体的に伝達することを目的とした生理表現システムを紹介する。人型ロボット PETMAN[18]は，皮膚部分で化学物質の漏れを検出するのに加え，温度などの状況に応じた発汗を再現することで，防護服としての性能を向上させることを狙いとしている。発汗や鳥肌は本来外気温や体内温度に対する動物の身体を守る自動的な動作システムであり，PETMAN はこれを利用した被服環境の改善を行うシステムである。一方，The Loathsome Stench Of Robot Sweat[19]は，毛の生えた皮膚上に現れる発汗を実現し，アンドロイドロボットのリアリティの発展などに寄与する可能性を表現した芸術的試みの一つである。このように，本来は生きていないものに発汗や鳥肌などの挙動を示させることで，生物的反応にみせかけ，生きている存在としてロボットを人間に受容させたり，その結果として長期的に人間とのコミュニケーションを自然に行うことのできる存在としても受容させることが期待される。

このような観点で，著者らは，人間の生理現象として体表に現れる鳥肌や汗，身体の震えをロボットに実装した。特に，①外環境としての気温が皮膚に与える影響を示すことで，外環境を共有した疑似的な感覚を与える可能性と，②内的状態，例えば緊張などにより発生する生理的状態変化としての表現の可能性に着目した。

本研究での提案システム[20, 21]は，顔表情生成部・音声合成部・皮膚上生理表現部から成る。皮膚上生理表現部には，鳥肌生成モジュール，発汗発生モジュール，震え生成モジュールが含まれる。従来のロボットに行うことの可能な表現モダリティである顔表情や音声に加え，生理表現を表現モダリティとして複合的に用いることで，ロボットの表現の豊かさや真実味を帯びさせ，人間とのコミュニケーションが円滑に行われることを狙った。

図 1，図 2 にこれらの表現生成時の信号の流れを示す。環境的情報として，この場合は気温を取得しながら，ユーザからの外部入力を受け付け，それに応じて対話的に反応を示す。これにより，外部の環境に応じた体内状態と，入力に応じた心的状態を実現する。一方それらの間には相互作用もある。例えば寒さによる不快感は心的状態を悪化させ顔表情も曇る。本実装には適用していないが，ロボットの内部で起こるこのような相互作用をシミュレーションすることで，より自然な反応を見せるロボットの実現が期待される。

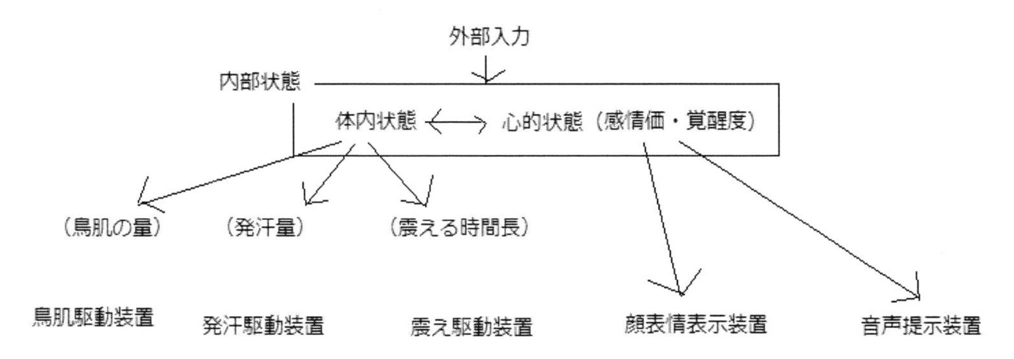

図 1　ロボット皮膚上に鳥肌・発汗を示す試験的装置の信号の流れ

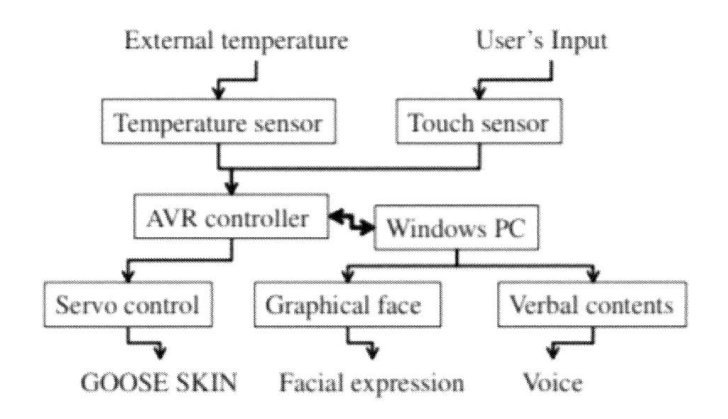

図 2　ロボットのマルチモーダル表現のシステム構成（顔・音声・鳥肌）[20]

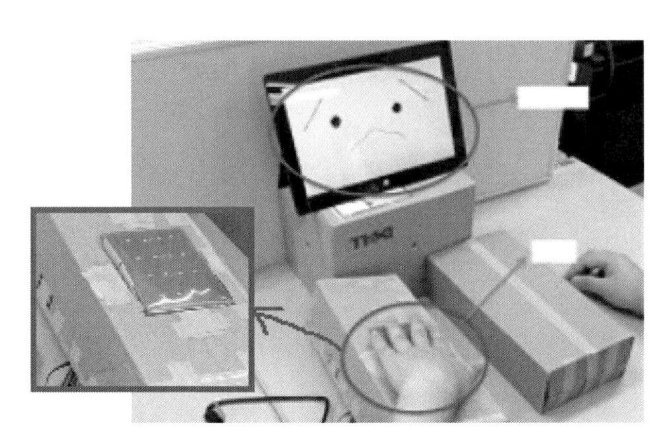

図 3　ロボットの腕部に取り込んだ鳥肌モジュールを用いた実験風景[20]

最初の試作ではロボットの腕部分に皮膚上生理表現部を構成した (図 3)。その後の試作では，人間同士が触れ合う際に最も頻繁に接触すると考えられる手の部分※2 にも実装した[23]。この時は，実際の人間の汗腺や毛穴の数を反映するため，ロボットの手の甲側に鳥肌モジュールプロトタイプ(1)を，手のひら側に発汗モジュールを，それぞれ組み込んだ。

試作時の基本的な構成として，まず鳥肌モジュールでは，4×4 列の中空の直径 6 mm の鉄パイプを並べ，サーボモータで鉄パイプの基部の上下を制御する（図 4）。次に発汗モジュールでは，水の入ったボトル中に送る空気量をポンプで制御することでボトル内水圧を変化させ，水に浸かったシリコンチューブから皮膚外部へ水を送り出す仕組みとなっている（図 5）。震えに関しては，振動モータを内部に設置し，振動の強度と時間長を調整する単純なものとした。

これらの表現の有用性が，期待した通りかどうかについて，外部環境反応性および内部感情伝達性の 2 つの側面から調べた。これは，寒いなどの環境に反応した生理反応の表現性，および，感動などの内部状態に起因した生理反応の表現性，の両面から調べる必要があると考えたためである。Qa：ロボットに好意を持った，Qb：ロボットは自身の感覚を表現していた，Qc：ロボットは人間らしかった，Qd：ロボットと親しくなった，Qe：ロボットは寒そうに見えた／暑そうに見えた，Qf：ロボットは怖がっていた／緊張していた，として主幹評価を MOS 法の 5 段階で求め，分散分析などを行った[21]。その結果（図 6），顔表情や音声を用いた伝達手段と併用した

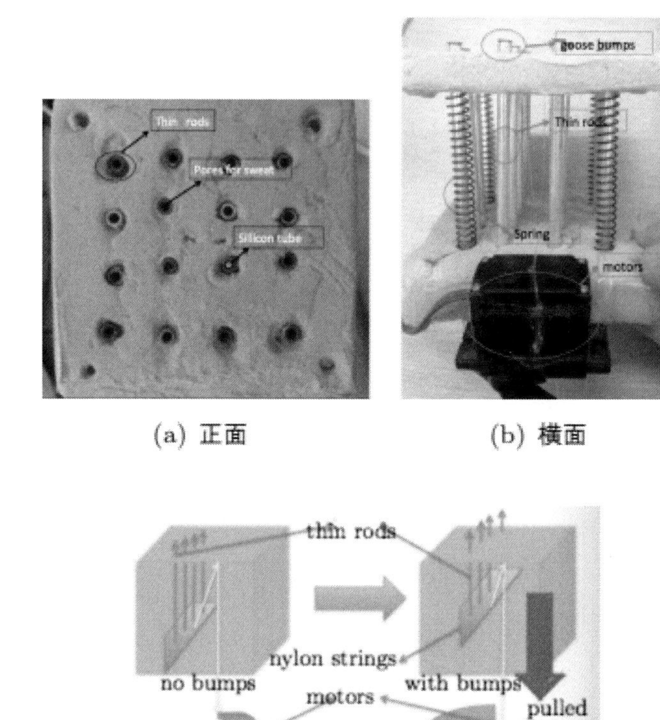

(a) 正面　(b) 横面

図 4　鳥肌表現機構のプロトタイプ (2)[20, 21]

※2　これは，ロボットハンドを用いた遠隔コミュニケーションシステム[22]にも関連する。

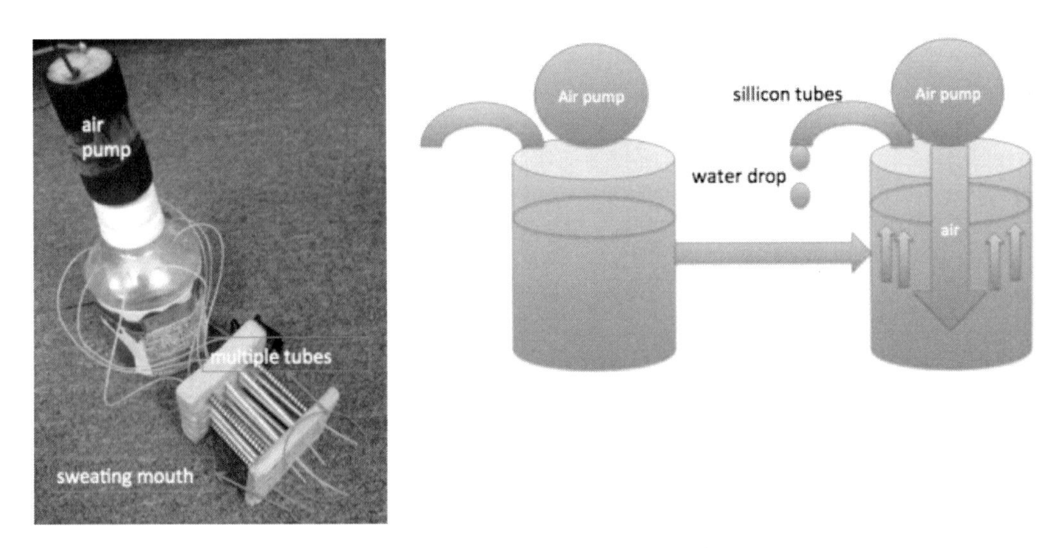

図5　発汗表現機構のプロトタイプ[21]

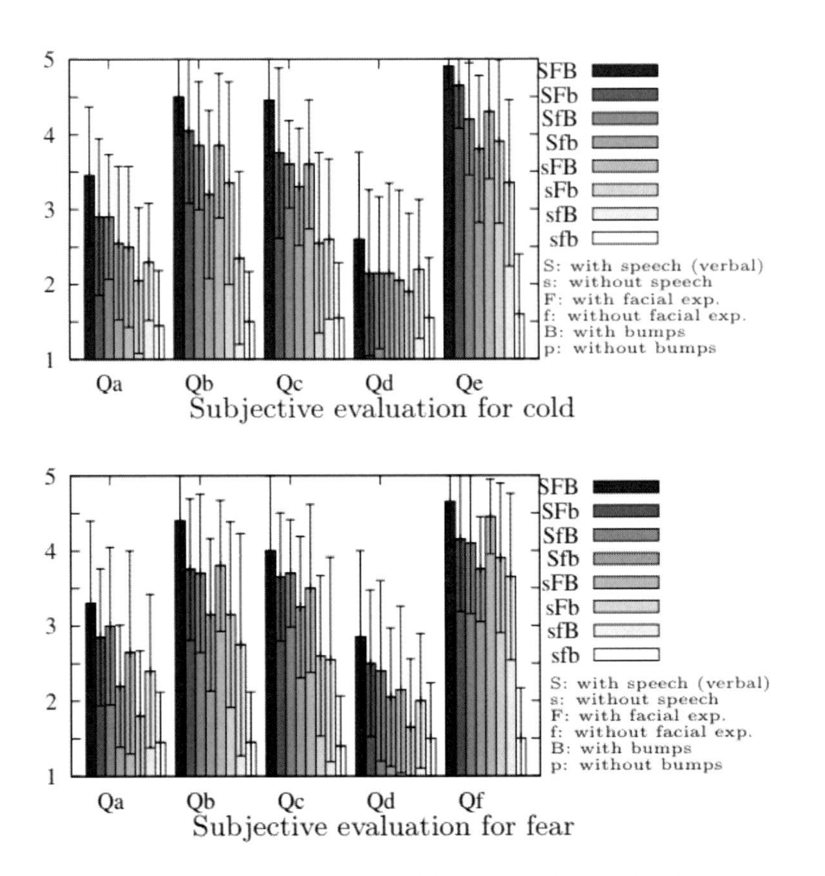

図6　ロボット皮膚上鳥肌表現による環境（低気温）と感情（恐怖）の生理的反応による表現[20]

場合にも，単独で用いた場合にも，生理表現により環境への反応や内部の感情を伝達できる可能性があることが示された。また，それ以外にも，生物らしい内部状態の生理反応表現を組み込むことで，ロボットへの好意や人間らしさを感じることも示され，共感可能な存在として受け入れやすい対象になることも示唆された。

3　ロボット体内の生命維持にかかわる生理表現

ロボットやぬいぐるみなどの人工物に生命を感じる人は，共感性や感受性の高い人間と考えられる。通常は，モノであるロボットに対し設計姿勢を持つことが想定されるが，人間が持つ自動的な擬人化解釈の機能に基づき，つい志向姿勢を持つことも多い。この時，特に擬人化してロボットと接する人に向け，そのみなし方を裏切らない（適応ギャップ[24]を起こしにくい）デザインが重要となる。適応ギャップは，ロボットの能力や性質が，想定するものと異なるときに起こり，特に実際の能力や性質が予想よりも下回ることは，擬人化したみなし方を破壊する可能性がある。よって，最も高度な対象のみなし方である志向姿勢を想定した際に，そのみなし方に沿ったデザインを検討する必要があると考えた。その一つとして，生命の維持をしているかのようなふるまいを持つロボットを検討した[25~27]。これによりロボットが人工的な機械ではなく生身の肉体を持つかのようにユーザに感じさせ，より志向姿勢を持ちやすくすることを狙いとした。このような表現の有無により，生死状態が推測されることも考えられる。すなわち，ロボットの生理現象表現によってユーザはロボットが生きていると感じたり，それらの表現が止まるときには死を感じる可能性がある。さらに，生死状態の二値的な状態だけでなく，ロボット自身の内部状態として覚醒度の高い感情やストレスを表現させる可能性も検討すべきだと考えた。

さらに，このような表現によりユーザが受ける影響も考えられる。ぬいぐるみ型の抱きまくらの腹部を膨張収縮させる擬似的な呼吸動作を再現したシステム[28]では，腹部運動に加えて体温といびきを併せて提示することでユーザに安心感を与え睡眠不足の解消を狙っている。また，毛で覆われた動物を模し，耳の硬さと背中部の上下運動による擬似的な呼吸と鳴き声を複合的に表すロボット[29]は，ロボットの内部状態として感情表現を試みている。

このような試みにおける可能性から，生命の存在や生命状態をあらわす表現，およびそれらを用いた内部状態の表現に関して着目し，以下に述べるシステムを構成した。多くの動物の呼吸メカニズムである肺への空気の取り込みと口からの排出を一体とした，呼吸メカニズムを再現したロボット（頭殿長およそ 18 cm）を構成し，疑似肺ポンプ，心拍生成用偏心モータ，体温調整ヒータをそれぞれ内蔵した（図 7）。吸い込み時は腹部が 2〜5 mm 膨らむ。口と疑似肺がシリコンチューブで結合され，吸入部（空気ポンプ）と排出部（ソレノイドバルブ）に加え空気圧センサを用い呼吸制御を実現した。これらのデバイスは PC に接続されたマイコンにより制御される。肺の空気圧が上限値に達したらポンプが OFF になりバルブを開き排出モードとなり，下限値に達したらバルブを閉めポンプが ON になる機構とした。設定する上限値と下限値を変更す

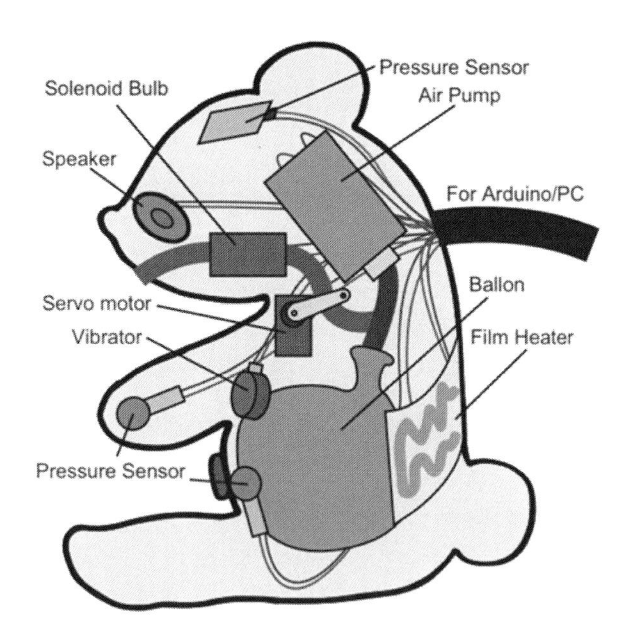

図7　ロボット体内の心拍・呼吸・体温の実装[25〜27, 32)]

ると1回の呼吸ストローク時間が調整される。

心拍デバイスである偏心型振動モータは，一時的な電力供給でモータを起動しその惰性により錘を2回転させ，心音におけるⅠ音（房室弁（僧帽弁と三尖弁）による血流遮断音）とⅡ音（肺動脈弁と大動脈弁の閉鎖音）を発生させた。ストレスなど自律神経の状況により最大20％程度の影響を受け変動するとされる心拍間隔（RRI：R-R Interval）を再現するため，HF/LF[※3]を交感神経と副交感神経を想定した値（それぞれrSNS，rPNSとする）により変動させることとした。LFはrSNSとrPNSの高まりにより増加するため，LFへの影響度hLFをhLF = max（rSNS, rPNS）とし，HFはrPNS＞rSNSの時のみ増加することから，HFへの影響度hHFはhHF = rPNS − rSNS（hHF＜0のときhHF = 0）とした。心拍生成時の計算ではHF/LFの各中央値付近としてHF = 0.1 Hz，LF = 0.25 Hzを設定した。運動などの身体活動の影響も考慮し，行動時心拍数のベースラインをaRRIとして，心拍数bRRIを

$$bRRI = aRRI \times [1 + 0.2\,(rPNS - rSNS)]$$

で導いた。さらに自律神経による心拍間隔変動率（RRV）を5〜10％の間で想定年齢によって変化させるよう，ロボットの心拍間隔（rRRI）は

※3　心拍変動の高周波成分0.15〜0.5 Hz（HF）と低周波成分0.04〜0.15 Hz（LF）の比率。自律神経機能を間接測定する際に用いられる[30, etc.)]。

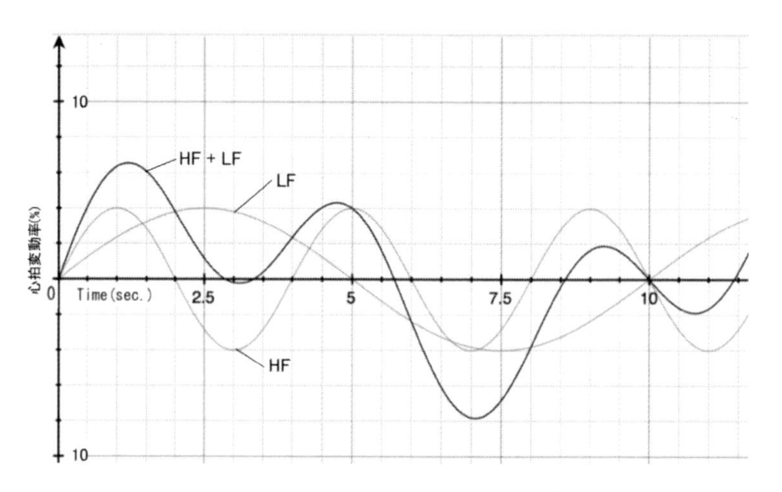

図 8 ロボットの心拍のゆらぎ合成[27]

$$\mathrm{rRRI} = \mathrm{bRRI}\left\{\mathrm{RRV}\left[\frac{\mathrm{hHF}}{1}\sin\left(\frac{1}{2}\pi x\right) + \frac{\mathrm{hLF}}{1}\sin\left(\frac{1}{5}\pi x\right)\right]\right\}$$

とした。HF のゆらぎと LF のゆらぎの合成波を図 8 に示す。

この提案システムについて，生物感を提示する可能性や内部状態の表現の可能性を探るため，2 つの実験を行った。

まずぬいぐるみの呼吸速度のみを用い，なし（毎分 0 回），非常に遅い（毎分 3 回），遅い（毎分 9～10 回），普通（毎分 16～19 回），早い（毎分 23～25 回），非常に早い（毎分 56～60 回）の 6 条件を設定した。それぞれについて，①生物のようだ，②生物のようではない，③生きている，④死んでいる，⑤死にそうである，の項目について MOS 法で 5 段階評価を求めた。その結果を図 9 に示す。呼吸なしとそれ以外は①～④の項目において差があり，呼吸の有無により

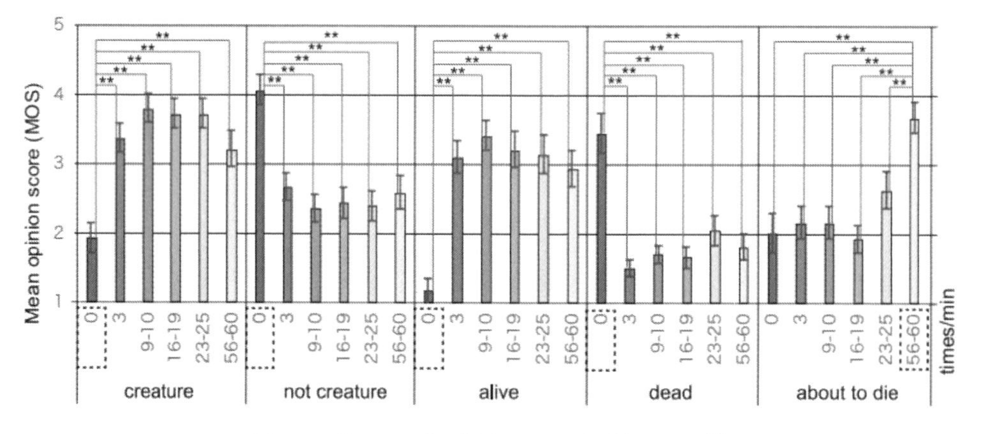

図 9 ロボットの呼吸表現による生物感提示効果[25]

生物感（生物である感覚や生きている感覚）が変化したことが示された。また，⑤では非常に速いとそれ以外で差があり，速度が通常の範囲外の呼吸は，苦しそうな特殊な状態を表す可能性がある。

次に呼吸と心拍変動による感情や生物感への影響を調査するため，呼吸速度（速い：Fast／遅い：Slow）と呼気吸気比率（吸気長い：In／呼気長い：Out）の2要因4条件を観測し評価し，また，心拍変動の大きさ（大：HV／小：hv）と自律神経バランス（交感神経優位：S／副交感神経有意：P）の2要因4条件を観測し評価した。それぞれの実験ではセッション後にQ1：覚醒度，Q2：感情価（快不快），Q3：動きの生物らしさ，をそれぞれ7段階で評価した。その結果（図10），呼吸変動による影響は，Q1，Q2でFast/Slow間に差があり，呼吸速度が

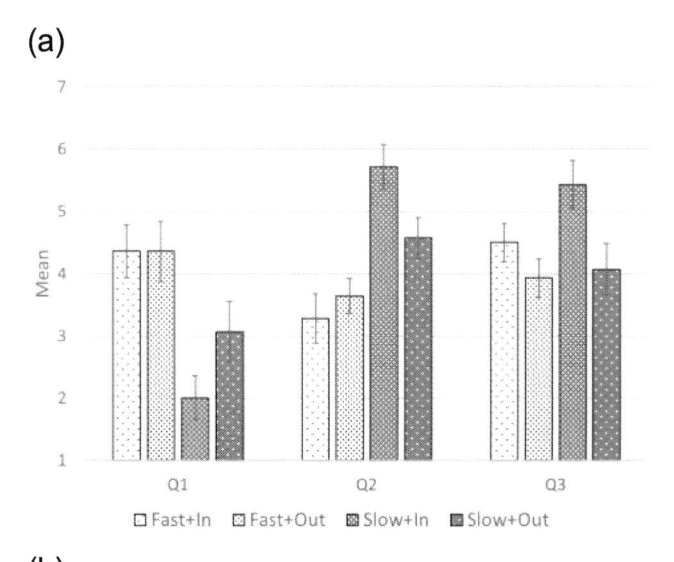

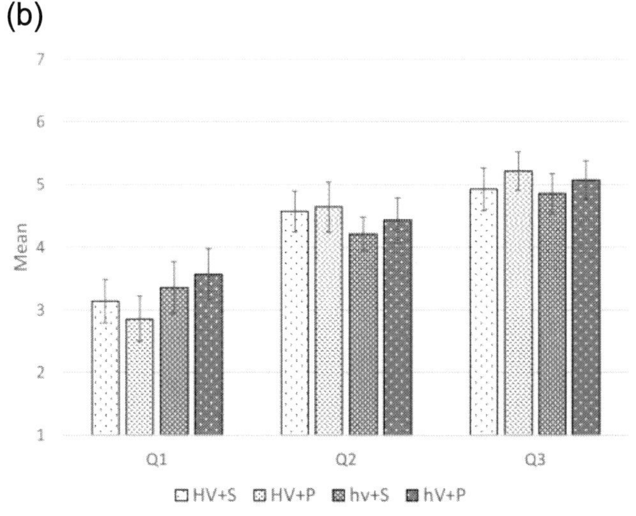

図10　ロボットの（a）呼吸表現効果と（b）心拍表現効果[27)]

遅いと覚醒度が低く快適である状態を示した。また，Q3 では In/Out 間に差があり，吸気が長いことで生物感を増加させていた。また，心拍変動による影響は，Q3 の生物らしさに関してのみ，自律神経バランスの違いが影響することが示された。

このように，肉体を伴う生物の生命活動器官として心拍や呼吸があり，それを模倣し内部状態を示すロボットの構成を検討し，試作と検証を行った。そこから，提案手法が，単に生きている，死んでいる，を表すだけではなく，感情や情動を表す可能性も示された。今後これらを複合的に組み合わせた説得力のより強い表現が，本検証で確認された表現範囲を超えた強い表現を実現する可能性もあると考えられる。

さらに，このようなロボットの生物的ふるまいや生理表現の可能性を人間同士のコミュニケーション[31]に応用し，遠隔地のコミュニケーションに活用するためのシステム[32]も検討した。これは，ユーザの生理状態を非侵襲に取得し，それに応じてロボットが生理状態を変化させたり，遠隔ユーザに向けてその生理状態を送信したり，また，遠隔ユーザの生理状態を反映したりすることで，呼吸の同調[33]などで知られる意識下のコミュニケーション感を遠隔ユーザ間に形成することを狙ったシステムである。無意識の共感性がミラーニューロン[34]に現れるように，このような呼応的な反応を相互に起こすことが考えられる。図 11 に構成を示す。ユーザの心拍や体温，呼吸を，深度センサ（Microsoft Kinect）を用いて 2 メートルほど離れた位置から計測し，その状態に合わせてロボットの心拍，体温，呼吸が変化する。このようなユーザの生理状態の計測手法は非侵襲であるほど負担が少なく，natural interface としても効果が高い。言葉や感情を直接

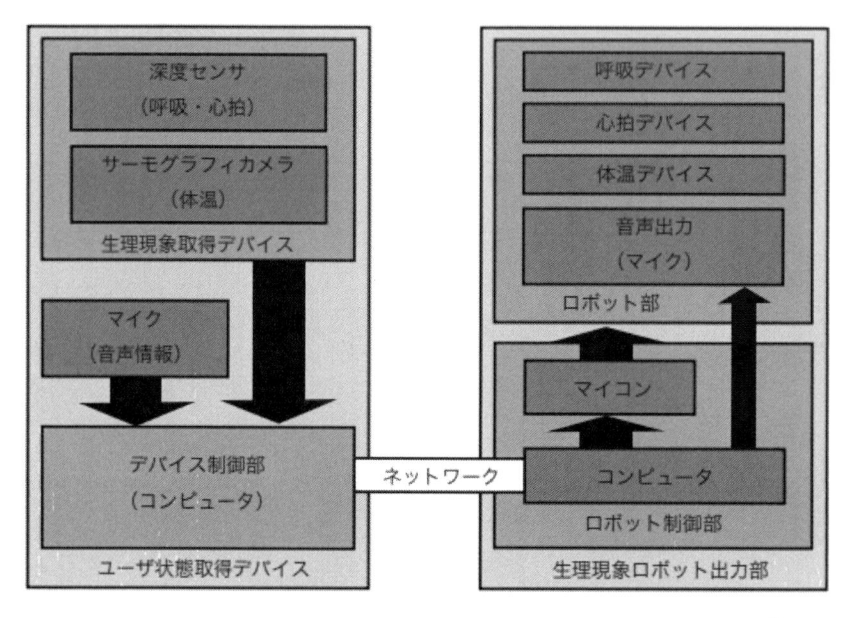

図 11　ユーザの生理情報に呼応して生理表現を変化させるロボットの構成[32]

伝えあうコミュニケーションに限らず，このような不随意のアンビエント表現によるロボットとのコミュニケーションは，ロボットの存在性自体を変化させる可能性のある手法と考えられる。

おまけ

ロボットがもし人間同様の肉体を持ち発声するメカニズムを有していた場合，肺が機能し声に伴い息が流れるはずである。よってロボットの発声に伴う付随要素として吐息生成するシステムを検討した[35)]。図 12 に示すように，ロボットの発声音声に基づき吐息を発生させるため，発声前に音声を FFT 解析し，高周波数部分のパワーをもとにロボットの口から出る空気を制御した。このシステムでは PC ファンを用いて空気流を発生した。詳細の検証結果は省略する。このように，何らかの行動に基づいて付随的に発生する生理表現に目を向けることで，より生物感のあるロボットの実現が期待される。

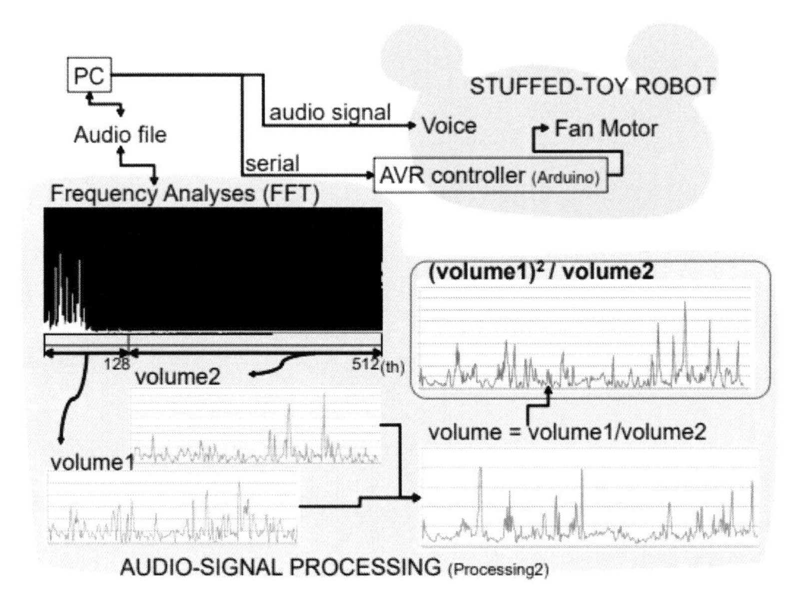

図 12　発声に伴い発生する息の表現システム[35)]

4　まとめ

本章では，人工物であるロボットに生理表現を付与し生物感を伴わせる手法や，実装したロボットの生理表現の仕組みとその効果に関する検証をいくつか紹介した。皮膚や内臓などの生理状態を表現することで，人工物的な対象として以外のロボットの印象や解釈をユーザに与える可能性が示された。また，生理表現を組み合わせたマルチモーダル表出機構を持つことにより，人間との相互コミュニケーションをより実感の伴う豊かなものに変化させることも期待される。

ここで，生物に伴うもう一つの側面として，生命の有限性がある。生命を持つ個体は永久に活動するものではなく，遺伝という形で次世代に情報を託し寿命が尽きる。また命は不可逆変化として死を迎える。旧来のみなし方では，ロボットという「モノ」を志向姿勢で見るときには，ロボットの寿命を半永久的に感じてしまうかもしれない。このような個体の生命の有限性と遺伝をロボットに表現させる試み[36]も行った。限りのあるインタラクションに希少性を見出すからこそ，対象を大切にできるともいえる。

人間の対象のみなし方を，物理姿勢や設計姿勢から志向姿勢に転ずることを狙うことが，ヒューマンロボットインタラクションやヒューマンエージェントインタラクションであるといえる。ならば，その中での生物的機構により，①生物システムとしての設計姿勢と②志向姿勢とともに，③生理的機構が内部状態と相関しながら働くという特殊なスタンス（姿勢）も並行して用いられ，さまざまな側面を持つ人間的な存在として捉えられる可能性がある。このような機構は当然，人間の生理現象計測技術やそこから解析される内部状態に関しての研究などに基づいて，人間らしさを持つ人工的な生理表現を合成するべきだと考えられるが，文脈に応じてデフォルメ表現のように，わかりやすく強調したり表現の強度を変更することも時に有効である。

人工物が人間の本質的なパートナーになるためには，相互理解が自然になされることが必要である。本章で紹介した取り組みにより，さまざまなモダリティの中で，相互理解のチャンネルの一端として生理表現が役割を担う可能性が示されたと考えられる。今後はこのような生理表現を伴わせる人工物が人間や動物に与える長期的影響を検証し，願わくは人工的パートナーの活用の求められる現場（介護・養育・看護・教育など）において信頼の厚い真実味のある存在を構成するために一要素として，本研究の結果が活かされることを願う。

謝辞

本章を執筆するにあたり，主となる研究推進に関わった吉田直人氏および孟暁順氏に深く感謝する。また，実験や研究に関わった米澤研究室の学生諸君に深く感謝する。

文　献

1） Research Portal of Human Agent Interaction, What is HAI?, http://hai-conference.net/what-is-hai/
2） M. A. Goodrich & A. C. Schultz, Human-robot interaction: a survey. Foundations and Trends in Human-Computer Interaction, *Found. Trends Hum. Comput. Interact.*, **1** (3), 203 (2008)
3） B. R. Sarason *et al.*, Perceived social support and working models of self and actual others, *J. Pers. Soc. Psychol.*, **60** (2), 273 (1991)

4) K. Verschueren *et al.*, The Internal Working Model of the Self, Attachment, and Competence in Five-Year-Olds, *Child Dev.*, **67** (5), 2493 (1996)
5) D. C. Dennett, The Intentional Stance, Bradford Books/MIT Press (1987)
6) B. M. Appelhans & L. J. Luecken, Heart rate variability as an index of regulated emotional responding, *Rev. Gen. Psychol.*, **10** (3), 229 (2006)
7) S. Bloch *et al.*, Specific respiratory patterns distinguish among human basic emotions, *Int. J. Psychophysiol.*, **11** (2), 141 (1991)
8) T. Watanabe & M. Okubo, Physiological analysis of entrainment in communication, *Trans. Inf. Proc. Soc. Jpn.*, **39** (5), 1225 (1998)
9) Aibo, Sony Corp., http://aibo.sony.jp/
10) Pepper, Softbank Corp., https://www.softbank.jp/robot/pepper/
11) Ashimo, Honda Motor Co., Ltd., https://www.honda.co.jp/ASIMO/
12) Papero, NEC Platforms, Ltd., https://www.necplatforms.co.jp/solution/papero_i/
13) T. Minato *et al.*, Development of an android robot for studying human-robot interaction, In: International Conference on Industrial, Engineering and Other Applications of Applied Intelligent Systems, p.424 (2004)
14) J. H. Oh *et al.*, Design of android type humanoid robot Albert HUBO, IEEE/RSJ IROS 2006, p.1428 (2006)
15) T. Shibata *et al.*, Mental commit robot and its application to therapy of children, In: 2001 IEEE/ASME International Conference on Advanced Intelligent Mechatronics. Proceedings, Cat. No. 01TH8556, Vol.2, p.1053 (2001)
16) T. Yonezawa *et al.*, Gaze-communicative behavior of stuffed-toy robot with joint attention and eye contact based on ambient gaze-tracking, In: Proceedings of the 9th international conference on Multimodal interfaces, ACM, p.140 (2007)
17) N. Kleawsirikul *et al.*, Force Control of Stuffed Toy Robot for Intention Expression, In: Haptic Interaction: Perception, Devices and Applications (Lecture Notes in Electrical Engineering Book 277) , Springer (2015)
18) G. Nelson *et al.*, PETMAN: A Humanoid Robot for Testing Chemical Protective Clothing, 日本ロボット学会誌, **30** (4), 372 (2012)
19) K. Grennan, The Loathsome Stench Of Robot Sweat, https://www.vice.com/en_au/article/mg9y8p/the-loathsome-stench-of-robot-sweat
20) T. Yonezawa *et al.*, Involuntary Expression of Embodied Robot Adopting Goose Bumps, HRI2014, p.322 (2014)
21) X. Meng *et al.*, Evaluations of Involuntary Crossmodal Expressions on the Skin of a Communication Robot, URAI 2015, TC4-4, p.347 (2015)
22) H. Nakanishi *et al.*, Remote handshaking: touch enhances video-mediated social telepresence, In: Proceedings of the 32nd annual ACM conference on Human factors in computing systems, ACM, p.2143 (2014)
23) 孟暁順ほか，ロボットハンド型寄り添いエージェントのための「握る」接触表現と感情伝達に関する検討，情報処理学会関西支部大会 2017，B-103 (2017)

24) T. Komatsu & S. Yamada, Adaptation gap hypothesis: How differences between users' expected and perceived agent functions affect their subjective impression, *J. System. Cybernet. Inform.*, **9** (1), 67 (2011)
25) 吉田直人，米澤朋子，ぬいぐるみロボットの呼吸が生きている状態と内部状態に与える効果の検討，電子情報通信学会論文誌，**J101-D** (2), 263 (2018)
26) N. Yoshida & T. Yonezawa, Investigating Breathing Expression of a Stuffed-Toy Robot Based on Body-Emotion Model, HAI 2016, p.139 (2016)
27) 吉田直人，米澤朋子，ロボットの擬似生理現象表現における覚醒度と感情価，電子情報通信学会 HCS 研究会，HCS2018-33, 7 (2018)
28) S. Yanaka *et al.*, ZZZoo Pillows: Sense of Sleeping Alongside Somebody, In: SIGGRAPH Asia 2013 Emerging Technologies (SA '13), ACM, Article 17 (2013)
29) S. Yohanan and K. E. MacLean, The haptic creature project: Social human-robot interaction through affective touch, In: Proceedings of the AISB 2008 Symposium on the Reign of Catz & Dogs: The Second AISB Symposium on the Role of Virtual Creatures in a Computerised Society, **1**, 7 (2008)
30) 高田晴子ほか，心拍変動周波数解析の LF 成分・HF 成分と心拍変動係数の意義—加速度脈波測定システムによる自律神経機能評価—，総合健診，**32** (6), 504 (2005)
31) 米澤朋子，ロボットやエージェントの介在性を利用したコミュニケーション支援，日本設計工学会誌「設計工学」，**54** (11)，to appear (2019)
32) 吉田直人，米澤朋子，呼吸・心拍・体温の非侵襲な計測に基づく生理現象表現ロボット介在型コミュニケーション，HAI シンポジウム 2015，P27, p.216 (2015)
33) T. G. Sato *et al.*, Presenting changes in acoustic features synchronously to respiration alters the affective evaluation of sound, *Int. J. Psychophysiol.*, **110**, 179 (2016)
34) V. Gallese & A. Goldman, Mirror neurons and the simulation theory of mind-reading, *Trends Cogn. Sci.*, **2** (12), 493 (1998)
35) Y. Nakatani & T. Yonezawa, Breatter: A Simulation of Living Presence with Breath that Corresponds to Utterances, HRI2014, p.254 (2014)
36) T. Yonezawa *et al.*, Design of Pet Robots with Limitations of Lives and Inherited Characteristics, BICT 2015, OS:ARPI-5, p.69 (2015)

IoHを指向する感情・思考センシング技術

2019年8月30日　第1刷発行

監　　修　石井克典　(T1123)
発 行 者　辻　賢司
発 行 所　株式会社シーエムシー出版
東京都千代田区神田錦町1－17－1
電話03(3293)7066
大阪市中央区内平野町1－3－12
電話06(4794)8234
https://www.cmcbooks.co.jp/
編集担当　渡邊　翔／町田　博

〔印刷　日本ハイコム株式会社〕

ISBN978-4-7813-1430-3 C3054 ¥65000E